Zahlen und Größen 6

Förderstufe Sachsen-Anhalt

Herausgegeben von Dieter Aits
Ursula Aits
Dr. Henning Heske
Reinhold Koullen

unter Mitarbeit von
Andrea Gittel, Halle
Jörg Meyer, Harsleben
Kornelia Siebert, Langenbogen
und der Verlagsredaktion

Arbeit mit dem Buch

Erarbeitet von Dieter Aits
Ursula Aits
Helga Berkemeier
Axel Friederich
Claudia Friederich
Andrea Gittel
Henning Heske
Reinhold Koullen
Jörg Meyer
Ludwig Nelleßen
Kerstin Oppermann
Hans-Helmut Paffen
Jutta Schaeffer
Willi Schmitz
Kornelia Siebert
Herbert Strohmayer

Arbeit mit dem Buch
Zu jedem Themenbereich werden im Anhang des Buches **Trainingsaufgaben** angeboten, die insbesondere auch zum selbständigen Arbeiten mit Selbstkontrolle dienen. Die Lösungen dazu sind im Anhang gegeben.
Als Hilfe für die tägliche Arbeit mit Größen enthält der Anhang eine Übersicht zu den Größen und ihren Umwandlungen.
Mithilfe des Stichwortverzeichnisses lassen sich wichtige mathematische Begriffe im Buch schnell auffinden, wo sie erarbeitet wurden.

Redaktion: Ludwig Heyder
Gestaltung und technische Umsetzung:
Regine Schmidt
Satz: Universitätsdruckerei H. Stürtz AG, Würzburg
Umschlaggestaltung: Knut Waisznor
Titelfoto: Airport Köln / Bonn

 http://www.cornelsen.de

1. Auflage ✓ €
Druck 4 3 2 1   Jahr 04 03 02 01
Alle Drucke dieser Auflage können im Unterricht nebeneinander verwendet werden.

© 2001 Cornelsen Verlag, Berlin
Das Werk und seine Teile sind urheberrechtlich geschützt. Jede Verwertung in anderen als den gesetzlich zugelassenen Fällen bedarf deshalb der vorherigen schriftlichen Einwilligung des Verlages.

Druck: Universitätsdruckerei H. Stürtz AG, Würzburg

ISBN 3-464-56126-7

Bestellnummer 561267

 gedruckt auf säurefreiem Papier, umweltschonend hergestellt aus chlorfrei gebleichten Faserstoffen

Symbole im Inhaltsverzeichnis

○ kennzeichnet die **Checkpoint-Seiten**, die der Selbstkontrolle nach einem Themenkomplex dienen. Die Lösungen sind im Anhang des Buches gegeben.

▭ kennzeichnet die **offenen Seiten**. Sie ermöglichen in einem Themenbereich das selbsttätige Lernen und das Begreifen der Mathematik in Sachzusammenhängen.

▶ kennzeichnet die Seiten, in denen **mathematische Reisen** durchgeführt werden.

Differenzierungszeichen

1 kennzeichnet Aufgaben zur Einführung in neue Inhalte und Stoffgebiete.

2 kennzeichnet Aufgaben auf Grundniveau, durchschnittlicher Schwierigkeitsgrad.

3 kennzeichnet Aufgaben auf höherem Niveau, erhöhter Schwierigkeitsgrad.

▶**4** kennzeichnet Aufgaben auf hohem Niveau, hoher Schwierigkeitsgrad.

Inhaltsverzeichnis

5	**Mathematische Grundfertigkeiten (Wiederholung)**	53	**Berechnungen an Flächen und Körpern**

- 6 Addition und Subtraktion natürlicher Zahlen
- 7 Multiplikation und Division natürlicher Zahlen
- 8 Größen
- 9 Geometrie
- 10 Brüche und Dezimalbrüche

11 Teilbarkeit

- 12 Teiler und Vielfache
- 14 Teilbarkeit durch 2, 5 und 10
- 15 Teilbarkeit durch 5, 25 und 100
- 16 Vermischte Übungen
- 17 Teilbarkeit durch 8, 125 und 1000
- 18 Quersummenregel
- 20 Summenregel
- 21 Vermischte Übungen
- 22 Die Teiler einer Zahl
- 24 ▶ **Primzahlen**
- 26 Der größte gemeinsame Teiler
- 27 Das kleinste gemeinsame Vielfache
- 29 Vermischte Übungen
- 30 **Prüfziffern**
- 32 *Checkpoint*

33 Brüche – Addition und Subtraktion

- 34 Bruchteile
- 35 Ordnen und vergleichen von Brüchen
- 37 Brüche zwischen Brüchen
- 38 Vermischte Übungen
- 40 Addition von Brüchen
- 42 ▶ **Brüche in früherer Zeit**
- 44 Rechenvorteile bei der Addition
- 45 Subtraktion von Brüchen
- 46 Rechnen mit gemischten Zahlen
- 48 **Musik und Noten**
- 50 Zahlenzauber
- 51 Anwendungen aus Umwelt und Natur
- 52 *Checkpoint*

53 Berechnungen an Flächen und Körpern

- 54 **Vom Zimmer zum Haus**
- 56 Flächen vergleichen
- 58 Einheiten für kleine Flächen
- 60 Die Einheit Quadratmeter
- 61 Vermischte Übungen
- 63 Einheiten für große Flächen
- 66 Flächeninhalt von Rechteck und Quadrat
- 69 Umfang
- 71 Vermischte Übungen
- 72 Wohnungsrenovierung
- 74 Netz des Quaders
- 75 Oberfläche des Quaders
- 77 Schrägbild des Quaders
- 78 Volumen des Quaders
- 80 Die Volumeneinheiten
- 83 Hohlmaße
- 84 Vermischte Übungen
- 85 Im Braunkohletagebau
- 86 **Gütertransporte**
- 88 *Checkpoint*

89 Multiplikation und Division von Brüchen und Dezimalbrüchen

- 90 Bruch mal natürliche Zahl
- 92 Bruch mal Bruch
- 94 Rechenregeln bei Brüchen
- 95 Division: Natürliche Zahl durch Bruch
- 97 Division: Bruch durch Bruch
- 99 Vermischte Übungen
- 101 Multiplikation von Dezimalbrüchen
- 102 **Mit dem Jumbo nach Miami**
- 104 Division durch Stufenzahlen
- 105 Division durch natürliche Zahlen
- 107 Division durch Dezimalbrüche
- 109 Verbindung der vier Grundrechenarten
- 110 **Unser Sonnensystem**
- 112 Periodische Dezimalbrüche
- 114 Vermischte Übungen
- 118 *Checkpoint*

119	**Winkel und Dreiecke**	167	Dreisatz bei proportionaler Zuordnung
120	Tangram	169	Währungen umrechnen
122	Das Tangram besteht aus Dreiecken und Vierecken	170	Fallende Zuordnungen
		171	Umgekehrt proportionale Zuordnungen
124	Winkel an Geraden und Parallelen	172	Produktgleichheit
126	Dreiecke	175	Dreisatz bei umgekehrt proportionaler Zuordnung
128	Beziehungen zwischen Seiten und Winkeln im Dreieck	177	Vermischte Übungen
130	Die Summe der Innenwinkel des Dreiecks	178	Checkpoint
132	Winkelsummen bei Dreiecken		
133	Konstruktion von Dreiecken – *sss*	**179**	**Daten auswerten**
134	Konstruktion von Dreiecken – *sws*	180	Wir starten eine Umfrage
135	Konstruktion von Dreiecken – *wsw*	182	Strichliste
137	Aus dem Guinness-Buch der Rekorde	183	Minimum und Maximum
138	Konstruktion von Dreiecken – *ssw*	184	Spannweite
139	Sonstige Dreieckskonstruktionen – *sww* und *www*	185	Zentralwert
		186	Mittelwert – Durchschnitt
140	Übersicht über die Konstruktionen von Dreiecken	188	Checkpoint
141	Kongruenzsätze	**189**	**Training**
142	Vermischte Übungen	196	Lösungen
143	Besondere Linien im Dreieck	202	Maße und Maßeinheiten
144	Konstruktion der Winkelhalbierenden	203	Formeln
145	Konstruktion der Mittelsenkrechten	204	Stichwortverzeichnis
146	Der Inkreis des Dreiecks	206	Bildnachweis
147	Der Umkreis des Dreiecks		
148	Schwerpunkt von Scheiben		
149	Flächeninhalt des Dreiecks		
150	Checkpoint		

151	**Zuordnungen**
152	Zuordnungen
153	Temperaturverläufe untersuchen
154	Fahrpläne lesen
155	Geschwindigkeiten
156	Bundesjugendspiele
157	Vermischte Übungen
158	Verkehrsmittel Auto
160	Steigende Zuordnungen
162	Proportionale Zuordnungen
163	Quotientengleichheit

Addition und Subtraktion natürlicher Zahlen

1 Rechne im Kopf.
a) 27 + 89
b) 193 + 89
c) 367 + 452
d) 862 + 359
e) 256 + 79
f) 488 + 631
g) 94 + 421
h) 756 + 583
i) 364 + 799
j) 482 + 349

2 Rechne im Kopf.
a) 87 − 48
b) 165 − 58
c) 245 − 77
d) 483 − 167
e) 469 − 47
f) 612 − 213
g) 924 − 333
h) 8856 − 407
i) 1573 − 444
j) 5412 − 393

3 Addiere.
a) 314 + 217
b) 408 + 997
c) 409 + 847
d) 7516 + 8013
e) 5476 + 3805
f) 9941 + 2305
g) 413 + 7947 + 6830 + 496
h) 55 990 + 37 536 + 4006 + 176
i) 5453 + 13 609 + 974 + 7618 + 45 021

4 Subtrahiere.
a) 618 − 579
b) 879 − 381
c) 8002 − 7806
d) 9017 − 968
e) 97 091 − 45 098
f) 4700 − 2347
g) 96 372 − 4813 − 12 644 − 39 841
h) 88 734 − 32 418 − 22 212 − 13 976
i) 156 287 − 7195 − 62 963 − 314 − 39 055

5 Berechne.
a) 12 346 + 75 469 + 235 897
b) 500 567 − 87 876 − 364 581 − 937
c) 27 541 + 86 234 + 897 562
d) 700 000 − 75 649 − 223 455 − 17 605

6 Berechne.
a) 1245 + 8762 + 85 933 + 476 + 58 729
b) 10 056 + 689 451 + 126 789 + 674 + 83
c) 89 500 − 27 891 − 589 − 9034 − 176
d) 910 000 − 235 912 − 89 235 − 7013

7 Berechne.
a) (725 + 319) − (637 − 488)
b) (1163 − 617) − (1253 − 866)
c) (423 − 166) − (33 + 67)
d) (127 + 469) − (813 − 779)

8 Übertrage in dein Heft und setze das richtige Zeichen (=, ≠).
a) 25 − (17 − 4) ■ (25 − 17) − 4
b) (325 − 133) − 75 ■ 325 − (133 − 75)
c) 120 − (59 − 12) ■ (120 − 59) − 12
d) 150 + 57 + 149 ■ 150 + (57 + 149)
e) 130 − 72 − 48 ■ 130 − (72 − 48)

9 Berechne.
a) 32 441 − (6541 + 7843) − (374 − 283)
b) 32 441 − 6541 − 7843 − 374 − 283
c) (7652 + 3008) − (2867 + 3891) + 9
d) 89 000 − (78 001 + 3550 + 987 + 2814)

10 Berechne.
a) 10 000 + (2300 − 550) − (5700 + 671)
b) 85 050 − (12 300 + 8710 − 11 720 + 90)
c) (70 110 − 34 330) − (935 + 745 − 135)
d) 83 000 − (12 500 + 6300 − 8325 + 775)

11 Schreibe in dein Heft und ergänze.
a) 3209 + ■12 + ■1 67■ = 25 300
b) 2■71 + ■189 + 167■3 = 24 58■
c) 147■ + 2■8 + 1■69 = 2909

Multiplikation und Division natürlicher Zahlen

1 Rechne im Kopf.
a) 7 · 18
b) 3 · 19
c) 5 · 25
d) 6 · 13
e) 13 · 9
f) 8 · 14
g) 17 · 4
h) 6 · 40
i) 50 · 7
j) 8 · 17
k) 9 · 18
l) 7 · 17
m) 80 · 7
n) 90 · 4
o) 6 · 15

2 Rechne im Kopf.
a) 56 : 7
b) 63 : 9
c) 42 : 6
d) 81 : 9
e) 36 : 4
f) 64 : 8
g) 85 : 5
h) 65 : 13
i) 91 : 13
j) 51 : 17
k) 76 : 19
l) 96 : 12
m) 77 : 11
n) 80 : 16
o) 98 : 14

3 Rechne schriftlich.
a) 234 · 567
b) 782 · 107
c) 3507 · 1008
d) 9631 · 45
e) 4786 · 73
f) 7421 · 90 607
g) 7273 · 198
h) 39 994 · 5693
i) 99 999 · 99
j) 282 828 · 64

4 Rechne im Kopf.
a) 72 : 8
b) 87 : 3
c) 99 : 11
d) 112 : 4
e) 504 : 9
f) 78 : 13
g) 410 : 5
h) 1600 : 8
i) 207 : 9
j) 105 : 15
k) 168 : 28
l) 224 : 7
m) 234 : 3
n) 440 : 55
o) 153 : 17

5 Rechne im Kopf.
a) 108 : 12
b) 144 : 16
c) 104 : 13
d) 126 : 18
e) 136 : 17
f) 114 : 19
g) 162 : 18
h) 112 : 16
i) 112 : 14
j) 120 : 15
k) 119 : 17
l) 171 : 19
m) 126 : 14
n) 135 : 15
o) 160 : 20

6 Berechne.
a) 358 900 : 100
b) 10 000 : 4
c) 10 000 : 40
d) 10 000 : 400
e) 1000 : 25
f) 100 000 : 25
g) 100 000 : 250
h) 10 000 : 8

7 Rechne schriftlich.
a) 1215 : 27
b) 10 455 : 85
c) 75 360 : 120
d) 934 605 : 105
e) 427 545 : 45
f) 208 848 : 458
g) 233 151 : 713
h) 415 671 : 127
i) 108 472 : 298
j) 8 821 781 : 347

8 Berechne.
Regel: Klammern werden zuerst berechnet.
a) (12 + 27) : 13
b) (105 + 15) · 25
c) 95 : (17 + 2)
d) 6396 : (35 + 43)
e) 2394 · (62 − 5)
f) (699 − 49) · 13
g) 25 000 : (125 − 75)
h) 4872 : (75 − 19)

9 Berechne.
Regel: Punktrechnung vor Strichrechnung.
a) 27 + 18 · 7 − 45
b) 45 · 15 − 26 − 371
c) 752 − 289 − 17 · 7
d) 964 : 4 + 4500 − 198
e) 642 + 2394 : 42 − 595
f) 8750 − 1000 : 25 − 10
g) 91 · 246 − 105 248 : 23 + 290

10 Berechne.
Regel:
1. Klammern werden zuerst berechnet.
2. Punktrechnung vor Strichrechnung.
a) (135 + 65) · 17 + (437 − 77) · 21 − 230
b) (654 + 841) · (978 − 893) − 20 000 · 5
c) (26 772 + 12 540) : 728 + 37 · 54
d) 655 + 14 · (37 + 85) + 216 : 12 − 216 : 9
e) (1000 + 20 000) : 25 − (840 + 260) : 25

11 Setze das richtige Zeichen (=, ≠).
a) (36 · 12) · 3 ■ 36 · (12 · 3)
b) (36 : 12) : 3 ■ 36 : (12 : 3)
c) 13 · 12 · 5 ■ 13 · (12 · 5)
d) 72 : (6 : 3) ■ (72 : 6) : 3
e) 72 : (6 · 3) ■ (72 : 6) · 3

12 Setze die Klammern so, dass in allen Aufgaben das Ergebnis die Zahl 30 ist.
Beispiel: 240 − 60 : 15 − 9
(240 − 60) : (15 − 9) = 30
a) 36 + 144 : 9 + 10
b) 160 + 240 : 8 − 20
c) 135 − 45 : 45 − 42
d) 670 − 70 : 14 + 6
e) 120 + 180 : 20 − 5 + 10
f) 320 − 80 : 40 + 30 − 6

▶13 Übertrage ins Heft und setze die fehlenden Klammern.
a) 12 + 3 · 4 − 2 = 58
b) 64 − 8 · 3 + 2 = 24
c) 4 + 17 − 3 · 2 = 36
d) 98 − 46 · 2 + 6 = 110
e) 76 − 34 · 2 + 16 = 100
f) 23 − 4 · 17 − 9 = 152

Rechnen mit Größen

Wenn du die Umrechnung von Einheiten noch einmal nachschlagen willst, findest du sie im Anhang des Buches.

Gewichte – Massen

1 Schreibe in der in Klammern angegebenen Einheit.
a) 40 t (kg)
b) 780 t (kg)
c) 1005 t (kg)
d) 50 kg (g)
e) 235 kg (g)
f) 4000 g (kg)
g) 8255 g (kg)
h) 8000 kg (t)
i) 12,5 t (kg)
j) 10,005 kg (g)

2 Schreibe in der in Klammern angegebenen Einheit.
a) 15 t 200 kg (kg)
b) 2 t 5 kg (t)
c) 50 t 60 kg (kg)
d) 200 kg 500 g (g)
e) 105 kg 50 g (kg)
f) 17 t 865 kg (t)
g) 250 kg 20 g (kg)
h) 200 t 5 kg (t)

3 Schreibe in der in Klammern angegebenen Einheit.
a) 4 g (mg)
b) 150 g (mg)
c) 3000 mg (g)
d) 4560 mg (g)
e) 50 g (mg)
f) 70 g 300 mg (mg)
g) 50 g 250 mg (g)
h) 350,780 g (mg)

Geld

4 Schreibe in € und Cent, außerdem in € mit Komma.
Beispiel:
875 Cent = 8 € 75 Cent; 875 Cent = 8,75 €
a) 160 Cent
b) 912 Cent
c) 123 Cent
d) 25 Cent
e) 16 Cent
f) 1360 Cent
g) 28 781 Cent
h) 60 606 Cent
i) 2721 Cent

5 Schreibe in € mit Komma.
a) 223 Cent
b) 178 Cent
c) 128 Cent
d) 808 Cent
e) 699 Cent
f) 1111 Cent
g) 7829 Cent
h) 78 Cent
i) 1 Cent

6 Schreibe mit Ziffern in € mit Komma.
a) achtzehn € fünfunddreißig Cent
b) zwölf € zwölf Cent
c) fünfzig € drei Cent

Zeiten

7 Schreibe in der in Klammern angegebenen Einheit.
a) 17 Tage (h)
b) 18 min (s)
c) 15 min (s)
d) 48 min (s)
e) 48 h (Tage)
f) 1 Tag (min)
g) 1 Tag (s)
h) 1 h 1 min (s)
i) 365 Tage (min)
j) 5 h (s)

8 Schreibe in Jahren und Tagen.
Beispiel: 400 Tage = 1 Jahr 35 Tage
a) 500 Tage
b) 800 Tage
c) 1000 Tage
d) 1600 Tage
e) 765 Tage
f) 3420 Tage

9 Rechne um
a) in Minuten:
3600 s; 3060 s; 2520 s
b) in Minuten und Sekunden:
124 s; 2096 s; 3003 s
c) in Stunden und Minuten:
198 min; 256 min; 2050 min

Längen

10 Rechne in die angegebene Einheit um.
a) 12 dm (cm)
b) 154 cm (mm)
c) 105 m (cm)
d) 22 m (dm)
e) 1020 m (dm)
f) 27 dm (mm)
g) 37 km (m)
h) 1 km (dm)
i) 33 dm (mm)
j) 103 dm (mm)

11 Schreibe ohne Komma.
a) 2,001 km
b) 15,505 km
c) 3,02 m
d) 0,005 km
e) 12,05 dm
f) 1,80 m

12 Rechne in die angegebene Einheit um.
a) 2000 mm (cm)
b) 25 000 m (km)
c) 350 dm (m)
d) 6400 cm (dm)
e) 2370 mm (cm)
f) 67 000 m (km)
g) 5600 cm (m)
h) 480 000 mm (m)

Geometrie

1 Übertrage das Koordinatensystem in dein Heft.

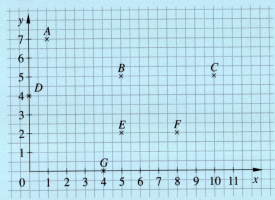

a) Gib die Koordinaten der Punkte an.
b) Zeichne $\overline{AB}$.
c) Zeichne die Gerade CD.
d) Bestimme den Abstand des Punkts E zur Geraden CD.
e) Zeichne eine Senkrechte zu $\overline{AB}$ durch D.
f) Zeichne eine Parallele zu $\overline{BC}$ durch E.

2 Wie heißen die folgenden Figuren?

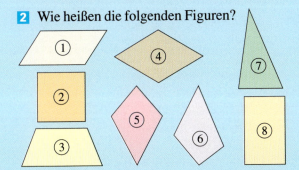

3 In der Abbildung siehst du einen Quader und einen Würfel. Beantworte erst die Fragen für den Quader und dann für den Würfel.

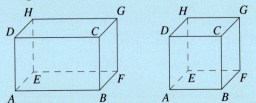

a) Welche Kanten des Körpers sind gleich lang? Schreibe so: $|\overline{AB}| = \ldots = \ldots$
b) Welche Kanten des Körpers sind parallel zueinander? Schreibe so: $\overline{AB} \parallel \ldots \parallel \ldots$
c) Welche Kanten des Körpers sind senkrecht zueinander? Schreibe so: $\overline{AB} \perp \ldots \perp \ldots$

4 Überprüfe, ob der Satz wahr oder falsch ist?
a) Jedes Quadrat ist ein Rechteck.
b) Jeder Quader ist ein Quadrat.
c) Jedes Rechteck ist ein Parallelogramm.
d) Jeder Würfel hat acht Ecken.
e) Jeder Quader hat acht Kanten.
f) Jedes Rechteck ist eine Raute.
g) Jedes Parallelogramm ist ein Drachen.

5 Zeichne den Winkel und halbiere ihn.
a) $\alpha = 78°$ b) $\beta = 130°$ c) $\gamma = 56°$

6 Zeichne ein Koordinatensystem (1 Einheit soll 1 cm betragen). Trage die Punkte ein und verbinde A mit B und B mit C. Miss die entstandenen Winkel von C nach A.
a) A(1|1); B(5|3); C(3|4)
b) A(6|6); B(7|2); C(11|0)
c) A(10|2); B(0|7); C(4|6)
d) A(10|9,5); B(6,5|10); C(9|6,5)

7 α und β ergeben einen gestreckten Winkel. Wie groß ist β, wenn $\alpha = 76°$ (123°) ist?

8 Übertrage und spiegele an der Geraden g.

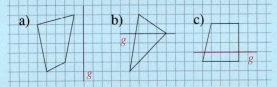

9 Ergänze im Heft zu einer drehsymmetrischen Figur mit dem Drehpunkt M, die nach einer Halbdrehung zur Deckung gebracht werden kann.

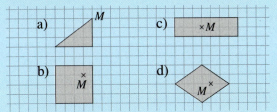

10 Zeichne die Punkte A(1|2), B(5|2) und C(3|6) in ein Koordinatensystem und verbinde sie zu einem Dreieck. Verschiebe das Dreieck in Richtung von P(7|1) nach Q(11|4).

Brüche und Dezimalbrüche

1 Welcher Teil der Gesamtfläche ist rot?

a) 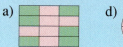 d)   g)

b) 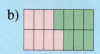 e)   h)

c)   f)   i)

2 Berechne

a) $\frac{3}{4}$ von 24 m d) $\frac{2}{3}$ von 72 cm
b) $\frac{3}{8}$ von 24 m e) $\frac{5}{12}$ von 720 mm
c) $\frac{4}{5}$ von 25 km f) $\frac{9}{11}$ von 121 dm

3 Schreibe in der nächstkleineren Einheit.

a) $\frac{1}{2}$ kg d) $\frac{2}{25}$ kg g) $\frac{7}{10}$ cm j) $\frac{5}{12}$ h
b) $\frac{3}{8}$ kg e) $\frac{7}{10}$ km h) $\frac{8}{50}$ km k) $\frac{3}{5}$ min
c) $\frac{4}{5}$ t f) $\frac{3}{5}$ dm i) $\frac{5}{12}$ Tag l) $\frac{5}{6}$ h

4 Überprüfe durch Kürzen oder Erweitern, ob die Brüche den gleichen Wert haben.

a) $\frac{18}{24}$; $\frac{15}{20}$ d) $\frac{8}{9}$; $\frac{96}{108}$ g) $\frac{20}{4}$; $\frac{30}{5}$ j) $\frac{7}{21}$; $\frac{8}{24}$
b) $\frac{4}{6}$; $\frac{6}{8}$ e) $\frac{7}{8}$; $\frac{63}{64}$ h) $\frac{23}{23}$; $\frac{35}{35}$ k) $\frac{105}{213}$; $\frac{34}{71}$
c) $\frac{2}{4}$; $\frac{12}{20}$ f) $\frac{96}{104}$; $\frac{12}{13}$ i) $\frac{6}{10}$; $\frac{18}{48}$ l) $\frac{64}{96}$; $\frac{48}{64}$

5 Schreibe als Bruch mit dem Nenner 36.

a) $\frac{3}{4}$ b) $\frac{5}{6}$ c) $\frac{7}{12}$ d) $\frac{5}{18}$ e) $\frac{1}{3}$ f) $\frac{11}{9}$

6 Berechne. Kürze möglichst das Ergebnis:

a) $\frac{2}{9} + \frac{4}{9}$ e) $\frac{1}{10} + \frac{7}{10}$ i) $\frac{19}{20} - \frac{9}{20}$ m) $3 - \frac{5}{12}$
b) $\frac{13}{24} + \frac{5}{24}$ f) $\frac{3}{14} + \frac{9}{14}$ j) $\frac{7}{12} - \frac{5}{12}$ n) $2\frac{1}{4} - \frac{3}{4}$
c) $\frac{2}{11} + \frac{9}{11}$ g) $\frac{5}{8} - \frac{3}{8}$ k) $\frac{17}{18} - \frac{7}{18}$ o) $1\frac{7}{11} + 2\frac{9}{11}$
d) $\frac{2}{5} + \frac{3}{5}$ h) $\frac{6}{11} - \frac{4}{11}$ l) $\frac{26}{35} - \frac{11}{35}$ p) $3\frac{5}{12} - 1\frac{7}{12}$

7 Schreibe als Bruch.

a) $9\frac{1}{2}$ c) $6\frac{1}{4}$ e) $1\frac{7}{10}$ g) $4\frac{1}{12}$ i) $2\frac{5}{21}$
b) $3\frac{4}{5}$ d) $3\frac{2}{3}$ f) $2\frac{5}{6}$ h) $8\frac{3}{14}$ j) $5\frac{4}{15}$

8 Schreibe als gemischte Zahl.

a) $\frac{17}{3}$ c) $\frac{98}{5}$ e) $\frac{43}{8}$ g) $\frac{87}{19}$ i) $\frac{131}{18}$
b) $\frac{25}{4}$ d) $\frac{72}{7}$ f) $\frac{105}{17}$ h) $\frac{128}{23}$ j) $\frac{169}{14}$

9 Schreibe als Dezimalbruch.

a) $\frac{9}{10}$ c) $\frac{17}{100}$ e) $\frac{1}{100}$ g) $\frac{75}{100}$ i) $\frac{500}{1000}$ k) $\frac{375}{1000}$
b) $\frac{7}{10}$ d) $\frac{47}{100}$ f) $\frac{20}{100}$ h) $\frac{13}{1000}$ j) $\frac{176}{1000}$ l) $\frac{82}{1000}$

10 Schreibe als Bruch.

a) 0,1 c) 0,21 e) 0,50 g) 0,139 i) 0,250
b) 0,3 d) 0,37 f) 0,85 h) 0,190 j) 0,038

11 Ordne der Größe nach. Beginne mit der kleinsten Zahl.

a) 1,304; 1,034; 1,403; 1,043; 1,430
b) 3,24; 2,09; 3,420; 4,029; 4,203; 2,099

12 Runde die Zahl 146,5732 auf

a) Hunderter,   d) Zehntel,
b) Zehner,   e) Hundertstel,
c) Einer,   f) Tausendstel.

13 Rechne alle möglichen Aufgaben.

13,75	25,684		5,3	6,1
7,3	9,02	+	4,019	
	6,1	−	0,74	0,035

14 Addiere.

a) 4,8056 + 2,7215
b) 17,0561 + 0,453
c) 3,4087 + 4,2305 + 1,4977
d) 5,2006 + 3,04921 + 6,4
e) 7,432 + 10,467 + 9,532 + 1,449
f) 0,238 + 1,02 + 0,0093 + 0,4 + 2

15 Subtrahiere.

a) 134,07 − 18,56
b) 0,0032 − 0,00091
c) 7,92 − 4,38 − 2,05
d) 3,12 − 0,452 − 1,9
e) 345,25 − 98,92 − 72,46 − 5,75
f) 9,52 − 1,4 − 1,023 − 5,0903 − 1

16 Berechne schriftlich. Runde das Ergebnis auf Zehntel.

a) 1,9 · 0,8   f) 2,9 · 16,32   k) 1,7538 · 24,07
b) 2,3 · 1,89   g) 212,5 · 19,4 l) 0,789 · 17,349
c) 23,05 · 5,8 h) 47,75 · 38,5 m) 0,0686 · 0,467
d) 153,4 · 6,3 i) 65,87 · 0,94 n) 0,24 · 88,99
e) 3,7 · 205,4 j) 277,3 · 0,12 o) 675,2 · 0,043

Teilbarkeit

12 Teiler und Vielfache

Die Stadt Delft war im 17. und 18. Jahrhundert Zentrum der niederländischen Kunsttöpferei. Unter anderem wurden wertvolle Kacheln hergestellt.

Frau Sauer hat in einem Antiquitätengeschäft 18 Delfter Kacheln erworben.
Herr Sauer möchte mit diesen Kacheln ein rechteckiges Wandstück schmücken. Er überlegt, ob er die 18 Platten in Viererreihen oder in Sechserreihen anordnet.

Auf 6 Reihen lassen sich 18 Kacheln gleichmäßig verteilen:
18 : 6 = 3

Herr Sauer kann die 18 Kacheln nicht gleichmäßig auf 4 Reihen verteilen:
18 : 4 = 4   Rest 2

Wir sagen:
18 ist durch 6 **teilbar** oder
6 ist **Teiler** von 18.
Wir schreiben: 6 | 18

Wir sagen:
18 ist durch 4 **nicht teilbar** oder
4 ist **nicht Teiler** von 18.
Wir schreiben: 4 ∤ 18

Wir sagen auch: 18 ist **Vielfaches** von 6, denn 18 = 3 · 6.

Übungen

1 Katrin, Sabine und Jens haben von ihrer Oma diesen Geldbetrag bekommen. Können sie das Geld gerecht aufteilen?

2 Ein Frosch macht 9 gleich große Sprünge. Jeder Sprung ist 3 dm lang. Übertrage die Messstrecke in dein Heft und notiere alle Lande- bzw. Absprungstellen, die der Frosch benutzt. Wähle 1 Kästchen im Heft für 1 dm.

Teilbarkeit

3 Übertrage in dein Heft, setze an die Stelle der Platzhalter „ist Teiler von" oder „ist nicht Teiler von".
a) 3 ▪ 5   d) 14 ▪ 14   g) 17 ▪ 18
b) 7 ▪ 40   e) 1 ▪ 21   h) 13 ▪ 42
c) 5 ▪ 20   f) 9 ▪ 45   i) 7 ▪ 210

4 Übertrage in dein Heft und setze an die Stelle des Kästchens „ist Vielfaches von" oder „ist nicht Vielfaches von".
a) 12 ▪ 3   d) 17 ▪ 17   g) 7 ▪ 84
b) 8 ▪ 2   e) 12 ▪ 60   h) 6 ▪ 9
c) 45 ▪ 12   f) 3 ▪ 12   i) 70 ▪ 35

5 Übertrage die Tabelle in dein Heft und kreuze richtig an.
a) Beispiel: 2 ist Teiler von 4.
             4 ist Teiler von 8.

ist Teiler von	1	2	4	6	8	12	20
1							
2			×				
4					×		
6							
8							
12							
20							

b) Beispiel: 6 ist Vielfaches von 2.
             8 ist Vielfaches von 8.

ist Vielfaches von	1	2	4	6	8	12	20
1							
2							
4							
6			×				
8					×		
12							
20							

6 Übertrage ins Heft und ergänze.
a) 8 ist Teiler von 6▪
b) 17 ist Teiler von 5▪
c) 23 ist Teiler von 9▪
d) 35 ist Teiler von 3▪
e) 42 ist Teiler von 2▪4

7 Rechne im Kopf.
a) Ist 4207 durch 7 teilbar?
b) Ist 1622 durch 8 teilbar?
c) Ist 12 Teiler von 143?

8 Rechne schriftlich.
a) Ist 2829 durch 23 teilbar?
b) Ist 32 Teiler von 960?
c) Ist 21 Teiler von 1093?

9 Rechne schriftlich.
a) Ist 325 279 Vielfaches von 9?
b) Ist 12 345 Vielfaches von 55?
c) Ist 2277 Vielfaches von 99?
d) Ist 14 805 Vielfaches von 423?

10 Übertrage ins Heft und ergänze.
a) 8▪ ist durch 9 teilbar.
b) 22▪ ist durch 15 teilbar.
c) 11▪ ist durch 56 teilbar.

11 Setze für a und b die angegebenen Zahlen ein und überprüfe danach die Richtigkeit der Darstellung.

a) $a = 4$; $b = 12$ c) $a = 25$; $b = 10\,000$
b) $a = 27$; $b = 81$ d) $a = 42$; $b = 840$
e) Überprüfe mit fünf eigenen Beispielen.

12 Prüfe mit eigenen Beispielen nach:

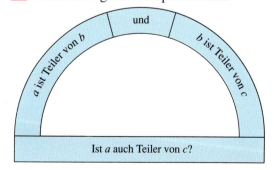

14 Teilbarkeit durch 2, 5 und 10

Der Eintritt zu einem Reitturnier beträgt 10 €. Welcher der Beträge 355 €, 420 € und 458 € wurde eingenommen?

1 Welche der Beträge hätten bei 5 € (2 €) Eintrittspreis eingenommen werden können?

Die Teilbarkeit durch 2, 5 und 10 erkennt man an der letzten Ziffer (Einer).

> Eine Zahl ist teilbar durch **10**, wenn ihre letzte Ziffer **0** ist.
> **5**, wenn ihre letzte Ziffer **0** oder **5** ist.
> **2**, wenn ihre letzte Ziffer **0**, **2**, **4**, **6** oder **8** ist.
> Eine durch 2 teilbare Zahl heißt **gerade Zahl**, alle anderen Zahlen heißen **ungerade Zahlen**.

Übungen

2 Welche der Zahlen sind durch 10 teilbar?
a) 120   d) 560   g) 893   j) 1001
b) 131   e) 700   h) 1010 k) 1280
c) 425   f) 755   i) 1020 l) 1505

3 Welche der Zahlen sind durch 5 teilbar?
a) 25   d) 50   g) 150   j) 485
b) 43   e) 121   h) 200   k) 1005
c) 45   f) 135   i) 352   l) 1551

4 Welche der Zahlen sind durch 2 teilbar?
a) 42   d) 63   g) 94   j) 75
b) 56   e) 191   h) 208   k) 400
c) 60   f) 202   i) 199   l) 325

5 Welche der Zahlen sind gerade Zahlen, welche sind ungerade Zahlen?
a) 13   e) 3018 i) 10 000 m) 10 098
b) 94   f) 500   j) 126 599 n) 857 662
c) 605   g) 5573 k) 4446   o) 87 612
d) 942   h) 8201 l) 26 557 p) 92 451

6 Welche der Geldbeträge kann man passend mit 2-€-Stücken (5-€-Scheinen; 10-€-Scheinen) bezahlen?
a) 146 €   c) 100 €   e) 1245 €
b) 235 €   d) 193 €   f) 4400 €

7 Katrin sammelt 2-Cent-Münzen. Sie sagt zu ihrer Freundin: „Ich habe schon 3 € und 31 Cent gesammelt." Darauf sagt die Freundin, dass das nicht stimmen kann. Was meinst du?

8 Ergänze im Heft so, dass die Zahlen
a) durch 10 teilbar sind:
3■, 43■, 1■0, ■34■, 337■51■;
b) durch 5 teilbar sind:
7■, 2■0, 33■0, 5■0■, ■■0, ■300;
c) durch 2 teilbar sind:
■, 15■, 80■, ■7■, ■9■9■.

9 Überprüfe, ob die Zahl durch 2 (5, 10) teilbar ist.
a) 25   e) 146   i) 6666
b) 38   f) 300   j) 2510
c) 79   g) 410   k) 134 576
d) 12   h) 999   l) 4370

10 Übertrage diese Liste ins Heft. Zeichne um alle Zahlen, die durch 2 teilbar sind, einen grünen Kreis, um alle durch 5 teilbaren einen blauen und um alle durch 10 teilbaren Zahlen einen roten Kreis.

307	308	309	310	311	312
313	314	315	316	317	318
319	320	321	322	323	324
325	326	327	328	329	330

Teilbarkeit durch 4, 25 und 100

Die Teilbarkeit durch 4, 25 und 100 erkennt man an den **letzten zwei Ziffern** der Zahl.
Der Zusammenhang zwischen diesen Zahlen ist durch die Gleichung $4 \cdot 25 = 100$ gegeben.

> Eine Zahl ist teilbar durch
> **100**, wenn ihre letzten zwei Ziffern **00** sind.
> **25**, wenn ihre letzten zwei Ziffern **00**, **25**, **50** oder **75** sind.
> **4**, wenn ihre letzten zwei Ziffern **00** sind oder diese **zweistellige Zahl durch 4 teilbar** ist.

Beispiele

1. Ist 6756 durch 4 teilbar?
Die zwei letzten Ziffern bilden die Zahl 56.
56 ist durch 4 teilbar, denn $56 : 4 = 14$.
Also ist auch 6756 durch 4 teilbar.

2. Ist 3000 durch 25 teilbar?
Die zwei letzten Ziffern sind Nullen.
Die Zahl 3000 ist teilbar durch 25.

Übungen

1 Welche der folgenden Zahlen sind teilbar
a) durch 4: 100, 262, 385, 400, 880, 1348, 2066, 1350, 1728, 2500, 52 496, 17 328, 11 322;
b) durch 25: 925, 31 615, 4750, 4140, 5250, 3500, 4005, 81 760, 30 010, 5555, 16 125;
c) durch 100: 144, 3248, 7696, 9822, 4300, 15 000, 23 416, 357 500, 426 320, 1 375 010?

3 Welche der folgenden Zahlen sind durch 4 teilbar?
a) 342   e) 1341   i) 8742
b) 917   f) 9306   j) 10 364
c) 452   g) 9508   k) 247 546
d) 888   h) 2403   l) 905 302

4 Überprüfe die folgenden Zahlen auf ihre Teilbarkeit durch 5 und 25.
a) 18 950, 44 625, 15 750, 5000
b) 8500, 9350, 4225, 300, 435
c) 35, 5750, 1815, 9200, 11 000

5 Welche Zahlen zwischen 2113 und 2125 sind durch 4 teilbar?

6 Vervollständige im Heft die Zahlen so, dass sie teilbar sind
a) durch 4: 21■, 51■, 92■, 72■, 86■2, 8■2;
b) durch 25: 280■, 3■5, ■75, 3■, 68■, 7■0.

7 Schaltjahre nennt man die Jahre, deren Jahreszahl durch 4 teilbar sind, mit Ausnahme der Hunderterjahre, deren Hunderter nicht durch 4 teilbar sind.

Beispiele: **1.** 2000 ist ein Schaltjahr, denn 20 ist durch 4 teilbar.
2. 1900 war kein Schaltjahr, denn 19 ist nicht durch 4 teilbar.

a) Waren die Jahre 1800, 1888, 1930, 1986 Schaltjahre?
b) Britta hat am 29. Februar Geburtstag. Wie oft kann sie nach 1998 bis zum Jahr 2022 ihren Geburtstag am 29. Februar feiern?

Vermischte Übungen

1 Übertrage die Tabelle in dein Heft und kreuze an, wenn die Teilbarkeit erfüllt ist.

a)
ist teilbar durch	10	5	2
31 447			
52 900			
16 755			
28 944			

b)
ist teilbar durch	5	2	10
178 155			
8 009 704			
2 430 440			
1 000 000 001			

2 Ergänze bei den Zahlen 32 58■, 583■, 547■, 2■45, 190 00■, 9■37■ und ■■5■ die Ziffern so, dass die Zahlen
a) durch 5 und 2 teilbar sind,
b) durch 2, 5 und 10 teilbar sind.
c) Vergleiche die Lösungen von a) und b). Was stellst du fest?

3 Übertrage die Tabelle in dein Heft und kreuze an, wenn die Teilbarkeit erfüllt ist.

ist teilbar durch	4	25	100	2	5	10
4238						
96 750						
101 010						
643 675						
990 000						
17 500						

4 Welche der folgenden Zahlen sind sowohl durch 4 als auch durch 25 teilbar?
1250, 4600, 15 260, 17 175, 171 750, 717 500

5 a) Welche nächstgrößere Zahl ist durch 4 teilbar?
762, 8235, 19 266, 25 340, 9999, 818 181
b) Welche nächstgrößere Zahl ist durch 25 teilbar?
27 355, 21 405, 49 395, 24 752, 454 545
c) Erfülle die Aufträge a) und b) auch für die nächstkleinere Zahl.

6 Welche Behauptung ist richtig?
a) Wenn eine Zahl durch 4 teilbar ist, dann ist sie auch durch 2 teilbar.
b) Wenn eine Zahl durch 5 teilbar ist, dann ist sie auch durch 25 teilbar.
c) Wenn eine Zahl durch 25 teilbar ist, dann ist sie auch durch 5 teilbar.
d) Wenn eine Zahl durch 100 teilbar ist, dann ist sie auch durch 4 teilbar.
e) Wenn eine Zahl durch 4 und durch 25 teilbar ist, dann ist sie auch durch 100 teilbar.
f) Wenn eine Zahl durch 2 und durch 5 teilbar ist, dann ist sie auch durch 4 teilbar.

7 Herr Jahn verkauft auf dem Wochenmarkt Blumen. Herr Bey kauft 9 Gladiolen für 1 € das Stück. Er zahlt mit einem 50-€-Schein.

Herr Jahn sagt: „Ich kann leider nicht rausgeben, da ich in der Wechselkasse nur 2-€-Stücke, 5-€-Scheine und 10-€-Scheine habe." Hat Herr Jahn Recht?

8 a) Kann man den Betrag 4 € 92 Cent nur mit 2-, 5- und 10-Cent-Münzen auszahlen?
b) Wenn Frau Marc monatlich 25 € spart, ist es dann möglich, dass sie nach einiger Zeit 3620 € gespart hat?

9 Ein Händler kann Kerzen in Packungen zu 2, 5 oder 10 Stück bestellen. Welche der Stückzahlen von Kerzen kann er insgesamt bestellen, wenn er nur eine Packungsart wählt?
a) 856   b) 905   c) 210   d) 399

Teilbarkeit durch 8, 125 und 1000

Die Teilbarkeit durch 8, 125 und 1000 erkennt man an den **letzten drei Ziffern** der Zahl.
Der Zusammenhang zwischen diesen Zahlen ist durch die Gleichung 8 · 125 = 1000 gegeben.

> Eine Zahl ist teilbar durch
> **1000**, wenn ihre letzten drei Ziffern **000** sind.
> **125**, wenn ihre letzten drei Ziffern **000** sind oder diese **dreistellige Zahl durch 125 teilbar** ist.
>   **8**, wenn ihre letzten drei Ziffern **000** sind oder diese **dreistellige Zahl durch 8 teilbar** ist.

Beispiele

1. Ist 5872 durch 8 teilbar?
Die drei letzten Ziffern sind 872.
872 ist durch 8 teilbar, denn 872 : 8 = 109.
Also ist auch 5872 durch 8 teilbar.

2. Ist 91 385 durch 125 teilbar?
Die drei letzten Ziffern sind 385.
385 ist nicht durch 125 teilbar,
denn 385 : 125 = 3 + (10 : 125).
Also ist auch 91 385 nicht durch 125 teilbar.

Übungen

1 Welche der folgenden Zahlen ist teilbar
a) durch 8:   3722, 91 375, 64 024, 41 936, 7392, 12 252, 10 232, 13 000;
b) durch 125: 91 375, 3723, 64 030, 51 935, 7625, 1250, 81 000, 5375;
c) durch 1000: 45 000, 4500, 27 000, 95 432, 1000, 93 000, 100 000.

▶2 Vervollständige im Heft die Zahlen so, dass sie teilbar sind
a) durch 8:   796■, 2■8, 5■32, 53■■, 90■■, 5■■■;
b) durch 125: 537■, 72■50, 938■75, 66■■, 5■2■, 2■■■.

3 Bei einem Leichtathletik-Sportfest kostet der Eintritt in das Stadion auf allen Plätzen 8 €. In der Kasse sind anschließend 2114 €. Kann das stimmen?

▶4 Welche Behauptung ist richtig?
a) Wenn eine Zahl durch 8 teilbar ist, dann ist sie auch durch 2 und durch 4 teilbar.
b) Wenn eine Zahl durch 2 und durch 4 teilbar ist, dann ist sie auch durch 8 teilbar.

▶5 Welche Behauptung ist richtig?
a) Wenn eine Zahl durch 4 teilbar ist, ist sie auch durch 8 teilbar.
b) Wenn eine Zahl nicht durch 8 teilbar ist, ist sie auch nicht durch 4 teilbar.
c) Wenn eine Zahl durch 125 teilbar ist, ist sie auch durch 5 teilbar.
d) Wenn eine Zahl durch 25 teilbar ist, ist sie auch durch 5 teilbar.
e) Wenn eine Zahl durch 5 und 25 teilbar ist, ist sie auch durch 125 teilbar.
f) Wenn eine Zahl nicht durch 125 teilbar ist, ist sie auch nicht durch 5 teilbar.

6 Übertrage die Tabelle in dein Heft. Kreuze entsprechend richtig an, wenn die links stehende Zahl durch die gegebene Zahl im Tabellenkopf teilbar ist.

ist teilbar durch	2	4	8	5	25	125	10	100	1000
7 392									
1 250									
64 136									
726									
25 725									
88 000									

18 Quersummenregel

Claudia und ihr Bruder spielen ein Würfelspiel mit folgenden Spielregeln:

Würfelspiel
1. Würfle immer mit drei Würfeln.
2. Bilde aus den gewürfelten Augenzahlen eine dreistellige Zahl.
3. Wenn diese Zahl durch 9 teilbar ist, hast du gewonnen.

Claudia und Tobias würfeln.

Tobias würfelt eine 2, eine 3 und eine 5.

Claudia würfelt eine 2, eine 3 und eine 4.

Beide können jeweils sechs dreistellige Zahlen bilden.
Tobias: 235   253   325   352   523   532   Claudia: 234   243   324   342   423   432

Tobias rechnet bereits mit dem Taschenrechner und überprüft, ob eine seiner sechs möglichen Zahlen durch 9 teilbar ist. Claudia ist jedoch ohne Taschenrechner schneller. Direkt nach dem Würfeln behauptet sie, jede ihrer Zahlen sei durch 9 teilbar.

Sie erklärt Tobias ein einfaches Verfahren:

1. Bilde die Summe der Augenzahlen. $2 + 4 + 3 = 9$

2. Dividiere diese Summe durch 9. $9 : 9 = 1$

3. Wenn die Summe der Augenzahlen durch 9 teilbar ist, dann ist auch jede Zahl, die man aus diesen Augenzahlen bildet, durch 9 teilbar und sonst nicht.

Die Teilbarkeit durch 9 kann man auf diese Weise bei allen Zahlen überprüfen.

Beispiel

Ist 96 075 durch 9 teilbar?
1. **Schritt:** Wir bilden die Summe der Ziffern (man sagt **Quersumme der Zahl**). $\underbrace{9 + 6 + 0 + 7 + 5}_{\text{Quersumme}} = 27$
2. **Schritt:** Wir dividieren die Quersumme durch 9. $27 : 9 = 3$
3. **Schritt:** Da 27 durch 9 teilbar ist, ist auch 96 075 durch 9 teilbar. $96\,075 : 9 = 10\,675.$

Eine Zahl ist durch 9 teilbar, wenn ihre Quersumme durch 9 teilbar ist.

Teilbarkeit

Die **Quersummenregel**, die wir für die **Teilbarkeit durch 9** gefunden haben, gilt auch für die **Teilbarkeit durch 3**.

> Eine Zahl ist durch 3 teilbar, wenn ihre Quersumme durch 3 teilbar ist.

Beispiele

1. Ist 23 124 durch 3 teilbar?
Die Quersumme von 23 124 ist 12.
Da 12 durch 3 teilbar ist, ist auch 23 124 durch 3 teilbar.
23 124 : 3 = 7708

2. Ist 28 145 durch 3 teilbar?
Die Quersumme von 28 145 ist 20.
Da 20 nicht durch 3 teilbar ist, ist auch 28 145 nicht durch 3 teilbar.

Übungen

1 Übertrage die Tabelle ins Heft. Fülle aus und kreuze an.

Zahl	Quersumme der Zahl	teilbar durch 3	teilbar durch 9
411			
414			
855			
3294			
7032			

2 Überprüfe, ob die Zahl durch 9 teilbar ist. Wenn sie teilbar ist, gib das Ergebnis an.
a) 49 d) 939 g) 8613 j) 49 149
b) 157 e) 405 h) 7009 k) 53 210
c) 252 f) 450 i) 9090 l) 10 035

3 Überprüfe, ob die Zahl durch 3 teilbar ist. Wenn ja, gib das Ergebnis an.
a) 39 d) 405 g) 1265 j) 46 725
b) 49 e) 753 h) 7009 k) 59 114
c) 126 f) 939 i) 8613 l) 82 503

4 Welche der Zahlen sind durch 9 und durch 3 teilbar? Gib jeweils das Ergebnis an.
a) 318, 497, 397, 548, 648, 732
b) 1123, 2232, 3357, 4456, 6333
c) 12 345, 34 560, 90 009, 46 789, 32 211
d) 54 241, 63 711, 238 947, 425 763, 796 248
e) 1 356 484, 3 884 211, 69 351 264, 87 956 849

5 Bestimme die nächstkleinere Zahl, die durch 3 bzw. 9 teilbar ist.
a) 56 c) 163 e) 659 g) 935
b) 85 d) 328 f) 865 h) 1247

6 a) Suche und notiere eine Regel für die Teilbarkeit durch 6. Benutze die Regel für die Teilbarkeit durch 2 und die Quersummenregel für die Teilbarkeit durch 3.
b) Prüfe mit deiner Regel nach, ob diese Zahlen durch 6 teilbar sind.
1232 2616 6612 15 756
1254 4512 9839 68 948

7 Welche Hausnummer hat das Haus?

Unsere Hausnummer ist durch 2, 3, 4 und 6 teilbar, größer als 10 und kleiner als 20.

8 a) Bestimme die kleinste Zahl, welche die Teiler 2, 3, 4, 5, 6 und 10 hat.
b) Welche Zahlen zwischen 5 796 400 000 und 5 796 500 000, die aus den zehn Ziffern 0 bis 9 gebildet werden, sind durch 2, 3, 4, 5, 6, 8 und 10 teilbar?

Summenregel

In einem Freizeitpark kostet der Eintritt 4 €. Abends sind 834 € in der Kasse. Kann das stimmen?

Lösung:

834 € können zerlegt werden in
800 € + 34 €.
800 € kann man durch 4 teilen.
 34 € kann man nicht durch 4 teilen.

Die Kasse stimmt nicht.

Ist die Zahl 642 durch 6 teilbar? Wir gehen schrittweise vor.
1. Schritt: Wir zerlegen 642 geeignet in 600 + 42.
2. Schritt: Wir prüfen, ob 600 durch 6 teilbar ist.   600 : 6 = 100
3. Schritt: Wir prüfen, ob 42 durch 6 teilbar ist.   42 : 6 = 7
Also ist 642 durch 6 teilbar.

> Sind alle Zahlen einer Summe durch dieselbe Zahl teilbar,
> so ist auch die Summe durch diese Zahl teilbar.

Beispiele

1. Ist die Zahl 1428 durch 7 teilbar?
Wir zerlegen: 1428 = 1400 + 28
1400 und 28 sind durch 7 teilbar.
Also ist 1428 durch 7 teilbar.

2. Ist die Zahl 30 948 durch 6 teilbar?
Wir zerlegen: 30 948 = 30 000 + 900 + 48
30 000, 900 und 48 sind durch 6 teilbar.
Also ist 30 948 durch 6 teilbar.

Übungen

1 Welche Zahlen sind durch die gegebene Zahl teilbar? Wende die Summenregel an.
a) durch 7:   872, 378, 919, 4942, 7021
b) durch 11: 253, 495, 7007, 6625, 121 484
c) durch 16: 192, 288, 356, 544, 673, 1296
d) durch 21: 252, 294, 717, 985, 1827, 2268

▶2 Zerlege in eine Summe und überprüfe, ob die Zahlen teilbar sind.

Zahl	1555	4886	2060	913	78 999	1352
teilbar durch	15	12	20	7	11	13

Zahl	7272	389	9450	210 105	1497	111
teilbar durch	36	19	45	105	7	11

▶3 Ayla sagt:
„Die Zahl 42 041 ist nicht durch 7 teilbar, denn 42 000 ist durch 7 teilbar und 41 ist *nicht* durch 7 teilbar. Dann kann die Summe auch nicht durch 7 teilbar sein."
Prüfe Aylas Behauptung nach. Rechne auch mit selbst gewählten Zahlen.

▶4 Frank sagt:
„Sind beide Zahlen einer Summe durch dieselbe Zahl *nicht* teilbar, so ist auch die Summe durch diese nicht teilbar."
Überprüfe Franks Behauptung an selbst gewählten Beispielen. Ein Gegenbeispiel ist ausreichend, dann ist Franks Behauptung falsch.

Vermischte Übungen

1 Zeichne die Figur ab und trage die Ergebnisse ein.

a) 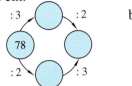   b)

c)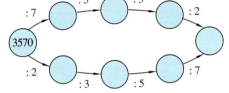

2 Überprüfe, ob die gegebene Zahl durch 2 (5; 10) teilbar ist. Wenn sie teilbar ist, gib das Ergebnis an.
a) 345 234
b) 465 573
c) 1 776 582
d) 4 655 331
e) 1 111 113
f) 2 353 422
g) 2 000 000
h) 567 567
i) 6 363 636
j) 3 255 655
k) 101 010
l) 582 345

3 Welche der Zahlen sind durch 3, welche sind durch 9 teilbar?
a) 56 718
   30 000
   431 100
   34 526
   207 804
b) 1212
   131 313
   271 872
   36 424 233
   95 186 274
c) 777 777
   88 888
   111 111
   3 333 333
   787 878

4 Welche natürlichen Zahlen zwischen 314 und 341 sind durch 5 teilbar?

5 Welche natürlichen Zahlen zwischen 7 und 57 sind durch 2 und durch 5 teilbar?

6 Nenne die größte und die kleinste fünfstellige Zahl, die
a) durch 3 teilbar ist,
b) durch 9 teilbar ist,
c) durch 6 teilbar ist,
d) durch 6 und durch 9 teilbar ist.

7 a) Schreibe drei vierstellige Zahlen auf, die durch 9 teilbar sind.
b) Nenne drei vierstellige Zahlen, die durch 3 aber nicht durch 9 teilbar sind.

8 Übertrage ins Heft und kreuze an.

ist teilbar durch	2	3	4	5	8
102					
56					
207					
312					
980					
64					
128					
1400					
2184					

9 Kannst du für ■ und für ▶ Ziffern einsetzen, sodass die entstehenden Zahlen durch 2 (3, 5, 9, 10) teilbar sind?
Gib entweder geeignete Ziffern für ■ und ▶ an oder begründe, warum das nicht möglich ist.
a) 89■
b) ■89
c) ■▶
d) ▶1
e) ▶■▶
f) 123■▶
g) ■1■
h) 5■5
i) ■■

10 Suche eine zehnstellige Zahl, die alle Ziffern von 0 bis 9 enthält und die durch 2, 3, 5, 9 und 10 teilbar ist.

11 Bestimme die nächstkleinere durch 3 bzw. 9 teilbare Zahl.
a) 65
b) 78
c) 361
d) 832
e) 756
f) 568
g) 778
h) 1000

12 a) Zeichne die Figur ab und trage die fehlenden Zahlen ein.

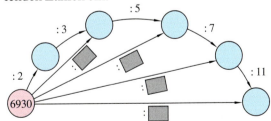

b) Wähle als Ausgangszahl 11 550, zeichne die Figur wie in a) und fülle aus.
c) Nenne die kleinstmögliche Ausgangszahl, die eingesetzt werden könnte.
d) Gib drei weitere Ausgangszahlen an, mit denen dieser „Rechenhalbkreis" gerechnet werden kann.

Die Teiler einer Zahl

Die Post von Österreich gab 1972 aus Anlass des 400-jährigen Bestehens der Spanischen Reitschule in Wien einen Briefmarkenblock mit 6 Marken heraus.
Sie hatte den Block in 3 Reihen mit jeweils 2 Briefmarken gedruckt.

Sie hätte auch andere Möglichkeiten gehabt:

Anzahl pro Reihe	1	2	3	6
Anzahl der Reihen	6	3	2	1

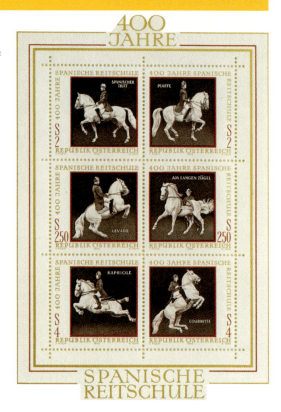

Die Zahl 6 hat vier Teiler.

$6 : \blacksquare = 6$ denn $\blacksquare \cdot 6 = 6$
$6 : \blacksquare = 3$ $\blacksquare \cdot 3 = 6$
$6 : \blacksquare = 2$ $\blacksquare \cdot 2 = 6$
$6 : \blacksquare = 1$ $\blacksquare \cdot 1 = 6$

Wir fassen alle Teiler der Zahl 6 in der **Teilermenge** T_6 zusammen: $T_6 = \{1, 2, 3, 6\}$

Die Teiler einer Zahl kann man mit einer einfachen Tabelle bestimmen.

Beispiel

Teiler von 30

1	2	3	5	6	10	15	30
30	15	10	6	5	3	2	1

Nachdem die grau unterlegten Teiler gefunden sind, kann man das Verfahren abbrechen. In diesem ersten Teil der Tabelle stehen bereits alle Teiler der Zahl 30: $T_{30} = \{1, 2, 3, 5, 6, 10, 15, 30\}$

Übungen

1 Bestimme die Teiler und notiere die Teilermenge.
a) T_{42} b) T_{15} c) T_8 d) T_{26} e) T_{10}

2 Bestimme die Teilermenge mithilfe einer Tabelle.
a) T_{84} c) T_{110} e) T_{218} g) T_{53} i) T_{96}
b) T_{126} d) T_{164} f) T_{195} h) T_{72} j) T_{300}

3 Bestimme die Teilermenge.
a) T_{81} c) T_{100} e) T_{144} g) T_{162} i) T_{176}
b) T_{125} d) T_{512} f) T_{13} h) T_{299} j) T_{432}

4 Bestimme mithilfe einer Tabelle.
a) T_{28} d) T_{116} g) T_{120} j) T_{360} m) T_{315}
b) T_{56} e) T_{148} h) T_{200} k) T_{435} n) T_{729}
c) T_{92} f) T_{196} i) T_{210} l) T_{520} o) T_{625}

5 Bilde die Teilermenge und vergleiche.
a) T_8 und T_{16} c) T_7 und T_{14}
b) T_{36} und T_{18} d) T_{49} und T_{98}

6 Übertrage die Teilermenge und ergänze die fehlenden Teiler.
a) $T_{30} = \{1, 2, 3, \blacksquare, \blacksquare, 10, \blacksquare, 30\}$
b) $T_{35} = \{1, \blacksquare, \blacksquare, 35\}$
c) $T_{112} = \{1, \blacksquare, \blacksquare, \blacksquare, \blacksquare, \blacksquare, \blacksquare, \blacksquare, \blacksquare, 112\}$

Teilbarkeit

7 Übertrage folgende Teilertabellen ins Heft und vervollständige sie.

a)
1	2		6
54		18	

b)
1	
6	

c)
1	2	4	8
		16	

d)
	3		
	16		

e)
18		

8 Die 32 Spielkarten eines Kartenspiels können in Rechteckmustern auf den Tisch gelegt werden.

Gib alle Möglichkeiten an, Rechteckmuster zu legen.

9 Auf welche Weise kann man 48 Schülerinnen und Schüler in gleich große Gruppen aufteilen? Gib mehrere Möglichkeiten an.

10 Sabine stellt aus 64 Perlen Armbänder her. Jedes Armband soll gleich viele Perlen haben. Welche Möglichkeiten hat Sabine hierfür?

11 Nenne zwei Zahlen mit
a) genau zwei Teilern,
b) genau drei Teilern,
c) genau vier Teilern.

Info

Unter den Griechen des Altertums gab es einige, die sich sehr mit der Mathematik beschäftigt haben. Einer von ihnen war Euklid. Er lebte in Alexandria. (Die Stadt liegt in Ägypten.)
Euklid ist auch heute noch berühmt wegen seiner 13 Mathematikbücher, die „Elemente des Euklid" genannt werden. Hier siehst du einen Ausschnitt aus dem 3. Buch des Euklid.

In seinem 9. Buch beschäftigt sich Euklid mit vollkommenen Zahlen. Euklid kannte die ersten vier vollkommenen Zahlen.
Eine vollkommene Zahl lässt sich als Summe schreiben, in der alle Teiler der Zahl außer der Zahl selber als Summanden vorkommen.

12 Die kleinste vollkommene Zahl ist 6.
$T_6 = \{1, 2, 3, 6\}$ und $6 = 1 + 2 + 3$
a) Zwischen 25 und 30 liegt die 2. vollkommene Zahl. Welche Zahl ist es?
b) 496 und 8128 sind die 3. und 4. vollkommene Zahl. Zeige, dass beide vollkommen sind.

Info

Die 5. vollkommene Zahl ist 33 550 336. 1997 kannte man 35 vollkommene Zahlen. Die 30. vollkommene Zahl besaß bereits über 65 000 Ziffern. Zu ihrer Berechnung werden besonders leistungsfähige Rechner benötigt. Ungerade vollkommene Zahlen kennt man bis heute nicht.

Primzahlen

Vom griechischen Mathematiker und Geograph Eratosthenes stammt eine Methode, aus den natürlichen Zahlen eine Zahlenmenge mit besonderen Eigenschaften auszusondern. Wir wenden diese Methode auf die ersten 100 natürlichen Zahlen an.

Info

Der griechische Gelehrte Eratosthenes von Kyrene (heute Schahhat, Libyen) lebte etwa in der Zeit von 284 bis 202 v. Chr. Er wurde 246 v. Chr. als Prinzenerzieher und Leiter der damals größten *Bibliothek* der Welt nach *Alexandria* berufen.
Unter anderem schrieb er ein dreibändiges Werk, in dem er die geographischen Erkenntnisse seiner Zeit zusammenfasste und eine Gradnetzkarte der damals bekannten Welt entwarf. Berühmt wurde er auch dadurch, dass er als Erster ziemlich genau den Umfang der Erdkugel berechnete, und das in einer Zeit, in der noch fast alle anderen dachten, die Erde sei eine Scheibe.
Durch einen Brand in der Bibliothek in Alexandria wurden später viele einmalige *Papyrosrollen* vernichtet, in denen das Wissen des Abendlandes gesammelt war.

1 Schreibe die Zahlen wie in der Abbildung auf.

Streiche alle Vielfachen von 2 aus, aber nicht die 2 selbst.
Günstig ist es, wenn du die Vielfachen mit durchgängigen Linien streichst.

Verfahre ebenso mit 3.

Warum brauchst du die Vielfachen von 4, 6, 8, 9 und 10 nicht mehr auszustreichen?

Streiche nun die Vielfachen von 5 und 7 aus.

Es ist ein „Sieb", entstanden, durch dessen „Löcher" die restlichen 26 Zahlen „gefallen" sind.

2 Eine dieser Zahlen passt nicht zu den anderen, weil sie nicht so viele Teiler hat. Welche Zahl ist das? Streiche auch diese Zahl aus.

Diese Methode heißt *Sieb des Eratosthenes*. Die übrig gebliebenen Zahlen nennt man **Primzahlen**.

1	2	3	4	5	6
7	8	9	10	11	12
13	14	15	16	17	18
19	20	21	22	23	24
25	26	27	28	29	30
31	32	33	34	35	36
37	38	39	40	41	42
43	44	45	46	47	48
49	50	51	52	53	54
55	56	57	58	59	60
61	62	63	64	65	66
67	68	69	70	71	72
73	74	75	76	77	78
79	80	81	82	83	84
85	86	87	88	89	90
91	92	93	94	95	96
97	98	99	100		

> Alle Zahlen größer als 1, die nur durch 1 und sich selbst teilbar sind, heißen Primzahlen.
> Ihre Teilermenge besteht aus genau zwei Teilern.

Mit Primzahlen lassen sich geheime Nachrichten besonders gut verschlüsseln. Auch deshalb suchen Wissenschaftler mit Computern heute noch nach großen Primzahlen.

Die zur Zeit größte bekannte Primzahl hat 420 921 Stellen. Wollte man diese Zahl schreiben, würde sie ca. 50 vollständig beschriebene Seiten unseres Buches füllen.

Übungen

3 Suche alle Primzahlen zwischen 15 und 25, indem du die Teilermengen der dazwischen liegenden Zahlen bestimmst.

4 a) Warum ist 17 eine Primzahl?
b) Warum ist 24 keine Primzahl?

5 Bestimme folgende Teilermengen und kennzeichne alle Primzahlen durch Unterstreichen.
a) T_{28} c) T_{35} e) T_{43} g) T_{99} i) T_{81} k) T_{169}
b) T_{19} d) T_{37} f) T_{111} h) T_{39} j) T_{201} l) T_{196}

6 Welche der Zahlen sind Primzahlen?
a) 57   c) 61   e) 59   g) 55   i) 21
b) 63   d) 49   f) 27   h) 17   j) 71

7 Präge dir alle Primzahlen bis 50 ein.

8 Schreibe die Zahlen als Produkte, deren Faktoren nur Primzahlen sind.
Beispiel: $18 = 2 \cdot 3 \cdot 3$
a) 4 = ■ · ■
b) 15 = ■ · ■
c) 35 = ■ · ■
d) 65 = ■ · ■
e) 66 = ■ · ■ · ■
f) 77 = ■ · ■
g) 12 = ■ · ■ · ■
h) 385 = ■ · ■ · ■

▶9 Prüfe mithilfe von Beispielen:
a) Es gibt außer der 2 keine gerade Primzahl.
b) Es gibt keine zwei Primzahlen, deren Differenz 3 ist.
c) Es gibt zwei Primzahlen mit Differenz 1.

▶10 Welches ist die kleinste (größte) dreistellige Primzahl?

▶11 Nenne drei Primzahlen, deren Summe wieder eine Primzahl ist. Gib mindestens drei verschiedene Lösungen an.

12 Prüfe mithilfe von selbst gewählten Beispielen: Eine Primzahl kann Summe zweier Primzahlen sein.

13 Es gibt zwei aufeinander folgende natürliche Zahlen, die Primzahlen sind.
a) Wie heißen diese Zahlen?
b) Warum gibt es nur ein solches Paar?

Info

Christian Goldbach (1690 bis 1764) vermutete: Jede gerade Zahl größer als 2 lässt sich als Summe aus zwei Primzahlen schreiben. Die Vermutung ist bis heute nicht bewiesen.

▶14 Schreibe die folgenden geraden Zahlen als Summe von zwei Primzahlen.
Beispiel: $48 = 31 + 17$
a) 16 = ■ + ■   f) 38 = ■ + ■
b) 32 = ■ + ■   g) 42 = ■ + ■
c) 20 = ■ + ■   h) 44 = ■ + ■
d) 36 = ■ + ■   i) 46 = ■ + ■
e) 52 = ■ + ■   j) 56 = ■ + ■

▶15 Zwei Primzahlen, deren Differenz 2 ist, heißen **Primzahlzwillinge**.
a) Nenne fünf Primzahlzwillinge.
b) Suche fünf Primzahlzwillinge größer 100.

Info

Der Russe Pafnuti Lwowitsch Tschebyscheff (1821 bis 1894) bewies: Zwischen einer Zahl größer 1 und ihrem Doppelten liegt mindestens eine Primzahl.

▶16 Nenne eine Primzahl zwischen
a) 8 und 16,   d) 17 und 34,
b) 12 und 24,   e) 54 und 108,
c) 24 und 48,   f) 111 und 222.

17 a) Bestimme alle Primzahlen, deren letzte Ziffer eine 5 ist.
b) Warum gibt es keine Primzahl, deren letzte Ziffer eine 0 ist?

▶18 Welche Ziffern können als letzte Ziffer einer mehrstelligen Primzahl vorkommen, welche nicht? Begründe und nenne Beispiele.

26 Der größte gemeinsame Teiler

Frau Lenzing möchte den Flur ihrer Wohnung mit Teppichfliesen auslegen. Die Bodenfläche ist rechteckig und hat 2,40 m Länge und 1,60 m Breite. Frau Lenzing weiß, dass im Baumarkt verschiedene Sorten quadratischer Fliesen zur Auswahl stehen, die auch verschiedene Längen haben.

Wir überlegen, welche Länge eine Fliese haben müsste, damit die Fläche ohne Verschnitt ausgelegt werden kann. Dazu müssen wir von der Länge und der Breite des Fußbodens Teiler bestimmen.

2,40 m = 240 cm

1	2	3	4	5	6	8	10	12	15
240	120	80	60	48	40	30	24	20	16

gemeinsame Teiler
1, 2, 4, 5, 8, 10, 16, 20, 40, 80

1,60 m = 160 cm

1	2	4	5	8	10
160	80	40	32	20	16

Die Zahl 80 ist der **größte gemeinsame Teiler** (ggT) von 240 und 160. Wir schreiben ggT (240; 160) = 80.

Die größte mögliche Fliesensorte, mit der die Fläche vollständig ausgelegt werden kann, müsste 80 cm Länge haben.

Wir bestimmen den ggT von 32 und 63.

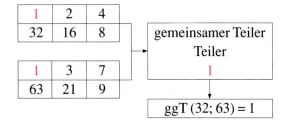

Der Teiler 1 ist der einzige gemeinsame Teiler der Zahlen 32 und 63.
Dann ist auch ggT (32; 63) = 1.

Die Zahlen 32 und 63 heißen **teilerfremd**, weil ihr größter gemeinsamer Teiler 1 ist.

Übungen

1 Bestimme erst die gemeinsamen Teiler, dann den größten gemeinsamen Teiler.
a) 18 und 24 d) 24 und 56
b) 12 und 26 e) 36 und 48
c) 15 und 33 f) 21 und 49

2 Ermittle den ggT.
a) 4 und 5 e) 24 und 36 i) 105 und 150
b) 6 und 8 f) 28 und 42 j) 140 und 315
c) 10 und 15 g) 20 und 90 k) 225 und 375
d) 16 und 22 h) 35 und 63 l) 169 und 390

3 Sind die Zahlen teilerfremd?
a) 23, 54   b) 42, 63   c) 55, 32   d) 37, 41

4 Bestimme den größten gemeinsamen Teiler.
a) 112 und 144   c) 210 und 42
b) 164 und 188   d) 276 und 48

5 Ermittle den größten gemeinsamen Teiler.
a) ggT (16; 20)   f) ggT (30; 90)
b) ggT (24; 60)   g) ggT (25; 75)
c) ggT (38; 66)   h) ggT (17; 31)
d) ggT (52; 85)   i) ggT (41; 48)
e) ggT (27; 81)   j) ggT (1; 108)

6 Prüfe mithilfe von Beispielen:
a) Zwei gerade Zahlen sind nie zueinander teilerfremd.
b) Zwei ungerade Zahlen sind immer zueinander teilerfremd.

Das kleinste gemeinsame Vielfache

Wenn ein Jumbojet 80-mal gestartet und gelandet ist, lässt die Lufthansa alle Reifen des Fahrwerks auswechseln.

Die Bremsbeläge werden nach 30 Starts und Landungen erneuert.

Für die Wartung gibt es einen Wartungsplan. Dort sind die Wartungsintervalle für die Reifen in Rot und die für die Bremsbeläge in Blau markiert.

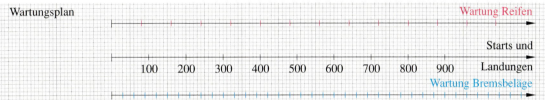

Nach wie vielen Starts und Landungen werden die Reifen und Bremsbeläge gleichzeitig in einer Wartung gewechselt?
Wir schreiben die Wartungsintervalle für die Reifen auf.
Wir erhalten nur **Vielfache der Zahl 80** und fassen diese in V_{80} zusammen.

$$V_{80} = \{80, 160, 240, 320, 400, 480, 560, \ldots\}$$

Als Wartungsintervalle für die Bremsbeläge erhalten wir nur **Vielfache der Zahl 30**.

$$V_{30} = \{30, 60, 90, 120, 150, 180, 210, 240, 270, 300, 330, 360, 390, 420, 450, 480, \ldots\}$$

Die gemeinsamen Vielfachen der Zahlen 80 und 30 sind 240, 480, …

Also: Nach 240 Starts und Landungen werden Reifen und Bremsbeläge zum ersten Mal gleichzeitig gewechselt und dann alle weiteren 240 Starts und Landungen.

Die Zahl 240 ist das **kleinste gemeinsame Vielfache** der Zahlen 80 und 30. Wir schreiben:
kgV (80; 30) = 240.

Beispiele

1. Bestimme das kleinste gemeinsame Vielfache der Zahlen 4 und 18.

Lösung:
$V_4 = \{4, 8, 12, 16, 20, 24, 28, 32, 36, 40, \ldots\}$
$V_{18} = \{18, 36, 54, 72, 90, 108, \ldots\}$
Die gemeinsamen Vielfachen von 4 und 18 sind 36, 72, …
Das kleinste gemeinsame Vielfache von 4 und 18 ist 36, also kgV (4; 18) = 36.

2. Bestimme das kgV (11; 22).

Lösung:
Die Zahl 22 ist Vielfaches von 11. Damit ist jedes Vielfache von 22 auch Vielfaches der Zahl 11.
$V_{11} = \{11, 22, 33, 44; \ldots\}$
$V_{22} = \{22, 44, \ldots\}$
kgV (11; 22) = 22

Übungen

1 Schreibe die ersten fünf Zahlen auf.
a) V_2 b) V_5 c) V_8 d) V_{32} e) V_{39}

2 Schreibe die ersten zehn Zahlen auf und vergleiche.
a) V_3 und V_6 c) V_7 und V_{21}
b) V_9 und V_{18} d) V_{10} und V_{50}

3 Ergänze.
a) $V_4 = \{4, \blacksquare, 12, \blacksquare, 20, \blacksquare, \ldots\}$
b) $\blacksquare = \{8, 16, 24, 32, 40, \ldots\}$
c) $\blacksquare = \{\blacksquare, 14, 21, 28, 35, \ldots\}$
d) $\blacksquare = \{\blacksquare, 24, \blacksquare, 48, \blacksquare, \ldots\}$
e) $\blacksquare = \{\blacksquare, \blacksquare, 45, 60, 75, \blacksquare, \ldots\}$
f) $\blacksquare = \{\blacksquare, \blacksquare, 30, \blacksquare, \blacksquare, 60, \ldots\}$
g) $\blacksquare = \{\blacksquare, 18, \blacksquare, \blacksquare, \blacksquare, 54, \ldots\}$
h) $\blacksquare = \{\blacksquare, \blacksquare, \blacksquare, \blacksquare, \blacksquare, \blacksquare, 21, \ldots\}$

4 Schreibe die ersten zehn Zahlen auf und vergleiche. Bestimme jeweils das kgV.
a) V_9 und V_6 e) V_{14} und V_{28}
b) V_5 und V_{15} f) V_{17} und V_{51}
c) V_2 und V_8 g) V_{15} und V_{60}
d) V_4 und V_{12} h) V_{20} und V_{40}

5 Bestimme das kgV.
a) kgV (3; 5)   e) kgV (6; 7)   i) kgV (15; 45)
b) kgV (5; 6)   f) kgV (2; 15)   j) kgV (7; 11)
c) kgV (6; 8)   g) kgV (7; 12)   k) kgV (15; 30)
d) kgV (7; 8)   h) kgV (9; 11)   l) kgV (14; 21)

6 Nenne zwei Zahlen mit dem gegebenen kgV.
a) 10   c) 50   e) 100
b) 20   d) 75   f) 200

7 Ergänze passende Zahlen. Gib jeweils 3 verschiedene Möglichkeiten an.
a) 36 ist das kgV von 9 und $\blacksquare$
b) 60 ist das kgV von 12 und $\blacksquare$
c) 124 ist das kgV von 31 und $\blacksquare$

8 Bestimme das kgV der Zahlen.
a) 8, 12, 15   d) 3, 6, 8, 12
b) 12, 24, 36   e) 7, 11, 13, 19
c) 20, 30, 40   f) 6, 18, 24, 27

9 Die Kettenzahnräder eines Fahrrades haben 30 und 42 Zähne.

Nach wie vielen Umdrehungen der Pedale haben beide Zahnräder wieder die Ausgangsstellung erreicht?

10 Pia und Mark vom Detektivklub „Clever, Clever & besonders Clever" belauschen am 30. November, dass die beiden Gangster Big Teddy und Macho Mirko regelmäßig in der Kneipe „Black Sheep" auftauchen wollen. Big Teddy will jeden dritten, Macho Mirko jeden fünften Tag dort erscheinen. Pia und Mark geben der Polizei einen Tipp, dass sie beide Gauner gleichzeitig festnehmen kann. An welchem Tag könnte die Polizei das erste Mal zuschlagen?

11 Während des Berufsverkehrs zwischen 6:30 Uhr und 9:00 Uhr fahren die Busse am Bushof nach diesem Fahrplan ab.

BBB	Fahrplan gültig ab: 1. Juni		Haltestelle: Bushof
	Linie 013	Linie 051	Linie 021
Abfahrt Montag bis Freitag	6:30 alle 15 Min. bis 9:00	6:30 alle 12 Min. bis 9:00	6:30 alle 20 Min. bis 9:00

Um günstige Anschlüsse zu ermöglichen, fahren die Busse zu bestimmten Zeiten gleichzeitig ab. Um wie viel Uhr geschieht das zum ersten Mal? Schreibe alle Abfahrtszeiten auf, bei denen die Busse gleichzeitig abfahren.

Vermischte Übungen

1 Gib die Teiler der folgenden Zahlen an.
a) 18   d) 48   g) 33   j) 98
b) 20   e) 50   h) 100 k) 111
c) 35   f) 75   i) 64   l) 101

2 Gib an, welche Zahlen durch 2, 3, 4, 5, 9 oder 25 teilbar sind.
a) 5832   d) 9765   g) 600
b) 74 075 e) 52 701 h) 90 903
c) 80 600 f) 7 777 777 i) 6722

3 Sind die Zahlen teilerfremd?
a) 23; 54   c) 55; 32   e) 46; 87   g) 83; 73
b) 42; 63   d) 37; 41   f) 65; 91   h) 76; 57

4 Zeichne ins Heft und fülle aus.

a)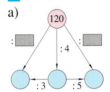
b)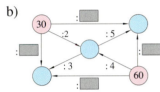

5 Übertrage das Rätsel in dein Heft und fülle es aus.

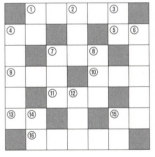

waagerecht:
① fünfstellige Zahl mit der Quersumme 3
④ größte Primzahl, die kleiner als 100 ist
⑤ Vielfaches von 17
⑦ kgV (156; 312)
⑨ größte dreistellige Primzahl
⑩ kgV (8; 20; 50)
⑪ durch 3 teilbares Vielfaches von 89
⑬ Teiler von ⑦ waagerecht
⑮ Vielfaches von 15 und Teiler von 120
⑯ größte Zahl aus $T_{76\,543}$

senkrecht:
① die Zahl hat nur zwei Teiler
② kleinste dreistellige Primzahl
③ ggT (45; 75; 105)
④ größte fünfstellige Zahl, die durch 5 teilbar ist
⑥ kleinste fünfstellige Zahl, die durch 5 teilbar ist
⑦ die Zahl ist durch 25 teilbar
⑧ die Zahl ist durch 2, 4, 7 und 8 teilbar
⑫ kgV (45; 63)
⑭ die Zahl ist durch 9 teilbar
⑮ ggT (126; 189)

6 Übertrage das Teilermengen-Puzzle ins Heft und ergänze es.

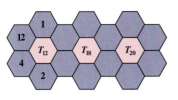

7 Schreibe die Zahlen als Produkte, deren Faktoren nur Primzahlen sind.
a) 21 = ▫ · ▫   e) 220 = ▫ · ▫ · ▫ · ▫
b) 22 = ▫ · ▫   f) 150 = ▫ · ▫ · ▫ · ▫
c) 20 = ▫ · ▫ · ▫   g) 99 = ▫ · ▫ · ▫
d) 50 = ▫ · ▫ · ▫   h) 100 = ▫ · ▫ · ▫ · ▫

8 Wer knackt den Tresor? Käpt'n Schiffy hat sich einen Tresor für die sichere Aufbewahrung seiner Einnahmen angeschafft. Der Tresor ist jedoch verschlossen. Beigefügt ist lediglich eine seltsame Anweisung zur Bestimmung der Geheimnummer.

Nimm das kleinste gemeinsame Vielfache von drei und fünf.
Multipliziere diese Zahl mit der kleinsten ungeraden Primzahl.
Rechne 4 dazu.
Teile nun durch die Märchenzahl (z. B. aus „Schneewittchen"), für die es keine einfache Teilbarkeitsregel gibt.
Kontrolle (erstes Zwischenergebnis):
Diese Zahl ist eine Primzahl. Wenn nicht, hast du dich verrechnet.
Multipliziere nun diese Zahl mit 2 · 2 · 5 · 5.
Subtrahiere dann siebenundzwanzig.
Untersuche, ob diese Zahl durch vier teilbar ist.
Wenn ja, addiere sechzehn, wenn nicht, addiere zwei.
Kontrolle (zweites Zwischenergebnis):
Diese Zahl ist durch neun teilbar. Wenn nicht, hast du dich verrechnet.
Addiere das kleinste gemeinsame Vielfache von sechs und fünfzehn.
Bestimme den größten Teiler von 138 und addiere auch ihn.
Subtrahiere die fünfte (d.h. die fünftkleinste) Primzahl.
Nun weißt du die Geheimnummer für den Tresor.

PRÜFZIFFERN

Jedes Buch, das man in einer Buchhandlung bestellen kann, trägt eine **Internationale Standard Buchnummer (ISBN)**. Dieses Buch hat z. B. die ISBN 3-464-56126-7 (du findest die Nummer auf der Buchrückseite und im Impressum).
Mit dieser Nummer ist das Buch weltweit eindeutig zu identifizieren. Die einzelnen Ziffern haben folgende Bedeutung:

3	-	464	-	56126	-	7
Land (Deutschland)		Verlag (Cornelsen)		Buchnummer des Verlages		Prüfziffer

Die Prüfziffer wird aus der **gewichteten Quersumme** der ersten 9 Ziffern berechnet:

$1·3 + 2·4 + 3·6 + 4·4 + 5·5 + 6·6 + 7·1 + 8·2 + 9·6 = 183$

Die gewichtete Quersumme wird nun durch die Zahl 11 geteilt. Der Rest der Division durch 11 ergibt die Prüfziffer.

$$183 : 11 = 16 \text{ Rest } 7$$
$$\underline{11}$$
$$73$$
$$\underline{66}$$
$$7$$

Wenn der Rest 10 auftritt, schreibt man als Prüfziffer ein X (wie das römische Zeichen für zehn).
Beispiel: 3 - 464 - 55306 - X

Die folgenden ISBN enthalten einen Tippfehler. Die Prüfziffer ist richtig.

0 - 14 - 012691 - 8

3 - 471 - 02498 - 4

Bei Büchern setzt sich die EAN (siehe S. 187) aus der Zahl 978 und der ISBN zusammen. Allerdings ändert sich die Prüfziffer.

Die letzte Ziffer, die **Prüfziffer**, wurde eingeführt, um fehlerhafte Angaben bei den ersten 9 Ziffern (z. B. beim Eintippen in einen Computer) sofort zu bemerken.

offene Seiten

EAN-Codes
einzelner Herstellerländer:

00 – 09	USA, Kanada
30 – 37	Frankreich
400 – 440	Deutschland
45; 49	Japan
50	Großbritannien
54	Belgien, Luxemburg
57	Dänemark
590	Polen
599	Ungarn
64	Finnland
690 – 691	China
73	Schweden
76	Schweiz
80 – 83	Italien
84	Spanien
90 – 91	Österreich

Fast alle Artikel, die du im Supermarkt kaufen kannst, tragen eine **Europäische Artikelnummer (EAN)**. Dieser Strichcode ermöglicht es, den Artikel eindeutig zu registrieren. Die Striche sind so lang gezogen, damit das Lesegerät nicht genau gerade über den Strichcode geführt werden muss. Ein Computer ermittelt aus einer Datei den Preis und bringt ihn an der Kasse zur Anzeige. Gleichzeitig wird in der Datei für den Lagerbestand die Anzahl verringert. Die 13stellige EAN enthält auch eine Prüfziffer, die sich über eine gewichtete Quersumme errechnet. Die Gewichtung geschieht so:

400	8617	75201	1
Hersteller-land	Hersteller-firma	Artikelnummer der Firma	Prüfziffer

$1·4+3·0+1·0+3·8+1·6+3·1+1·7+3·7+1·5+3·2+1·0+3·1 = 79$

$79 : 10 = 7$ Rest 9 Prüfziffer = 10 – Rest
also $10 - 9 = 1$

Einzelfehler können auch hier sofort erkannt werden.

checkpoint

1 Gib an, ob die Zahl durch 2, 4, 5 oder 25 teilbar ist.
a) 475   b) 3452   c) 7658   d) 8390
(8 Punkte)

2 Untersuche, ob die Zahl durch 3 oder 9 teilbar ist.
a) 4116   b) 17 562   c) 35 214   d) 8 346 672
(4 Punkte)

3 Ergänze die fehlende Ziffer.
a) 679▢ ist durch 2 teilbar   c) 53▢6 ist durch 4 teilbar
b) 6▢41 ist durch 3 teilbar   d) ▢835 ist durch 9 teilbar.
(4 Punkte)

4 Bestimme die Zahl.
a) ggT (8; 52)   c) kgV (3; 11)
b) ggT (51; 111)   d) kgV (12; 14)
(4 Punkte)

5 Um das Kreisfeld mit der Zahl 21 sind alle Teiler dieser Zahl angeordnet. Übertrage die Angaben ins Heft und ergänze entsprechend die Teiler der Zahlen in den anderen Kreisfeldern.
(6 Punkte)

6 Kai, Lars und Birte trainieren gleichzeitig auf der 400-m-Bahn des Sportplatzes. Lars braucht für eine Runde 3 Minuten, Kai 90 Sekunden und Birte 2 Minuten.
a) Nach wie vielen Minuten hat Kai Lars überholt?
b) Nach wie vielen Minuten hat Kai Birte überholt?
c) Nach wie vielen Minuten laufen alle drei erstmalig gleichzeitig über die Ziellinie?
(6 Punkte)

Brüche – Addition und Subtraktion

34 Bruchteile

Wird ein Ganzes in gleich große Teile zerlegt, erhält man Bruchteile.

 $\frac{1}{2}$ $\frac{1}{3}$ $\frac{1}{4}$ $\frac{1}{5}$ $\frac{1}{6}$

Gleiche Bruchteile können zusammengefasst werden.

 $\frac{2}{3}$ $\frac{3}{4}$ $\frac{2}{5}$ $\frac{4}{6}$ $\frac{7}{8}$

Übungen

1 Welcher Bruchteil einer Stunde ist nach 12 Uhr vergangen?

2 Welcher Bruchteil der Torte fehlt hier?

3 Für das Pausenfrühstück wurden drei Käseecken verbraucht. Welcher Bruchteil von dem Schmelzkäse ist in der Packung übrig geblieben?

4 a) Eine Gesamtschule hat ungefähr diese Kostenverteilung. Gib jeweils die Bruchteile an.

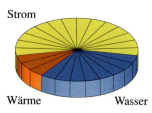

b) In einem Jahr ergaben diese Kosten zusammen etwa 225 000 €. Mit der neuen Solaranlage sind nun die Kosten niedriger. Wie viel spart die Schule, wenn die Solaranlage vollständig den Stromverbrauch abdeckt?

5 Welche Bruchteile müssen für die Milchpackungen angegeben werden?

6 Sind die farbigen Teile als Bruch richtig geschrieben? Begründe.

a) 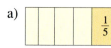 b)  $\frac{1}{6}$

(a label) $\frac{1}{5}$

c) $\frac{1}{4}$ d) $\frac{1}{5}$

7 Ist hier richtig gezeichnet worden?

a) $\frac{1}{4}$ b) $\frac{1}{4}$ c) $\frac{1}{8}$

Ordnen und vergleichen von Brüchen

1. Brüche mit gleichem Nenner

$\frac{3}{10}$ liegt auf dem Zahlenstrahl links von $\frac{7}{10}$.

Also gilt: $\frac{3}{10} < \frac{7}{10}$

Das bedeutet: $\frac{3}{10} < \frac{7}{10}$, weil im Zähler 3 < 7 ist.

Wir vergleichen $\frac{3}{10}$ und $\frac{7}{10}$ auf dem Zahlenstrahl.

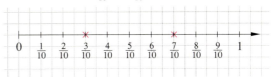

2. Brüche mit verschiedenen Nennern

Aus der Darstellung können wir vermuten, dass $\frac{5}{8} > \frac{7}{12}$ ist.
Die Darstellung auf Zahlenstrahlen ist recht aufwendig.
Wir können jedoch die Brüche so erweitern, dass sie gleiche Nenner haben.

Das kleinste gemeinsame Vielfache der Nenner 8 und 12 ist 24.
Wir erweitern deshalb $\frac{5}{8}$ mit 3 und $\frac{7}{12}$ mit 2.

Wir vergleichen $\frac{5}{8}$ und $\frac{7}{12}$ aus dieser Darstellung.

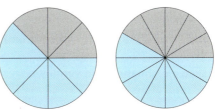

$\frac{5}{8} = \frac{15}{24}$; $\frac{7}{12} = \frac{14}{24}$; $\frac{15}{24} > \frac{14}{24}$, also $\frac{5}{8} > \frac{7}{12}$

> Brüche können verglichen werden, wenn sie den gleichen Nenner haben. Wir sagen, die Brüche sind **gleichnamig**. Bei gleichnamigen Brüchen ist es ausreichend, nur die Zähler zu vergleichen.
>
> Brüche mit verschiedenen Nennern lassen sich so erweitern oder auch kürzen, dass sie gleichnamig werden. Das kleinste gemeinsame Vielfache (kgV) der Nenner wird **Hauptnenner** genannt.

Beispiele

1. Vergleiche die Brüche $\frac{7}{8}$ und $\frac{5}{6}$.

   a) gemeinsamer Nenner

   $8 \cdot 6 = 48$

   $\frac{7}{8} = \frac{7 \cdot 6}{8 \cdot 6} = \frac{42}{48}$

   $\frac{5}{6} = \frac{5 \cdot 8}{6 \cdot 8} = \frac{40}{48}$

   $\frac{7}{8} > \frac{5}{6}$, denn $\frac{42}{48} > \frac{40}{48}$.

   b) Hauptnenner

   kgV (8; 6) = 24

   $\frac{7}{8} = \frac{7 \cdot 3}{8 \cdot 3} = \frac{21}{24}$

   $\frac{5}{6} = \frac{5 \cdot 4}{6 \cdot 4} = \frac{20}{24}$

   $\frac{7}{8} > \frac{5}{6}$, denn $\frac{21}{24} > \frac{20}{24}$.

2. Vergleiche die Brüche $\frac{4}{9}$ und $\frac{5}{12}$.

   Hauptnenner: kgV (9; 12) = 36

   $\frac{4}{9} = \frac{4 \cdot 4}{9 \cdot 4} = \frac{16}{36}$ $\frac{5}{12} = \frac{5 \cdot 3}{12 \cdot 3} = \frac{15}{36}$

   $\frac{4}{9} > \frac{5}{12}$

Übungen

1 Vergleiche.

a) $\frac{3}{7}$ und $\frac{5}{7}$ b) $\frac{9}{11}$ und $\frac{6}{11}$ c) $\frac{25}{24}$ und $\frac{17}{24}$

2 Schreibe ab und setze für den Platzhalter < oder > richtig ein.

a) $\frac{11}{12}$ ■ $\frac{7}{12}$ d) $\frac{5}{26}$ ■ $\frac{3}{26}$ g) $\frac{17}{35}$ ■ $\frac{31}{35}$

b) $\frac{3}{4}$ ■ $\frac{1}{2}$ e) $\frac{1}{12}$ ■ $\frac{1}{14}$ h) $\frac{5}{8}$ ■ $\frac{5}{11}$

c) $\frac{2}{3}$ ■ $\frac{1}{2}$ f) $\frac{3}{8}$ ■ $\frac{1}{4}$ i) $\frac{1}{3}$ ■ $\frac{5}{12}$

3 Mache die Brüche gleichnamig. Setze im Heft < oder > richtig ein.

a) $\frac{5}{6}$ ■ $\frac{11}{12}$ c) $\frac{2}{3}$ ■ $\frac{4}{5}$ e) $\frac{7}{12}$ ■ $\frac{3}{9}$

b) $\frac{4}{9}$ ■ $\frac{2}{3}$ d) $\frac{3}{7}$ ■ $\frac{4}{9}$ f) $\frac{3}{15}$ ■ $\frac{6}{25}$

4 Mache gleichnamig und vergleiche.

a) $\frac{3}{4}; \frac{5}{7}$ b) $\frac{7}{3}; \frac{2}{5}$ c) $\frac{3}{4}; \frac{5}{8}$ d) $\frac{5}{21}; \frac{4}{7}$ e) $\frac{11}{18}; \frac{7}{12}$

5 Bestimme den größten Bruch.

a) $\frac{3}{10}; \frac{4}{5}; \frac{7}{10}$ b) $\frac{2}{3}; \frac{5}{6}; \frac{7}{6}$ c) $\frac{6}{7}; \frac{8}{14}; \frac{15}{28}$

5 Bestimme den Hauptnenner, mache gleichnamig und vergleiche.

a) $\frac{5}{6}; \frac{3}{8}$ d) $\frac{5}{12}; \frac{7}{9}$ g) $\frac{15}{27}; \frac{10}{18}$

b) $\frac{3}{10}; \frac{4}{15}$ e) $\frac{3}{16}; \frac{5}{24}$ h) $\frac{11}{20}; \frac{13}{25}$

c) $\frac{7}{8}; \frac{11}{12}$ f) $\frac{5}{14}; \frac{10}{21}$ i) $\frac{8}{15}; \frac{9}{20}$

7 Bestimme den Hauptnenner der Brüche und vergleiche.

a) $\frac{4}{11}$ und $\frac{9}{22}$ c) $\frac{5}{6}$ und $\frac{7}{8}$ e) $\frac{7}{12}$ und $\frac{4}{9}$

b) $\frac{13}{6}$ und $\frac{5}{2}$ d) $\frac{2}{3}$ und $\frac{5}{8}$ f) $\frac{13}{11}$ und $\frac{7}{9}$

8 Mache gleichnamig und vergleiche.

a) $\frac{4}{7}; \frac{22}{35}$ d) $\frac{1}{3}; \frac{7}{8}$ g) $\frac{5}{12}; \frac{5}{8}$

b) $\frac{4}{13}; \frac{5}{4}$ e) $\frac{9}{10}; \frac{3}{25}$ h) $\frac{27}{9}; \frac{5}{6}$

c) $\frac{2}{19}; \frac{2}{5}$ f) $\frac{5}{17}; \frac{10}{7}$ i) $\frac{3}{14}; \frac{36}{35}$

9 Ordne die Brüche der Größe nach. Erweitere so, dass die Nenner gleich sind.

a) $\frac{3}{4}; \frac{2}{3}; \frac{5}{8}$ c) $\frac{4}{7}; \frac{2}{5}; \frac{1}{2}$ e) $\frac{9}{4}; \frac{15}{6}; \frac{8}{3}$

b) $\frac{11}{7}; \frac{3}{2}; \frac{7}{6}$ d) $\frac{11}{15}; \frac{13}{20}; \frac{3}{5}$ f) $\frac{5}{3}; \frac{5}{12}; \frac{11}{9}$

10 Ordne die Brüche der Größe nach.

a) $\frac{1}{3}; \frac{5}{6}; \frac{1}{6}; \frac{7}{12}; \frac{1}{12}; \frac{11}{12}; \frac{7}{6}; \frac{5}{3}$ b) $\frac{1}{2}; \frac{5}{4}; \frac{3}{8}; \frac{1}{8}; \frac{11}{8}; \frac{3}{2}; \frac{9}{4}; \frac{5}{8}$

11 Übertrage in dein Heft und vergleiche die Brüche. Setze das richtige Zeichen (<, >, =) ein.

a) $\frac{4}{12} \square \frac{3}{9}$ c) $\frac{7}{12} \square \frac{5}{6}$ e) $\frac{27}{18} \square \frac{6}{4}$

b) $\frac{2}{5} \square \frac{18}{45}$ d) $\frac{12}{14} \square \frac{40}{35}$ f) $\frac{36}{42} \square \frac{30}{36}$

12 Übertrage in dein Heft und vergleiche die Brüche. Setze das richtige Zeichen (<, >, =) ein.

a) $\frac{2}{7} \square \frac{7}{9}$ c) $\frac{8}{11} \square \frac{9}{10}$ e) $\frac{24}{25} \square \frac{35}{35}$

b) $\frac{5}{3} \square \frac{7}{5}$ d) $\frac{7}{15} \square \frac{28}{60}$ f) $\frac{18}{12} \square \frac{33}{22}$

13 Vergleiche die Brüche.

a) $\frac{10}{14}$ und $\frac{16}{21}$ d) $\frac{13}{26}$ und $\frac{15}{30}$ g) $\frac{8}{18}$ und $\frac{11}{33}$

b) $\frac{8}{40}$ und $\frac{7}{30}$ e) $\frac{9}{64}$ und $\frac{15}{120}$ h) $\frac{48}{16}$ und $\frac{14}{5}$

c) $\frac{4}{9}$ und $\frac{14}{21}$ f) $\frac{27}{36}$ und $\frac{25}{40}$ i) $\frac{65}{52}$ und $\frac{30}{24}$

14 Welcher Bruch ist der größere?

a) $\frac{1}{2}; \frac{1}{4}$ c) $\frac{1}{5}; \frac{1}{10}$ e) $\frac{1}{6}; \frac{1}{7}$ g) $\frac{1}{16}; \frac{1}{12}$

b) $\frac{1}{4}; \frac{1}{3}$ d) $\frac{1}{4}; \frac{1}{8}$ f) $\frac{1}{9}; \frac{1}{11}$ h) $\frac{1}{45}; \frac{1}{28}$

15 Übertrage in dein Heft und setze dabei sofort < oder > richtig ein.

a) $\frac{2}{3} \square \frac{2}{5}$ c) $\frac{5}{6} \square \frac{5}{9}$ e) $\frac{7}{12} \square \frac{7}{11}$

b) $\frac{3}{4} \square \frac{3}{7}$ d) $\frac{6}{7} \square \frac{6}{13}$ f) $\frac{13}{15} \square \frac{13}{14}$

16 Ordne der Größe nach, ohne die Brüche vorher gleichnamig zu machen.

a) $\frac{4}{13}; \frac{4}{11}; \frac{4}{5}; \frac{4}{15}$ c) $\frac{3}{19}; \frac{3}{16}; \frac{3}{14}; \frac{3}{22}$

b) $\frac{5}{7}; \frac{5}{19}; \frac{5}{21}; \frac{5}{11}$ d) $\frac{17}{48}; \frac{17}{36}; \frac{17}{52}; \frac{17}{18}$

17 Am 4. Februar 1996 siegte beim Weltcup in Val d'Isère (Frankreich) Katja Seizinger mit ihrem Lauf im Super-G das dritte Mal in Folge. Renate Götschl (Österreich) war $\frac{41}{100}$ s und Isolde Kostner (Italien) $\frac{19}{50}$ s langsamer als Katja Seizinger.
Welche Läuferin kam als Zweite und welche als Dritte ins Ziel?

18 Wir spielen das „Bruchzahlen-Quartett". Fertige neun mal vier Karten (also insgesamt 36 Karten) an, wobei je vier Karten durch Erweitern oder Kürzen entstehen.

Spielregeln:
Wir spielen mit vier Spielern. Jeder erhält nach dem Mischen vier Karten, die restlichen bleiben in der Mitte des Tisches auf einem Stapel liegen.
Der erste Spieler zieht eine Karte von dem Stapel und legt eine von seinen Karten unter dem Stapel ab. Der nächste Spieler verfährt genauso. Wer ein Quartett (vier Karten mit gleichwertigen Brüchen) gesammelt hat, legt es ab und nimmt vier neue Karten vom Stapel.
Der Spieler mit den meisten Quartetten hat gewonnen.

Brüche zwischen zwei Brüchen

Zwischen den natürlichen Zahlen 3 und 4 findest du keine weitere Zahl. Das wird auch auf dem Zahlenstrahl deutlich.

Zwischen den Brüchen $\frac{3}{5}$ und $\frac{4}{5}$ liegen jedoch weitere Brüche. Das kannst du zunächst auf dem Zahlenstrahl nicht bestätigen.

Erweiterst du beide Brüche z. B. auf den Nenner 10, so erhältst du:

$$\frac{3}{5} = \frac{6}{10} \quad \text{und} \quad \frac{4}{5} = \frac{8}{10}$$

Wenn du die Brüche $\frac{3}{5}$ und $\frac{4}{5}$ in der geänderten Schreibweise auf dem Zahlenstrahl einträgst, so wird deutlich, dass zwischen $\frac{3}{5}$ und $\frac{4}{5}$ ein weiterer Bruch mit dem Nenner 10 liegt.

Erweiterst du die Brüche $\frac{3}{5}$ und $\frac{4}{5}$ auf den Nenner 20, so erhältst du:

$$\frac{3}{5} = \frac{12}{20} \quad \text{und} \quad \frac{4}{5} = \frac{16}{20}$$

Auf dem Zahlenstrahl wird deutlich: $\frac{3}{5} < \frac{13}{20} < \frac{14}{20} < \frac{15}{20} < \frac{4}{5}$

Setzt du dieses Verfahren fort, so findest du zwischen den Brüchen $\frac{3}{5}$ und $\frac{4}{5}$ noch weitere Brüche.

> Zwischen zwei Brüchen lassen sich beliebig viele weitere Brüche finden.

Übungen

1 Nenne einen Bruch zwischen den Brüchen.
a) $\frac{4}{9}$ und $\frac{5}{9}$ c) $\frac{2}{5}$ und $\frac{3}{5}$ e) $\frac{1}{20}$ und $\frac{1}{10}$
b) $\frac{4}{11}$ und $\frac{5}{11}$ d) $\frac{7}{13}$ und $\frac{8}{13}$ f) $\frac{7}{10}$ und $\frac{4}{5}$

2 Nenne zwei Brüche zwischen den Brüchen.
a) $\frac{7}{20}$ und $\frac{9}{20}$ c) $\frac{3}{14}$ und $\frac{5}{14}$ e) 0 und 1
b) $\frac{1}{6}$ und $\frac{5}{18}$ d) 0 und $\frac{1}{2}$ f) 3 und 4

3 Nenne drei Brüche zwischen den Brüchen.
a) $\frac{2}{5}$ und $\frac{3}{5}$ d) $\frac{3}{4}$ und $\frac{5}{4}$ g) $\frac{5}{22}$ und $\frac{3}{11}$
b) $\frac{5}{9}$ und $\frac{7}{9}$ e) $\frac{2}{9}$ und $\frac{5}{18}$ h) $\frac{7}{10}$ und $\frac{4}{5}$
c) $\frac{1}{5}$ und $\frac{3}{10}$ f) $\frac{1}{14}$ und $\frac{1}{7}$ i) $\frac{1}{12}$ und $\frac{1}{4}$

4 Nenne vier Brüche zwischen den Brüchen.
a) $\frac{3}{7}$ und $\frac{4}{7}$ d) $\frac{1}{5}$ und $\frac{3}{10}$ g) $\frac{3}{5}$ und $\frac{3}{4}$
b) $\frac{2}{3}$ und $\frac{5}{3}$ e) $\frac{9}{15}$ und $\frac{7}{10}$ h) $\frac{4}{11}$ und $\frac{7}{11}$
c) $\frac{3}{4}$ und $\frac{6}{4}$ f) $\frac{8}{16}$ und $\frac{7}{12}$ i) $\frac{2}{3}$ und 1

Vermischte Übungen

1 Eine Torte wird unter
a) 8 Personen,   c) 2 Personen,
b) 4 Personen,   d) 16 Personen
aufgeteilt. Welchen Anteil der Torte hat jeder erhalten?

2 Herr Taber kauft 3 kg Rindfleisch mit Knochen. Das Gewicht der Knochen beträgt $\frac{1}{5}$ des Gesamtgewichtes. Wie schwer sind die Knochen?

3 Erweitere die Brüche mit der in Klammern angegebenen Zahl.

a) $\frac{1}{3}$ (4)   c) $\frac{6}{7}$ (10)   e) $\frac{8}{13}$ (4)   g) $\frac{9}{16}$ (7)
b) $\frac{2}{5}$ (3)   d) $\frac{5}{9}$ (5)   f) $\frac{7}{15}$ (6)   h) $\frac{12}{23}$ (9)

4 Kürze so weit wie möglich.

a) $\frac{2}{4}$ c) $\frac{6}{18}$ e) $\frac{25}{30}$ g) $\frac{84}{48}$
b) $\frac{5}{10}$ d) $\frac{4}{20}$ f) $\frac{26}{39}$ h) $\frac{92}{76}$

5 Kürze schrittweise.

a) $\frac{48}{72}$ c) $\frac{70}{112}$ e) $\frac{144}{180}$ g) $\frac{256}{364}$
b) $\frac{56}{144}$ d) $\frac{95}{209}$ f) $\frac{280}{392}$ h) $\frac{432}{688}$

6 Mache gleichnamig.

a) $\frac{3}{4}; \frac{1}{8}; \frac{5}{16}$ d) $\frac{13}{20}; \frac{6}{25}; \frac{13}{30}$
b) $\frac{5}{6}; \frac{7}{18}; \frac{4}{3}; \frac{3}{2}$ e) $\frac{9}{24}; \frac{5}{16}; \frac{17}{32}$
c) $\frac{3}{4}; \frac{7}{10}; \frac{2}{5}; \frac{2}{3}; \frac{4}{9}; \frac{8}{15}$ f) $\frac{4}{7}; \frac{1}{4}; \frac{7}{8}; \frac{11}{12}; \frac{4}{3}; \frac{3}{14}$

7 Ordne die Brüche der Größe nach. Schreibe den kleinsten Bruch zuerst.

a) $\frac{2}{3}; \frac{3}{5}; \frac{5}{6}$ d) $\frac{1}{4}; \frac{1}{6}; \frac{1}{2}; \frac{3}{4}; \frac{1}{12}$
b) $\frac{2}{5}; \frac{7}{15}; \frac{15}{20}$ e) $\frac{4}{5}; \frac{7}{9}; \frac{14}{15}; \frac{8}{3}; \frac{17}{18}; \frac{13}{20}$
c) $\frac{1}{2}; \frac{2}{3}; \frac{3}{4}; \frac{1}{6}; \frac{9}{8}; \frac{5}{12}$

8 Übertrage in dein Heft und setze das richtige Zeichen (<, =, >) ein.

a) $\frac{1}{5} \square \frac{1}{6}$ d) $\frac{3}{26} \square \frac{17}{26}$ g) $\frac{7}{24} \square \frac{14}{48}$
b) $\frac{30}{7} \square 5$ e) $\frac{11}{14} \square \frac{11}{15}$ h) $\frac{3}{16} \square \frac{1}{4}$
c) $\frac{18}{6} \square 3$ f) $\frac{7}{12} \square \frac{17}{30}$ i) $\frac{5}{18} \square \frac{9}{24}$

9 Im Durchschnitt sind die japanischen Bauernhöfe kleiner als die deutschen. Der Bauernhof der Familie Sera auf der Insel Kyushu z. B. ist 10 000 Quadratmeter groß. $\frac{2}{5}$ der Fläche werden mit Erdbeeren bepflanzt und $\frac{3}{5}$ mit Reis.

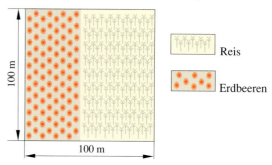

Wie groß ist die Anbaufläche für Reis und für Erdbeeren?

10 Die Oberfläche der Erde wird aus ungefähr 362 Millionen km² (Quadratkilometer) Wasserfläche und ungefähr 148 Millionen km² Landfläche gebildet.

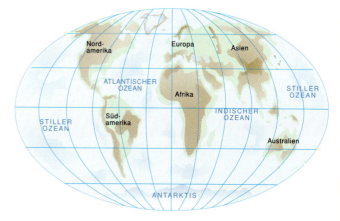

a) $\frac{1}{5}$ der Landfläche der Erde nimmt Afrika ein. Wie groß ist Afrika?
b) $\frac{1}{5}$ der Wasserfläche der Erde nimmt der Indische Ozean ein. Wie groß ist der Indische Ozean?

11 Finde mithilfe des Bildes die geordnete Reihenfolge der Brüche und schreibe sie auf. Wenn du die Punkte auf Transparentpapier überträgst und sie in der Reihenfolge der geordneten Brüche verbindest, kannst du überprüfen, ob du die Brüche richtig geordnet hast. Es muss ein Tierbild erkennbar sein.

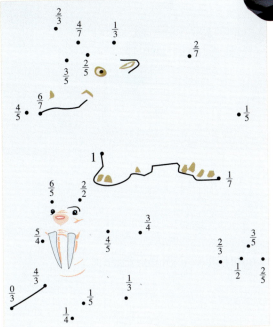

12 Bei einem Gokartrennen musste Christina nach $\frac{3}{4}$ des Rennens wegen defekter Reifen aufgeben. Auch Malte konnte nach $\frac{5}{7}$ der Strecke wegen defekter Bremsen nicht mehr weiterfahren. Wer hat länger durchgehalten?

13 Miss deine Körpergröße und schreibe die Länge
a) deines Arms, c) deiner Hand,
b) deines Kopfs, d) deiner Füße
als Bruchteil deiner Körpergröße. Vergleiche deine Ergebnisse mit deinem Nachbarn.

14 Wir spielen *Bruchwürfeln* mit 2 bis 4 Spielern. Wir brauchen 2 Würfel, je Spieler 5 Spielchips, Stift und kleine Zettel zum Aufschreiben der Brüche.

Es wird ausgewürfelt, wer beginnt. Reihum würfelt jeder mit den zwei Würfeln und schreibt auf einen Zettel den Bruch in der Form $\frac{\text{kleinere Zahl}}{\text{größere Zahl}}$.

Nun werden die Brüche miteinander verglichen. Der Spieler mit dem *zuerst* gewürfelten größten Bruch ist Sieger der Runde, der mit dem *zuletzt* gewürfelten kleinsten Bruch verliert. Der Verlierer muss dem Sieger einen Spielchip abgeben. Die nächste Runde beginnt mit dem nächsten Spieler im Uhrzeigersinn.
Wer keinen Spielchip mehr hat, scheidet aus und verliert. Wer zum Schluss alle Chips besitzt, hat gewonnen.

40 Addition von Brüchen

Kerstin und Jan bedienen beim Schulfest zwei Glücksräder. Wie groß ist bei jedem Glücksrad der Anteil, der einen Gewinn bringt?

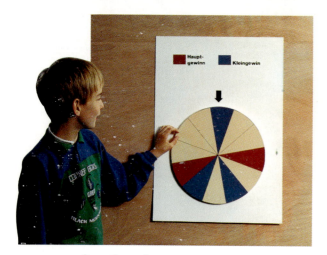

Jan: $\dfrac{2}{12} + \dfrac{3}{12} = \dfrac{5}{12}$

Kerstin: $\dfrac{1}{6} + \dfrac{1}{4} = \dfrac{2}{12} + \dfrac{3}{12} = \dfrac{5}{12}$

$\dfrac{5}{12}$ eines jeden Rades bringen einen Gewinn.

Additionsaufgaben können wir auch am Zahlenstrahl mit Hilfe von Pfeilen lösen.

Wir lösen die Aufgabe $\dfrac{2}{3} + \dfrac{3}{5}$:

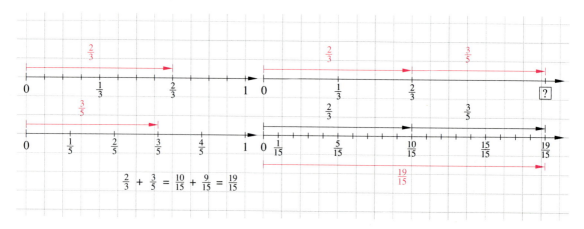

$\dfrac{2}{3} + \dfrac{3}{5} = \dfrac{10}{15} + \dfrac{9}{15} = \dfrac{19}{15}$

Brüche werden **addiert**, indem

1. sie gleichnamig gemacht werden,
2. ihre Zähler addiert werden, jedoch wird der Nenner beibehalten.

zum Beispiel: $\dfrac{3}{4} + \dfrac{7}{6}$

$= \dfrac{9}{12} + \dfrac{14}{12}$

$= \dfrac{9 + 14}{12} = \dfrac{23}{12}$

Brüche – Addition und Subtraktion

Übungen

1 Addiere.

a) $\frac{1}{5} + \frac{3}{5}$ e) $\frac{1}{6} + \frac{5}{6}$ i) $\frac{15}{39} + \frac{24}{39}$

b) $\frac{3}{4} + \frac{1}{4}$ f) $\frac{2}{11} + \frac{8}{11}$ j) $\frac{12}{35} + \frac{17}{35}$

c) $\frac{6}{13} + \frac{8}{13}$ g) $\frac{17}{18} + \frac{1}{18}$ k) $\frac{1}{11} + \frac{1}{11}$

d) $\frac{5}{8} + \frac{7}{8}$ h) $\frac{7}{24} + \frac{5}{24}$ l) $\frac{2}{25} + \frac{19}{25}$

2 Addiere und kürze das Ergebnis so, dass Zähler und Nenner teilerfremd sind.

a) $\frac{2}{9} + \frac{4}{9}$ c) $\frac{7}{33} + \frac{4}{33}$ e) $\frac{3}{8} + \frac{7}{8}$

b) $\frac{12}{17} + \frac{22}{17}$ d) $\frac{13}{24} + \frac{5}{24}$ f) $\frac{29}{45} + \frac{4}{45}$

3 Addiere und kürze das Ergebnis.

a) $\frac{11}{15} + \frac{21}{15}$ c) $\frac{3}{16} + \frac{9}{16}$ e) $\frac{16}{9} + \frac{11}{9}$

b) $\frac{7}{18} + \frac{5}{18}$ d) $\frac{9}{11} + \frac{2}{11}$ f) $\frac{9}{10} + \frac{17}{10}$

4 Addiere.

a) $\frac{2}{5} + \frac{7}{10}$ c) $\frac{11}{18} + \frac{2}{3}$ e) $\frac{5}{72} + \frac{21}{8}$

c) $\frac{3}{8} + \frac{1}{2}$ d) $\frac{19}{90} + \frac{14}{15}$ f) $\frac{41}{32} + \frac{17}{160}$

5 Kürze die Brüche, bevor du sie addierst.

a) $\frac{12}{16} + \frac{15}{12}$ b) $\frac{18}{21} + \frac{24}{28}$ c) $\frac{26}{18} + \frac{39}{27}$

6 Kürze die Brüche, bevor du sie addierst.

a) $\frac{3}{6} + \frac{25}{10}$ c) $\frac{4}{14} + \frac{15}{21}$ e) $\frac{15}{20} + \frac{12}{16}$

b) $\frac{15}{27} + \frac{8}{36}$ d) $\frac{3}{33} + \frac{10}{22}$ f) $\frac{15}{9} + \frac{16}{24}$

7 Kürze, bevor du addierst.

a) $\frac{4}{6} + \frac{12}{9} + \frac{6}{18}$ c) $\frac{9}{30} + \frac{14}{20} + \frac{1}{10}$

b) $\frac{9}{12} + \frac{10}{8} + \frac{28}{16}$ d) $\frac{9}{21} + \frac{8}{14} + \frac{20}{28}$

8 Berechne.

a) $\frac{1}{2} + \frac{1}{3}$ f) $\frac{2}{3} + \frac{5}{8}$ k) $\frac{7}{8} + \frac{7}{9}$

b) $\frac{1}{3} + \frac{3}{4}$ g) $\frac{3}{4} + \frac{4}{5}$ l) $\frac{5}{8} + \frac{5}{9}$

c) $\frac{2}{3} + \frac{3}{5}$ h) $\frac{4}{5} + \frac{2}{9}$ m) $\frac{7}{10} + \frac{3}{13}$

d) $\frac{2}{3} + \frac{3}{7}$ i) $\frac{5}{9} + \frac{3}{7}$ n) $\frac{4}{7} + \frac{7}{12}$

e) $\frac{3}{4} + \frac{5}{7}$ j) $\frac{3}{4} + \frac{1}{5}$ o) $\frac{2}{9} + \frac{9}{10}$

9 Berechne.

a) $\frac{1}{6} + \frac{4}{9}$ c) $\frac{1}{6} + \frac{3}{8}$ e) $\frac{25}{48} + \frac{9}{18}$

b) $\frac{5}{6} + \frac{1}{9}$ d) $\frac{1}{14} + \frac{1}{12}$ f) $\frac{5}{9} + \frac{1}{12}$

10 Addiere.

a) $\frac{5}{2} + \frac{3}{8}$ e) $\frac{3}{4} + \frac{1}{5}$ i) $\frac{7}{8} + \frac{3}{4} + \frac{3}{2}$

b) $\frac{3}{4} + \frac{5}{6}$ f) $\frac{9}{20} + \frac{1}{4}$ j) $\frac{3}{8} + \frac{1}{2} + \frac{2}{4}$

c) $\frac{1}{5} + \frac{3}{10}$ g) $\frac{4}{7} + \frac{1}{3}$ k) $\frac{3}{2} + \frac{9}{10} + \frac{1}{5}$

d) $\frac{3}{8} + \frac{1}{2}$ h) $\frac{14}{15} + \frac{2}{5}$ l) $\frac{1}{2} + \frac{17}{20} + \frac{2}{5}$

11 Corinna füllt eine $\frac{3}{4}$-l-Thermoskanne mit Tee. Wie viel muss sie noch einfüllen, wenn bereits $\frac{1}{2}$ l Tee in der Kanne ist?

12 Elke hat auf dem Markt eingekauft: $\frac{3}{4}$ kg Apfelsinen, $1\frac{1}{2}$ kg Äpfel, $\frac{5}{8}$ kg Bananen, $\frac{1}{8}$ kg Lauch, $\frac{1}{2}$ kg Möhren, $\frac{7}{8}$ kg Blumenkohl. Die Einkaufstasche allein wiegt $\frac{1}{4}$ kg.

13 Addiere.

a) $\frac{13}{6} + \frac{7}{8}$ f) $\frac{8}{9} + \frac{6}{15}$ k) $\frac{19}{40} + \frac{77}{60}$

b) $\frac{2}{7} + \frac{3}{5}$ g) $\frac{6}{12} + \frac{19}{18}$ l) $\frac{2}{13} + \frac{3}{2}$

c) $\frac{15}{24} + \frac{11}{16}$ h) $\frac{25}{6} + \frac{120}{11}$ m) $\frac{53}{75} + \frac{27}{100}$

d) $\frac{23}{18} + \frac{4}{15}$ i) $\frac{5}{32} + \frac{41}{80}$ n) $\frac{15}{14} + \frac{7}{21}$

e) $\frac{5}{16} + \frac{8}{9}$ j) $\frac{7}{10} + \frac{8}{13}$ o) $\frac{5}{4} + \frac{1}{100}$

14 Setze im Heft das richtige Zeichen (=, ≠) ein.

a) $\frac{1}{4} + \frac{3}{4}$ ▮ $\frac{2}{5} + \frac{3}{5}$ c) $\frac{9}{7} + \frac{5}{7}$ ▮ $\frac{3}{8} + \frac{11}{8}$

b) $\frac{27}{13} + \frac{11}{13}$ ▮ $\frac{17}{20} + \frac{43}{20}$ d) $\frac{9}{30} + \frac{6}{30}$ ▮ $\frac{11}{28} + \frac{3}{28}$

15 Die Landfläche der Erde ist 148 Mio. km² groß. Auf der nördlichen Halbkugel sind $\frac{2}{148}$ und auf der südlichen Halbkugel sind $\frac{14}{148}$ der Landfläche mit Eis bedeckt.

a) Welcher Anteil der gesamten Landfläche ist mit Eis bedeckt?

▶b) Wie viel Mio. km² sind mit Eis bedeckt?

mathematische Reise

Brüche in früherer Zeit

Brüche waren schon vor einigen tausend Jahren den Ägyptern bekannt.
Sie bevorzugten in ihrer Frühzeit um ca. 3000 vor Christus die **Stammbrüche** $\frac{1}{2}, \frac{1}{3}, \frac{1}{4}, \ldots$

In ägyptischer Schreibweise sahen die Brüche so aus:

⊖ ($\frac{1}{3}$); ⊖ ($\frac{1}{5}$);

⊖ ($\frac{1}{12}$); ⊖ ($\frac{1}{28}$)

Es gab auch Sonderzeichen:

⊏ ($\frac{1}{2}$)   ✗ ($\frac{1}{4}$)

Andere Brüche stellten sie als Summe von Stammbrüchen zusammen, wie zum Beispiel bei $\frac{5}{12}$:

$$\left(\frac{1}{3} + \frac{1}{12} = \frac{4}{12} + \frac{1}{12} = \frac{5}{12}\right)$$

Beispiel

Schreibe die Brüche $\frac{2}{7}$ und $\frac{5}{9}$ in ägyptischer Schreibweise.

$\frac{2}{7} = \frac{8}{28} = \frac{7}{28} + \frac{1}{28}$

$\frac{2}{7} = \frac{1}{4} + \frac{1}{28}$

$\frac{5}{9} = \frac{10}{18} = \frac{9}{18} + \frac{1}{18}$

$\frac{5}{9} = \frac{1}{2} + \frac{1}{18}$

Übungen

1 Schreibe die Brüche als Summe von Stammbrüchen. Schreibe sie dann in ägyptischer Schreibweise.

a) $\frac{9}{16}$ d) $\frac{11}{18}$ g) $\frac{17}{28}$ j) $\frac{7}{9}$

b) $\frac{7}{12}$ e) $\frac{7}{20}$ h) $\frac{15}{32}$ k) $\frac{14}{15}$

c) $\frac{5}{6}$ f) $\frac{19}{30}$ i) $\frac{6}{7}$ l) $\frac{11}{14}$

2 Jeder Stammbruch außer $\frac{1}{1}$ kann als Summe zweier verschiedener Stammbrüche geschrieben werden.

$\frac{1}{2} = \frac{1}{3} + \frac{1}{6}$; $\frac{1}{3} = \frac{1}{4} + \frac{1}{12}$; $\frac{1}{4} = \frac{1}{5} + \frac{1}{20}$; …

a) Schreibe auch für die Brüche $\frac{1}{5}, \frac{1}{6}, \frac{1}{7}, \frac{1}{8}$ und $\frac{1}{9}$ die Zerlegungen auf.

b) Betrachte die Zerlegungen. Schreibe allgemein die Zerlegung von Brüchen $\frac{1}{n}$ mit $n > 1$ auf.

3 Die Ägypter hatten für die Brüche $\frac{2}{5}, \frac{2}{7}, \ldots, \frac{2}{99}, \frac{2}{101}$ Tabellen, in denen die Stammbruchgruppen angegeben waren.
Die Gruppen konnten mit diesem Rechenweg erstellt werden:
- Der Nenner wird als Produkt zweier verschiedener Zahlen geschrieben.
- Der Bruch wird mit der Summe dieser Zahlen erweitert.
- Im Zähler wird zur Summe ausmultipliziert, im Nenner steht das Produkt.
  Nun kann in gleichnamige Brüche zerlegt werden.
- Nach dem Kürzen der Brüche erhält man die Stammbrüche.

Beispiel:
$$\frac{2}{63} = \frac{2}{7 \cdot 9}$$
$$\frac{2}{7 \cdot 9} = \frac{2 \cdot (7+9)}{7 \cdot 9 \cdot 16}$$
$$= \frac{2 \cdot 7 + 2 \cdot 9}{7 \cdot 9 \cdot 16}$$
$$= \frac{2 \cdot 7}{7 \cdot 9 \cdot 16} + \frac{2 \cdot 9}{7 \cdot 9 \cdot 16}$$
$$\frac{2}{63} = \frac{1}{72} + \frac{1}{56}$$

a) Schreibe die Brüche $\frac{2}{5}, \frac{2}{7}$ und $\frac{2}{9}$ als Summe zweier Stammbrüche.
b) Entwirf eine Tabelle bis zum Bruch $\frac{2}{49}$.
c) Erweitere die Tabelle bis zum Bruch $\frac{2}{101}$.

4 Hier wurde ein Bruch mit ägyptischen Zeichen dargestellt. Übersetze diese Zeichen in unsere Schreibweise. Wie heißt der Bruch?

(𝔈 bedeutet 100)

5 Auch die Römer haben eine Bruchschreibweise entwickelt. Die folgende Übersetzung von Bruchdarstellungszeichen stammt aus einer Schrift aus dem Jahr 146 nach Christus.

Auch die Römer verwendeten in der Darstellung nur Stammbrüche. Andere Brüche bildeten sie auch aus der Summe von Stammbrüchen, allerdings durften auch mehrere gleiche Stammbrüche verwendet werden.

Beispiel: $\frac{3}{4} = \frac{1}{2} + \frac{1}{4}$

S =̄ −

a) Erkläre die Bildung der Schreibweisen für die anderen Brüche auf dem „Übersetzungsblock".
b) Wenn man die Übersicht genau betrachtet, erkennt man, dass die Römer alle nötigen Brüche aus den Stammbrüchen $\frac{1}{2}, \frac{1}{12}, \frac{1}{24}, \frac{1}{48}, \frac{1}{72}, \frac{1}{144}$ und $\frac{1}{288}$ ableiteten. Finde selbst weitere mögliche Schreibweisen für andere Brüche.

44 Rechenvorteile bei der Addition

In einer Summe aus natürlichen Zahlen dürfen die Summenden vertauscht werden. Für natürliche Zahlen gilt $a + b = b + a$.
Dieses Gesetz heißt **Kommutativgesetz** (Vertauschungsgesetz) der Addition.
Wir überprüfen, ob das Kommutativgesetz der Addition auch für Brüche gilt.

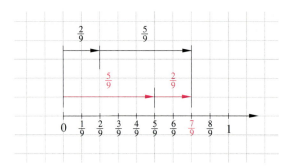

Das Pfeilbild zeigt:
$$\frac{2}{9} + \frac{5}{9} = \frac{5}{9} + \frac{2}{9},$$
denn $\frac{2}{9} + \frac{5}{9} = \frac{2+5}{9} = \frac{5+2}{9} = \frac{5}{9} + \frac{2}{9}$

> Das Kommutativgesetz der Addition gilt auch für Brüche.

In einer Summe aus natürlichen Zahlen dürfen die Summanden beliebig durch Klammern zusammengefasst werden. Für natürliche Zahlen gilt $a + (b + c) = (a + b) + c$.
Dieses Gesetz heißt **Assoziativgesetz** (Verbindungsgesetz) der Addition.

Wollen wir mehr als zwei Brüche addieren, ist es nützlich zu wissen, ob das Assoziativgesetz der Addition auch für Brüche gilt.

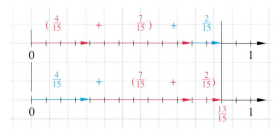

Das Pfeilbild zeigt:
$$\left(\frac{4}{15} + \frac{7}{15}\right) + \frac{2}{15} = \frac{11}{15} + \frac{2}{15} = \frac{13}{15}$$
$$\frac{4}{15} + \left(\frac{7}{15} + \frac{2}{15}\right) = \frac{4}{15} + \frac{9}{15} = \frac{13}{15}$$

> Das Assoziativgesetz der Addition gilt auch für Brüche.

Übungen

1 Berechne und vergleiche die Ergebnisse.
a) $\left(\frac{2}{3} + \frac{3}{5}\right) + \frac{5}{6}$ und $\frac{2}{3} + \left(\frac{3}{5} + \frac{5}{6}\right)$
b) $\left(\frac{7}{9} + \frac{5}{12}\right) + \frac{11}{12}$ und $\frac{7}{9} + \left(\frac{5}{12} + \frac{11}{12}\right)$

2 Rechne vorteilhaft, indem du das Assoziativgesetz anwendest.
a) $\left(\frac{1}{2} + \frac{3}{8}\right) + \frac{1}{8}$
b) $\left(\frac{1}{5} + \frac{1}{10}\right) + \frac{3}{10}$
c) $\left(\frac{4}{3} + \frac{7}{8}\right) + \frac{3}{8}$
d) $\left(\frac{5}{11} + \frac{4}{7}\right) + \frac{6}{11}$

3 Rechne die Aufgabe vorteilhaft, indem du das Kommutativgesetz und das Assoziativgesetz anwendest.
a) $\frac{3}{5} + \left(\frac{1}{8} + \frac{1}{10}\right)$
b) $\left(\frac{7}{12} + \frac{3}{8}\right) + \frac{5}{6}$
c) $\frac{3}{4} + \left(\frac{1}{6} + \frac{7}{8}\right)$
d) $\left(\frac{7}{9} + \frac{1}{2}\right) + \frac{5}{6}$

4 Rechne vorteilhaft.
a) $\left(\frac{1}{5} + \frac{2}{7}\right) + \frac{5}{7}$
b) $\left(\frac{5}{13} + \frac{8}{10}\right) + \frac{4}{13}$
c) $\frac{1}{5} + \left(\frac{2}{9} + \frac{3}{10}\right)$
d) $\frac{1}{2} + \left(\frac{2}{7} + \frac{3}{4}\right)$
e) $\left(\frac{5}{3} + \frac{7}{4}\right) + \frac{1}{3}$
f) $\left(\frac{3}{2} + \frac{1}{7}\right) + \left(\frac{1}{2} + \frac{4}{7}\right)$

Subtraktion von Brüchen

Welcher Teil des Weltfischfangs kommt als Frischfisch auf den Tisch?

Zwei Drittel des Weltfischfangs sind für die menschliche Nahrung bstimmt.

Die Hälfte des Weltfischfangs wird haltbar gemacht.

Frischfisch
Konservenfisch, Räucherfisch, Gefrierfisch, Salzfisch

$\frac{2}{3} - \frac{1}{2} = \frac{4}{6} - \frac{3}{6} = \frac{1}{6}$ $\frac{1}{6}$ des Weltfischfangs wird als Frischfisch angeboten.

Brüche werden **subtrahiert**, indem

1. sie gleichnamig gemacht werden,
2. ihre Zähler subtrahiert werden, jedoch wird der Nenner beibehalten.

zum Beispiel: $\frac{3}{4} - \frac{1}{3}$

$= \frac{9}{12} - \frac{4}{12}$

$= \frac{9-4}{12} = \frac{5}{12}$

Übungen

1 Subtrahiere.

a) $\frac{3}{7} - \frac{1}{7}$ b) $\frac{8}{9} - \frac{7}{9}$ c) $\frac{4}{11} - \frac{2}{11}$

2 Subtrahiere und kürze das Ergebnis bis zur teilerfremden Darstellung.

a) $\frac{5}{3} - \frac{2}{3}$ c) $\frac{8}{21} - \frac{2}{21}$ e) $\frac{5}{12} - \frac{1}{12}$
b) $\frac{17}{50} - \frac{7}{50}$ d) $\frac{17}{24} - \frac{5}{24}$ f) $\frac{13}{36} - \frac{5}{36}$

3 Setze das richtige Zeichen (=, ≠) ein.

a) $\frac{5}{4} - \frac{1}{4}$ ▢ $\frac{7}{5} - \frac{2}{5}$ c) $\frac{7}{8} - \frac{3}{8}$ ▢ $\frac{5}{7} - \frac{2}{7}$
b) $\frac{11}{9} - \frac{2}{9}$ ▢ $\frac{13}{4} - \frac{9}{4}$ d) $\frac{7}{3} - \frac{5}{3}$ ▢ $\frac{11}{6} - \frac{7}{6}$

4 Bestimme den Hauptnenner der Brüche und subtrahiere sie.

a) $\frac{1}{4} - \frac{1}{8}$ e) $\frac{2}{5} - \frac{1}{10}$ i) $\frac{2}{3} - \frac{5}{9}$
b) $\frac{4}{9} - \frac{5}{18}$ f) $\frac{7}{10} - \frac{3}{20}$ j) $\frac{16}{21} - \frac{2}{7}$
c) $\frac{23}{30} - \frac{3}{5}$ g) $\frac{17}{18} - \frac{5}{6}$ k) $\frac{7}{9} - \frac{7}{36}$
d) $\frac{11}{15} - \frac{2}{5}$ h) $\frac{3}{8} - \frac{7}{24}$ l) $\frac{4}{13} - \frac{5}{39}$

5 Subtrahiere.

a) $\frac{3}{4} - \frac{3}{10}$ c) $\frac{16}{15} - \frac{9}{10}$ e) $\frac{29}{18} - \frac{13}{12}$
b) $\frac{4}{7} - \frac{2}{5}$ d) $\frac{8}{9} - \frac{8}{11}$ f) $\frac{7}{8} - \frac{3}{20}$

6 Subtrahiere.

a) $\frac{4}{3} - \frac{5}{7}$ c) $\frac{7}{12} - \frac{4}{15}$ e) $\frac{3}{2} - \frac{5}{8}$
b) $\frac{5}{8} - \frac{2}{5}$ d) $\frac{13}{15} - \frac{9}{20}$ f) $\frac{17}{18} - \frac{5}{6}$

7 Subtrahiere.

a) $\frac{2}{9} - \frac{1}{12}$ f) $\frac{5}{4} - \frac{7}{10}$ k) $\frac{3}{8} - \frac{1}{7}$
b) $\frac{20}{35} - \frac{8}{20}$ g) $\frac{7}{15} - \frac{1}{6}$ l) $\frac{7}{6} - \frac{9}{8}$
c) $\frac{23}{12} - \frac{17}{15}$ h) $\frac{14}{25} - \frac{7}{30}$ m) $\frac{49}{42} - \frac{8}{9}$
d) $\frac{19}{9} - \frac{11}{12}$ i) $\frac{6}{11} - \frac{3}{8}$ n) $\frac{19}{30} - \frac{11}{20}$
e) $\frac{14}{20} - \frac{6}{45}$ j) $\frac{8}{5} - \frac{9}{13}$ o) $\frac{13}{8} - \frac{8}{13}$

8 Bei einem Atemzug atmet ein Erwachsener etwa $\frac{1}{10}$ l Sauerstoff ein und gibt beim Ausatmen etwa $\frac{1}{12}$ l Sauerstoff wieder ab. Wie viel Sauerstoff nutzt der Körper?

46 Rechnen mit gemischten Zahlen

Beim Rechnen mit gemischten Zahlen ist es meist sinnvoll, als ersten Schritt diese Zahlen in Brüche umzuwandeln.

Beispiel

Wandle die gemischte Zahl in einen unechten Bruch um.

a) $2\frac{1}{4}$ (2 Ganze und $\frac{1}{4}$)
$\frac{8}{4} + \frac{1}{4} = \frac{9}{4}$

b) $3\frac{5}{8}$ (3 Ganze und $\frac{5}{8}$)
$\frac{24}{8} + \frac{5}{8} = \frac{29}{8}$

c) $12\frac{3}{7}$ (12 Ganze und $\frac{3}{7}$)
$\frac{84}{7} + \frac{3}{7} = \frac{87}{7}$

In Einzelfällen können Rechenvorteile genutzt werden, wenn nicht vorher in unechte Brüche umgewandelt wird.

Beispiele

1. Addiere.

$$2\frac{4}{7} + 3\frac{5}{7} = 2 + \frac{4}{7} + 3 + \frac{5}{7}$$
$$= 2 + 3 + \frac{4}{7} + \frac{5}{7} \quad \text{(Kommutativgesetz)}$$
$$= (2 + 3) + (\frac{4}{7} + \frac{5}{7}) \quad \text{(Assoziativgesetz)}$$
$$= 5 + \frac{9}{7}$$
$$= 5 + 1 + \frac{2}{7}$$
$$= 6 + \frac{2}{7}$$
$$= 6\frac{2}{7}$$

2. Subtrahiere.

a) $13\frac{1}{2} - 9\frac{1}{3} = 13\frac{3}{6} - 9\frac{2}{6}$
$= 4\frac{1}{6}$

b) $5\frac{1}{4} - 3\frac{2}{3} = 5\frac{3}{12} - 3\frac{8}{12}$
$= 4\frac{15}{12} - 3\frac{8}{12}$
$= 1\frac{7}{12}$

Übungen

1 Schreibe als Bruch.

a) $1\frac{3}{4}$ c) $2\frac{7}{11}$ e) $5\frac{8}{9}$ g) $4\frac{3}{5}$ i) $3\frac{2}{7}$
b) $2\frac{3}{8}$ d) $1\frac{2}{3}$ f) $4\frac{5}{6}$ h) $3\frac{7}{10}$ j) $5\frac{1}{2}$

2 Schreibe als Bruch.

a) $3\frac{5}{8}$ d) $7\frac{2}{3}$ g) $6\frac{4}{7}$ j) $9\frac{2}{5}$ m) $1\frac{5}{11}$
b) $7\frac{13}{20}$ e) $3\frac{3}{10}$ h) $1\frac{5}{12}$ k) $2\frac{11}{15}$ n) $4\frac{19}{30}$
c) $5\frac{7}{13}$ f) $6\frac{8}{17}$ i) $4\frac{6}{19}$ l) $3\frac{10}{11}$ o) $5\frac{7}{16}$

3 Schreibe als gemischte Zahl.

a) $\frac{16}{3}$ c) $\frac{25}{4}$ e) $\frac{37}{6}$ g) $\frac{41}{8}$ i) $\frac{53}{7}$
b) $\frac{61}{5}$ d) $\frac{26}{3}$ f) $\frac{67}{13}$ h) $\frac{35}{12}$ j) $\frac{81}{5}$

4 Berechne.

a) $12\frac{5}{6} + 9\frac{1}{6}$ d) $25\frac{7}{8} + 13\frac{5}{8}$ g) $9\frac{9}{11} + 9\frac{2}{11}$
b) $17\frac{3}{5} + 6\frac{4}{5}$ e) $8\frac{4}{9} + 6\frac{8}{9}$ h) $20\frac{5}{14} + 13\frac{11}{14}$
c) $21\frac{3}{7} + 4\frac{5}{7}$ f) $29\frac{1}{6} + 14\frac{5}{6}$ i) $37\frac{4}{13} + 8\frac{12}{13}$

5 Berechne.

a) $14\frac{3}{7} - 5\frac{1}{7}$ d) $6\frac{8}{9} - 4\frac{2}{9}$ g) $21\frac{11}{12} - 9\frac{7}{12}$
b) $10\frac{1}{3} - 8\frac{2}{3}$ e) $3\frac{1}{4} - 1\frac{3}{4}$ h) $17\frac{7}{10} - 7\frac{9}{10}$
c) $2\frac{11}{12} - 1\frac{1}{12}$ f) $6\frac{13}{25} - 2\frac{4}{25}$ i) $30\frac{1}{6} - 5\frac{2}{6}$

6 Berechne.

a) $4\frac{5}{6} + 1\frac{5}{3}$ d) $3\frac{2}{3} + 1\frac{3}{4}$ g) $1\frac{1}{4} + 2\frac{1}{5}$
b) $3\frac{3}{4} + 1\frac{1}{3}$ e) $2\frac{1}{2} + 2\frac{1}{8}$ h) $2\frac{3}{4} + 2\frac{3}{5}$
c) $2\frac{1}{6} + 1\frac{1}{3}$ f) $2\frac{1}{4} + 2\frac{3}{8}$ i) $2\frac{3}{5} + 1\frac{3}{10}$

7 Berechne.

a) $2\frac{1}{3} - \frac{1}{6}$ c) $3\frac{3}{4} - 2\frac{3}{8}$ e) $3\frac{3}{4} - \frac{7}{8}$
b) $3\frac{2}{5} - \frac{3}{10}$ d) $4\frac{4}{5} - 2\frac{4}{10}$ f) $4\frac{4}{5} - \frac{9}{11}$

8 Fülle die Tabellen im Heft aus.

a)

+	$\frac{1}{2}$	$\frac{1}{3}$	$1\frac{1}{4}$	$2\frac{2}{6}$
$1\frac{1}{5}$				
$2\frac{3}{6}$				

b)

+	$\frac{2}{3}$	$\frac{3}{8}$	$2\frac{1}{4}$	$3\frac{1}{2}$
$2\frac{1}{5}$				
$3\frac{1}{6}$				

Brüche – Addition und Subtraktion

9 Berechne.
a) $12 - \frac{11}{15}$ c) $16 - \frac{9}{11}$ e) $46 - \frac{45}{49}$
b) $2 - \frac{17}{18}$ d) $96 - \frac{91}{97}$ f) $16 - \frac{29}{35}$

10 Subtrahiere.
a) $8\frac{1}{2} - 4\frac{1}{4}$ c) $4\frac{5}{6} - 3\frac{1}{4}$ e) $30\frac{2}{5} - 10\frac{7}{10}$
b) $21\frac{5}{7} - 7\frac{5}{28}$ d) $11\frac{1}{8} - 2\frac{2}{3}$ f) $7\frac{7}{18} - 6\frac{11}{12}$

11 Berechne.
a) $6\frac{1}{3} + \frac{1}{2}$ c) $8\frac{5}{6} + 8\frac{4}{9}$ e) $4\frac{1}{2} + 3\frac{2}{5}$
b) $4\frac{5}{8} + \frac{3}{10}$ d) $3\frac{7}{10} + 2\frac{3}{4}$ f) $4\frac{3}{5} + 1\frac{2}{3}$

12 Übertrage die Abbildung in dein Heft. Suche dir einen Weg durch das Labyrinth und addiere die Bruchzahlen, die dir begegnen.

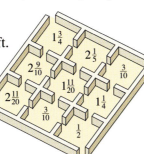

13 Subtrahiere.
a) $9\frac{1}{2} - 1\frac{2}{5}$ e) $6\frac{1}{4} - 2\frac{2}{3}$ i) $7\frac{2}{7} - 5\frac{1}{9}$
b) $3\frac{4}{5} - 2\frac{3}{10}$ f) $9\frac{3}{8} - 2\frac{3}{5}$ j) $3\frac{9}{10} - 3\frac{8}{9}$
c) $3\frac{2}{3} - \frac{3}{4}$ g) $3\frac{2}{3} - 1\frac{4}{7}$ k) $1\frac{7}{10} - \frac{10}{11}$
d) $5\frac{3}{4} - 3\frac{5}{6}$ h) $2\frac{5}{6} - \frac{3}{8}$ l) $5\frac{1}{6} - \frac{8}{15}$

14 Berechne.
a) $5 - 2\frac{1}{2} + 1\frac{1}{3}$ e) $15\frac{3}{20} - 13\frac{7}{10} + \frac{1}{5}$
b) $9\frac{1}{6} - 1\frac{4}{9} - 5\frac{1}{2}$ f) $16\frac{3}{5} + 12\frac{14}{15} + \frac{2}{3}$
c) $8\frac{3}{4} - 3\frac{1}{5} - 2\frac{1}{8}$ g) $28\frac{1}{2} - 10\frac{11}{14} - \frac{3}{7}$
d) $4\frac{2}{5} + \frac{3}{5} - 3\frac{3}{10}$ h) $35\frac{5}{24} + 14\frac{3}{8} - \frac{5}{12}$

15 Berechne.
a) $49\frac{11}{12} - 5\frac{1}{8} + 1\frac{1}{3}$ d) $34\frac{1}{3} + 11\frac{1}{6} - 4\frac{1}{8}$
b) $50\frac{1}{3} - 18\frac{1}{8} - 1\frac{3}{16}$ e) $50\frac{1}{3} + 18\frac{1}{8} - 8\frac{2}{9}$
c) $37\frac{4}{12} - 11\frac{1}{8} + 5\frac{5}{6}$ f) $18\frac{1}{6} + 22\frac{7}{8} + 1\frac{5}{12}$

16 Bestimme im Heft die fehlenden Zähler.
a) $\frac{7}{9} - \frac{\square}{2} - \frac{1}{6} = \frac{1}{9}$ d) $\frac{7}{9} - \frac{3}{5} - \frac{\square}{15} = \frac{1}{9}$
b) $\frac{\square}{8} - \frac{1}{12} - \frac{1}{24} = \frac{1}{4}$ e) $\frac{\square}{5} - \frac{1}{3} - \frac{1}{6} = \frac{3}{10}$
c) $\frac{19}{55} - \frac{\square}{55} - \frac{3}{11} = \frac{2}{55}$ f) $5\frac{1}{8} - 1\frac{1}{8} - 1\frac{1}{10} = \frac{53}{20}$

17 Berechne zuerst die Klammern. Kürze das Ergebnis, wenn möglich.
a) $4 + (3\frac{4}{5} + \frac{1}{2})$ e) $(5\frac{1}{8} - 4\frac{7}{12}) + 6\frac{3}{7}$
b) $10\frac{3}{5} - (5\frac{1}{2} + \frac{5}{6})$ f) $24 - (8\frac{11}{15} + \frac{6}{7})$
c) $(\frac{3}{10} + 5\frac{3}{4}) + \frac{3}{8}$ g) $(12\frac{2}{3} - 1\frac{4}{9}) - 7\frac{3}{4}$
d) $4\frac{7}{10} - (2\frac{3}{4} + 1\frac{7}{15})$ h) $8\frac{7}{15} - (2\frac{4}{5} - 1\frac{8}{9})$

18 In einer Kanne befinden sich 3 l Milch. $1\frac{3}{4}$ l werden verwendet, um Kakao zu kochen, und $1\frac{1}{8}$ l, um Pudding zuzubereiten. Wie viel Liter Milch befinden sich noch in der Kanne?

19 Auf Waschpulverpackungen geben die Herstellerfirmen an, wie viel Waschpulver für einen Waschgang benutzt werden soll.

Trommelwaschmaschinen (4 – 5 kg) Wasserhärtebereich	Anzahl der Messbecher		
	Vorwäsche	Hauptwäsche	insgesamt
1. weich	1	1	2
2. mittel	$1\frac{1}{4}$		$2\frac{3}{4}$
3. hart	$1\frac{1}{2}$		$3\frac{1}{4}$
4. sehr hart	$1\frac{3}{4}$		4

Berechne im Heft die fehlenden Werte.

20 Michael hat im Physikunterricht sein Lungenvolumen gemessen. Es beträgt $2\frac{3}{4}$ l. Sein Lehrer hat $5\frac{3}{10}$ l und ein Hochleistungssportler (Ruderer) $7\frac{2}{3}$ l. Wie groß ist der Unterschied zwischen den Lungenvolumina
a) des Lehrers und des Schülers Michael,
b) des Hochleistungssportlers und des Lehrers,
c) des Hochleistungssportlers und des Schülers?

Musik und Noten

Wenn wir musizieren, hören wir Töne.
Wir können diese kennzeichnen, indem wir
sie als Noten in das Notensystem schreiben. Ein Notensystem besteht aus fünf Linien.
Die Noten schreibt man auf den Linien oder in die Zwischenräume. Am Anfang einer
jeden Notenreihe schreibt man einen Notenschlüssel, zum Beispiel den Violinschlüssel.

Violinschlüssel

$\frac{1}{4} + \frac{1}{8} = \frac{3}{8}$

Der Punkt hinter einer Note bedeutet, dass der
Notenwert um die Hälfte verlängert wird.

Johann Sebastian Bach (1685 – 1750) war einer der
größten Kirchenmusiker. Ebenso berühmt sind seine
Orgelwerke, Konzerte für Orchester und Klavierwerke.

INVENTIO 12
BWV 783

Auszug aus einem Klavierstück „Inventio 12" (Einfall 12) von Johann Sebastian Bach

offene Seiten

Goodbye

Auszug aus:

(For Organ: Registration No. 1)

By JOHN LENNON and PAUL McCARTNEY

Die Beatles haben in den sechziger Jahren als Gruppe junger englischer Musiker und Sänger den harten „Liverpool-sound" eingeführt.

Klatschstück im Zweiertakt

Auf den Linien oder zwischen den Linien schreibt man die Pausen.

ganze Pause

halbe Pause

Viertel-Pause

Wolfgang Amadeus Mozart (1756 – 1791) unternahm als sechs- bis zehnjähriges Wunderkind Konzertreisen durch ganz Europa und war 1769 Konzertmeister des Erzbischofs von Salzburg. In Wien war er dann seit 1781 freischaffender Künstler, wo er 1791 in Armut starb.

Charakteristisch ist für Mozarts Musik der Reichtum an Melodien. Er schrieb Kammermusik, Sinfonien, Konzerte und Opern.

W. A. Mozart (Komposition des Achtjährigen)

Zahlenzauber

1 Berechne.

$\frac{1}{2} + \frac{1}{3} + \frac{1}{6}$

$\frac{1}{2} + \frac{1}{4} + \frac{1}{6} + \frac{1}{12}$

$\frac{1}{2} + \frac{1}{4} + \frac{1}{7} + \frac{1}{14} + \frac{1}{28}$

$\frac{1}{2} + \frac{1}{4} + \frac{1}{8} + \frac{1}{14} + \frac{1}{28} + \frac{1}{56}$

$\frac{1}{3} + \frac{1}{4} + \frac{1}{6} + \frac{1}{10} + \frac{1}{12} + \frac{1}{15}$

$\frac{1}{3} + \frac{1}{4} + \frac{1}{6} + \frac{1}{8} + \frac{1}{12} + \frac{1}{24}$

$\frac{1}{4} + \frac{1}{5} + \frac{1}{6} + \frac{1}{8} + \frac{1}{10} + \frac{1}{15} + \frac{1}{20} + \frac{1}{24}$

2 Berechne.

$\frac{1}{6} + \frac{2}{2 \cdot 3}$

$\frac{1}{12} + \frac{2}{12} + \frac{3}{3 \cdot 4}$

$\frac{1}{20} + \frac{2}{20} + \frac{3}{20} + \frac{4}{4 \cdot 5}$

$\frac{1}{30} + \frac{2}{30} + \frac{3}{30} + \frac{4}{30} + \frac{5}{5 \cdot 6}$

$\blacksquare + \blacksquare + \blacksquare + \blacksquare + \blacksquare + \frac{6}{6 \cdot 7} = \frac{1}{2}$

$\blacksquare + \blacksquare + \blacksquare + \blacksquare + \blacksquare + \frac{7}{7 \cdot 8} = \frac{1}{2}$

$\blacksquare + \blacksquare + \blacksquare + \blacksquare + \blacksquare + \blacksquare + \blacksquare = \frac{1}{2}$

3 Berechne und schreibe das Ergebnis mit dem Nenner 6.

$\frac{1}{1 \cdot 2}$

$\frac{1}{2 \cdot 3} + \frac{4}{2 \cdot 3}$

$\frac{1}{3 \cdot 4} + \frac{4}{3 \cdot 4} + \frac{9}{3 \cdot 4}$

$\frac{1}{4 \cdot 5} + \frac{4}{4 \cdot 5} + \frac{9}{4 \cdot 5} + \frac{16}{4 \cdot 5}$

$\frac{1}{5 \cdot 6} + \frac{4}{5 \cdot 6} + \frac{9}{5 \cdot 6} + \frac{16}{5 \cdot 6} + \frac{25}{5 \cdot 6}$

$\frac{1}{6 \cdot 7} + \blacksquare + \blacksquare + \blacksquare + \blacksquare = \frac{13}{6}$

$\blacksquare + \blacksquare + \blacksquare + \blacksquare + \blacksquare + \blacksquare = \frac{15}{6}$

$\blacksquare + \blacksquare + \blacksquare + \blacksquare + \blacksquare + \blacksquare + \blacksquare = \frac{17}{6}$

4 Berechne.

$\frac{1}{1 \cdot 3}$

$\frac{1}{1 \cdot 3} + \frac{1}{3 \cdot 5}$

$\frac{1}{1 \cdot 3} + \frac{1}{3 \cdot 5} + \frac{1}{5 \cdot 7}$

$\frac{1}{1 \cdot 3} + \frac{1}{3 \cdot 5} + \frac{1}{5 \cdot 7} + \frac{1}{7 \cdot 9}$

$\frac{1}{1 \cdot 3} + \frac{1}{3 \cdot 5} + \frac{1}{5 \cdot 7} + \frac{1}{7 \cdot 9} + \frac{1}{9 \cdot 11}$

$\blacksquare + \blacksquare + \blacksquare + \blacksquare + \blacksquare = \frac{6}{13}$

$\blacksquare + \blacksquare + \blacksquare + \blacksquare + \blacksquare + \blacksquare = \frac{7}{15}$

$\blacksquare + \blacksquare + \blacksquare + \blacksquare + \blacksquare + \blacksquare + \blacksquare = \frac{8}{17}$

5 Berechne.

$\frac{32}{11} + \frac{18}{11} - \frac{39}{11}$

$\frac{18}{11} + \frac{39}{11} - \frac{35}{11}$

$\frac{39}{11} + \frac{35}{11} - \frac{41}{11}$

$\frac{35}{11} + \frac{41}{11} - \frac{32}{11}$

$\frac{41}{11} + \frac{32}{11} - \frac{18}{11}$

6 Übertrage die Tabelle in dein Heft und fülle sie aus.

	Ergebnis	Ergebnis < 1	Ergebnis > 1
$1\frac{1}{3} - \frac{1}{2}$	$\frac{5}{6}$	×	
$1\frac{1}{3} - \frac{1}{2} + \frac{1}{4}$			
$1\frac{1}{3} - \frac{1}{2} + \frac{1}{4} - \frac{1}{8}$			
$1\frac{1}{3} - \frac{1}{2} + \frac{1}{4} - \frac{1}{8} + \frac{1}{16}$			
$1\frac{1}{3} - \frac{1}{2} + \frac{1}{4} - \frac{1}{8} + \frac{1}{16} - \frac{1}{32}$			

7 Berechne.

$2 - (1 + \frac{1}{2})$

$2 - (1 + \frac{1}{2} + \frac{1}{4})$

$2 - (1 + \frac{1}{2} + \frac{1}{4} + \frac{1}{8})$

$2 - (1 + \frac{1}{2} + \frac{1}{4} + \frac{1}{8} + \frac{1}{16})$

$2 - (\blacksquare + \blacksquare + \blacksquare + \blacksquare + \blacksquare + \blacksquare) = \frac{1}{32}$

Setze die Reihe um drei weitere Aufgaben fort. Bestimme ihre Ergebnisse, ohne zu rechnen.

8 Die „Rechenrallye" startet für alle mit der Zahl 1. Es gewinnt derjenige, der am Ende das Ergebnis 1 hat.

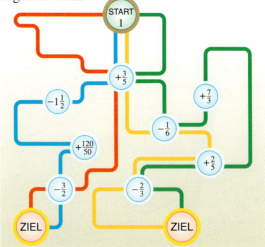

Anwendungen aus Umwelt und Natur

3 Anteile der wichtigsten Seefischarten, die in der Bundesrepublik Deutschland am häufigsten angeboten und verkauft werden:
(Stand: 1994)

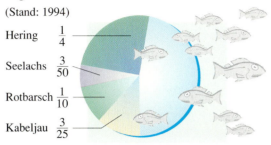

Hering $\frac{1}{4}$

Seelachs $\frac{3}{50}$

Rotbarsch $\frac{1}{10}$

Kabeljau $\frac{3}{25}$

a) Welchen Anteil haben Seelachs, Rotbarsch und Kabeljau zusammen am Verkauf in der Bundesrepublik Deutschland? Vergleiche diesen Anteil mit dem des Herings.
b) Welchen Anteil haben die vier aufgeführten Fischarten insgesamt am Verkauf?

1 Der Anteil von Äpfeln und Süß- bzw. Sauerkirschen an der Obsternte in Deutschland ist besonders groß. (Stand: 1994)

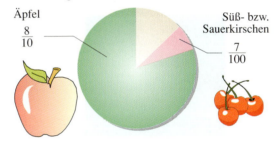

Äpfel $\frac{8}{10}$

Süß- bzw. Sauerkirschen $\frac{7}{100}$

Wie groß ist der Anteil der übrigen Obstarten?

2 Das Diagramm veranschaulicht die Anteile der Hackfruchternte von Deutschland.
(Stand: 1994)

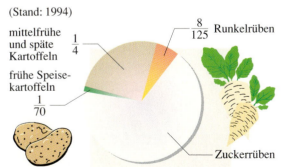

mittelfrühe und späte Kartoffeln $\frac{1}{4}$

frühe Speisekartoffeln $\frac{1}{70}$

Runkelrüben $\frac{8}{125}$

Zuckerrüben

Welchen Bruchteil der Hackfruchternte umfasste die Ernte von Zuckerrüben?

4 In dem Diagramm wird von 1993 der Anteil der Mitgliedsländer der Europäischen Union (EU) an der Kuhmilcherzeugung veranschaulicht, jedoch unter Berücksichtigung der Zugehörigkeit von 1995.

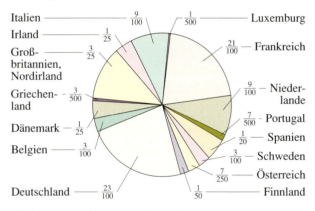

Italien $\frac{9}{100}$
Irland $\frac{1}{25}$
Großbritannien, Nordirland $\frac{3}{25}$
Griechenland $\frac{3}{500}$
Dänemark $\frac{1}{25}$
Belgien $\frac{3}{100}$
Deutschland $\frac{23}{100}$
Luxemburg $\frac{1}{500}$
Frankreich $\frac{21}{100}$
Niederlande $\frac{9}{100}$
Portugal $\frac{7}{500}$
Spanien $\frac{1}{20}$
Schweden $\frac{3}{100}$
Österreich $\frac{7}{250}$
Finnland $\frac{1}{50}$

Welcher Anteil an der Kuhmilcherzeugung der Europäischen Union ergibt sich, wenn die folgenden Länder zusammengenommen werden?
a) Belgien, Luxemburg und Niederlande
b) Dänemark, Großbritannien mit Nordirland, und Irland
c) Deutschland, Frankreich, Portugal und Spanien
d) Griechenland, Italien und Österreich
e) Finnland und Schweden
f) Dänemark, Finnland und Schweden

checkpoint

1 Ordne die Brüche. Beginne mit der kleinsten Zahl.

$\frac{4}{5}$, $\frac{7}{9}$, $\frac{14}{15}$, $\frac{2}{3}$, $\frac{17}{18}$ (4 Punkte)

2 Nenne zwei Brüche, die zwischen $\frac{3}{5}$ und $\frac{4}{5}$ liegen.

(2 Punkte)

3 Rechne aus. Gib die Ergebnisse so weit wie möglich gekürzt oder gegebenenfalls in gemischter Schreibweise an.

a) $\frac{3}{7} + \frac{5}{7}$ b) $\frac{1}{8} + \frac{5}{8}$ c) $\frac{9}{10} - \frac{7}{10}$ d) $\frac{11}{14} - \frac{5}{14}$ e) $1\frac{11}{12} + 3\frac{7}{12}$ f) $7\frac{2}{9} - 3\frac{7}{9}$

(6 Punkte)

4 Rechne aus. Kürze soweit wie möglich. Gib das Ergebnis gegebenenfalls in gemischter Schreibweise an.

a) $\frac{5}{8} + \frac{3}{5}$ b) $\frac{3}{4} - \frac{3}{10}$ c) $\frac{3}{5} + 4\frac{5}{6}$ d) $5\frac{3}{8} - \frac{11}{12}$ e) $3\frac{5}{6} + 2\frac{4}{9}$ f) $11\frac{1}{4} - 7\frac{5}{6}$

(12 Punkte)

5 Ein Lkw darf mit $7\frac{1}{2}$ t beladen werden. Können alle Frachtstücke mit $2\frac{1}{3}$ t, $1\frac{3}{4}$ t, $1\frac{2}{5}$ t und $1\frac{1}{2}$ t mit einer Tour transportiert werden?

(4 Punkte)

6 Auf einem $41\frac{1}{2}$ km langen Autobahnabschnitt wurden in einem Jahr $27\frac{3}{4}$ km instand gesetzt. Wie viel Kilometer müssen auf diesem Abschnitt noch erneuert werden?

(3 Punkte)

Berechnungen an Flächen und Körpern

„Hezekiels Skammel" ist der Name des Kunstwerks von Henrik Have aus Dänemark, das 1993 im Kreisverkehr im östlichen Teil der Stadt Ringkøbing errichtet wurde. Der Riesenwürfel aus Beton hat 7 Meter Kantenlänge.

Vom Zimmer zum Haus

Obergeschoss
Treppe, Flur, Bad und Schlafzimmer komplettieren den Wohnbereich unten. Gelb markiert: Der Basis-Typ.

Erdgeschoss
Flur, WC und Wohnküche insgesamt 22 m². Mini-Apartment mit Duschbad und Schrankküche ist möglich.

Anbaustein
14 m² mehr vergrößern den Wohn- und Kochbereich auf 28 m². Mit einer Trennwand auch separat zu nutzen.

Nordtrakt
Abgetrennt durchs Treppenhaus kommen weitere 13 m² hinzu. Der Raum eignet sich gut als Büro oder Separat-Zimmer.

offene Seiten

Gemütliche ETW
in guter, ruhiger Lage von Wermelskirchen. Die Wohnung befindet sich in einem gepflegten, massiven MFH und verfügt über 62 m² Wfl., aufgeteilt in 2 Zimmer, KDB/WC und Balkon.
Festpreis: € 82 200,–

2-Zimmer-Wohn... ...zügiger
im Grünen mit schön...

Privatverkauf
Morgens mit der Sonne frühstücken, unverbaubare Aussicht, 1 Wohn- und 1 Schlafzimmer, KDB, großer Balkon, 50 m², mit Keller, von privat,
1320 € pro m².

1-Zimmer-Apartment
schöne Aussicht zum Stadtpark
S- und Bus...

Die Angabe der Wohnfläche in Quadratmeter (m²) ist die Fläche, die von entsprechend vielen Quadraten bedeckt wird, die 1 m lang und 1 m breit sind.
1 m² entspricht dem **Flächeninhalt** eines Quadrats mit 1 m Länge.

Im Durchschnitt kostete 1997 bei einem Wohnhaus in Deutschland 1 m² Wohnfläche umgerechnet 1360 €.

Um die Herstellungskosten für ein Wohnhaus zu senken, kann man Fertigbausteine in einem „Baukastensystem" verwenden. Die Kostenersparnis wird an dem hier vorgestellten Beispiel deutlich. Im Jahr 1997 kostete bei so einem Haus 1 m² Wohnfläche 1020 €.

● **Aufsatz**
Der Zwilling sitzt huckepack auf dem Anbaustein unten – ein weiteres Zimmer gewonnen oder den Schlafraum verdoppelt.

● **Dachterrasse**
Garten-Ersatz direkt vor dem Schlafzimmer. Stattdessen kann man den Anbau auch mit einem Dach schützen.

Zwei Angebote für Fliesen und Parkett:

	Preis pro 1 m²
Keramikfliesen	13,25 €
Naturstein	33,25 €
Laminat	23,50 €
Buche	50,90 €

Um die Einrichtung der Zimmer planen zu können, ist es sehr hilfreich, wenn man den Grundriss zeichnet (am besten auf Millimeterpapier – für 1 m Länge wird 1 cm gezeichnet).

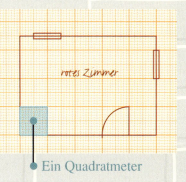

● Ein Quadratmeter

56 Flächen vergleichen

Dargestellt ist das Obergeschoss eines Einfamilienhauses mit Bad, Elternschlafzimmer und zwei Kinderzimmern. Die Eltern von Julia und Lars überlassen den Kindern die Wahl ihres Zimmers. Julia möchte das größere Zimmer. Lars ist einverstanden.

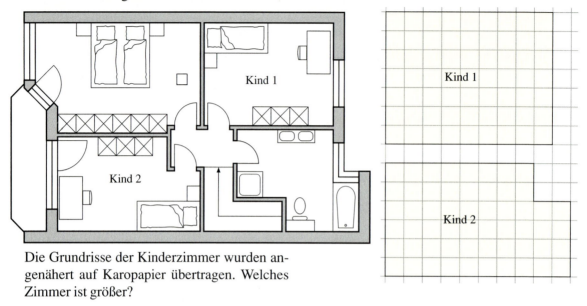

Die Grundrisse der Kinderzimmer wurden angenähert auf Karopapier übertragen. Welches Zimmer ist größer?

1 a) Schätze zuerst, welches Zimmer größer ist.
b) Übertrage die Grundrisse auf Karopapier und schneide sie aus. Zerschneide eine Fläche so, dass du sie auf die andere möglichst passend legen kannst, um die Größen zu vergleichen.
c) Du kannst auch die Karoquadrate jeweils zählen und dann miteinander vergleichen.

> Flächen, die mit den gleichen Flächenstücken ausgelegt werden können, haben denselben **Flächeninhalt**.

Beispiel

Betrachte das Rechteck und das Quadrat. Zeichne sie ab. Versuche, jede Figur mit den Teilfiguren 1 bis 4 auszulegen. Überprüfe damit, ob das Rechteck und das Quadrat denselben Flächeninhalt haben.

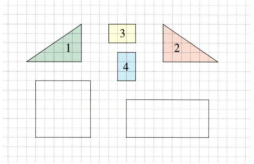
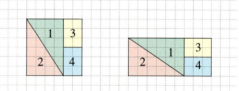

Rechteck und Quadrat lassen sich mit denselben Teilfiguren auslegen. Sie haben denselben Flächeninhalt.

Berechnungen an Flächen und Körpern

2 a) Haben die vier Figuren den gleichen Flächeninhalt? (Gleiche Färbung der einzelnen Teilflächen bedeutet, dass sie gleich sind.)
b) Zeichne die Figuren auf Transparentpapier und schneide sie aus. Prüfe nach, ob sie gleiche Flächen haben. Wie gehst du vor?

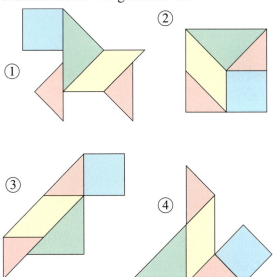

3 Sind die roten Flächen flächengleich? Fülle sie dazu mit blauen Dreiecken aus. Diese sind flächengleich und haben die gleiche Form. Sie unterscheiden sich nur durch ihre Lage. Finde Möglichkeiten, wie blaue Dreiecke in ihrer vorgegebenen Lage ausgewählt werden können.

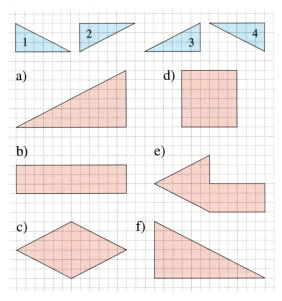

4 Überprüfe, ob die roten Flächen den gleichen Flächeninhalt haben, indem du sie in dein Heft überträgst und die im Buch blauen Figuren so einzeichnest, dass sie die Flächen möglichst vollständig ausfüllen.

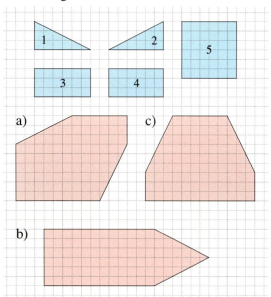

5 Ein Fliesenleger hat zwei Terrassen mit Platten vollständig ausgelegt. Bei welcher Terrasse waren die Materialkosten größer?

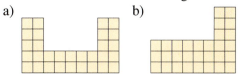

6 Welche Fläche ist die größte, welche die kleinste? Ordne sie der Größe nach.

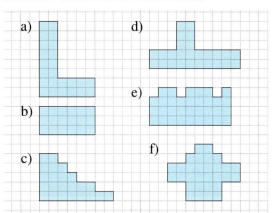

Einheiten für kleine Flächen

Ein Quadrat mit der Seitenlänge 1 dm hat den **Flächeninhalt** 1 dm² (sprich: Quadratdezimeter).

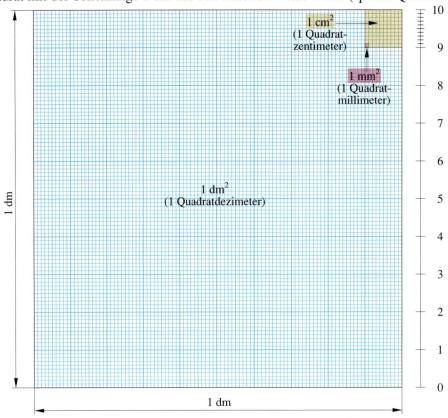

1 a) Wie viele Quadrate mit der Seitenlänge 1 cm passen in das Quadrat mit 1 dm Seitenlänge?
b) Wie viele Quadrate mit der Seitenlänge 1 mm passen in das Quadrat mit 1 cm Seitenlänge?

Kleine Flächen werden in **Quadratmillimeter (mm²)**, **Quadratzentimeter (cm²)** oder **Quadratdezimeter (dm²)** angegeben.

Es gilt: **1 dm² = 100 cm²,   1 cm² = 100 mm²**
   1 dm² = 10 000 mm²

Die **Umrechnungszahl** benachbarter Flächeneinheiten ist **100**.

Für den **Flächeninhalt** wurde der Buchstabe A festgelegt (englisch: area).
Zum Beispiel sprechen wir: Die Fläche hat den Flächeninhalt 2 cm².   Wir schreiben: $A = 2\,\text{cm}^2$

Übungen

2 Schneide fünf Quadrate mit 1 cm Seitenlänge aus. Lege daraus verschiedene Figuren. Wie groß ist jeweils der Flächeninhalt?

3 Bestimme den Flächeninhalt. Welche Flächen sind gleich groß?

4 Ordne den Gegenständen einen der Flächeninhalte zu.

Gegenstände: Briefmarke; Schülertisch; Streichholzschachtel; Mathematikbuch

Flächeninhalte: 8 cm², 18 mm², 5 dm², 42 dm².

5 Gib den Flächeninhalt der Fläche in cm² und in mm² an.

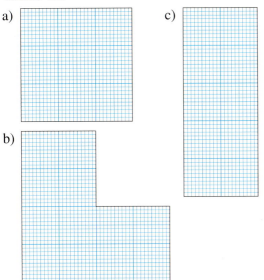

6 Schreibe in cm².

Beispiel: 5 dm² = 500 cm²

a) 3 dm²   d) 12 dm²   g) 98 dm²
b) 7 dm²   e) 45 dm²   h) 70 dm²
c) 8 dm²   f) 32 dm²   i) 50 dm²

7 Schreibe in mm².

a) 7 cm²   c) 15 cm²   e) 40 cm²
b) 8 cm²   d) 41 cm²   f) 80 cm²

8 Schreibe in der nächstkleineren Einheit.

a) 11 dm²   d) 46 cm²   g) 70 cm²
b) 33 cm²   e) 52 dm²   h) 10 dm²
c) 56 cm²   f) 92 cm²   i) 100 cm²

9 Schreibe in der nächstgrößeren Einheit.

a) 100 cm²   d) 700 cm²   g) 400 cm²
b) 100 mm²   e) 300 cm²   h) 200 mm²
c) 500 mm²   f) 800 mm²   i) 600 cm²

10 Gib den Flächeninhalt in mm² an.
Beispiel:

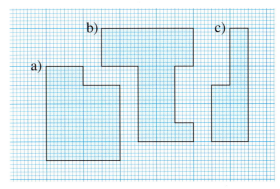

3 cm² 25 mm² = 325 mm²

11 Gib den Flächeninhalt in dm² und cm² an.

Beispiel: 473 cm² = 4 dm² 73 cm²

a) 350 cm²   d) 710 cm²   g) 1250 cm²
b) 478 cm²   e) 601 cm²   h) 2523 cm²
c) 580 cm²   f) 309 cm²   i) 9821 cm²

12 Schreibe in cm² und mm².

a) 530 mm²   d) 121 mm²   g) 1240 mm²
b) 455 mm²   e) 470 mm²   h) 9710 mm²
c) 807 mm²   f) 608 mm²   i) 8509 mm²

13 Schreibe in der kleineren Einheit.

a) 5 dm² 55 cm²   d) 34 dm² 4 cm²
b) 7 cm² 23 mm²   e) 98 cm² 9 mm²
c) 12 dm² 87 cm²   f) 0 dm² 99 cm²

14 a) Welche Flächen haben 1 cm² Flächeninhalt.
b) Bestimme den Flächeninhalt jeder Fläche.

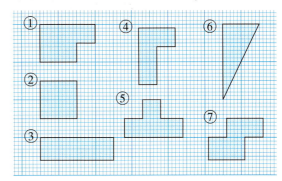

Die Einheit Quadratmeter

Die Tafel ist 1 m breit und 1 m hoch. Sie hat den Flächeninhalt 1 m^2. Da sie sich mit 100 Quadraten der Seitenlänge 1 dm auslegen lässt, kann der Flächeninhalt auch mit 100 dm^2 angegeben werden.

Der Teppich ist 2 m breit und 3 m lang. Er lässt sich mit 6 Quadraten mit der Seitenlänge 1 m auslegen.
Er bedeckt also eine Fläche von 6 m^2.

> Eine weitere Flächeneinheit ist **Quadratmeter (m^2)**. Es gilt: **1 m^2 = 100 dm^2**

Übungen

1 a) Wie viele Kinder können bequem auf 1 m^2 stehen?
b) Was meinst du, wie viele Kinder bequem auf einen Teppich mit 2 m Länge und 3 m Breite passen?

2 a) Schätze ab, wie viel m^2 Fußbodenfläche dein Klassenraum hat.
b) Miss die Länge und die Breite des Raums. Runde auf ganze Meter. Wie viel Quadratmeter hat diese Fläche?

3 Wie viele DIN-A4-Hefte benötigt man, um 1 m^2 vollständig auszulegen? Schätze vorher.

4 Gib den Flächeninhalt in der Einheit an, die in den Klammern steht.
a) 4 m^2 (dm^2)
b) 7 m^2 (dm^2)
c) 11 m^2 (dm^2)
d) 600 dm^2 (m^2)
e) 22 m^2 (dm^2)
f) 300 dm^2 (m^2)
g) 1300 dm^2 (m^2)
h) 2400 dm^2 (m^2)

Vermischte Übungen

1 Schreibe in m².
a) 500 dm² e) 1200 dm² i) 12 500 dm²
b) 900 dm² f) 3700 dm² j) 16 400 dm²
c) 200 dm² g) 1000 dm² k) 55 000 dm²
d) 700 dm² h) 16 500 dm² l) 115 300 dm²

2 Rechne in die nächsthöhere Einheit um.
a) 800 cm² e) 3000 dm² i) 5000 dm²
b) 5500 cm² f) 400 mm² j) 200 cm²
c) 400 dm² g) 3400 cm² k) 11 400 mm²
d) 6600 mm² h) 10 000 dm² l) 5100 mm²

3 Schreibe in der nächstkleineren Einheit.
a) 5 m² e) 9 cm² i) 50 dm²
b) 18 m² f) 25 cm² j) 6 dm²
c) 90 m² g) 76 cm² k) 33 dm²
d) 150 m² h) 120 cm² l) 106 dm²

4 Schreibe wie im Beispiel in zwei Einheiten.

Beispiel: 250 cm² = 2 dm² 50 cm²

a) 320 cm²; 1050 cm²; 1005 cm²; 1340 cm²
b) 550 dm²; 785 dm²; 1850 dm²; 1500 dm²
c) 150 mm²; 225 mm²; 205 mm²; 355 mm²

5 Schreibe wie im Beispiel.

Beispiel: 2 dm² 59 cm² = 259 cm²

a) 6 dm² 28 cm² g) 50 dm² 1 cm²
b) 14 m² 36 dm² h) 7 m² 13 dm²
c) 9 cm² 71 mm² i) 5 cm² 1 mm²
d) 37 m² 20 dm² j) 73 m² 65 dm²
e) 48 dm² 5 cm² k) 2 dm² 19 cm²
f) 3 cm² 12 mm² l) 12 m² 34 dm²

6 Schreibe in zwei Einheiten.
a) 259 mm² f) 710 mm² k) 90 dm²
b) 361 cm² g) 1203 dm² l) 2345 cm²
c) 598 dm² h) 604 mm² m) 4400 mm²
d) 602 cm² i) 5623 cm² n) 52 893 cm²
e) 350 dm² j) 909 dm² o) 4425 dm²

7 Überspringe eine Einheit.

Beispiel: 20 000 cm² = 2 m²

a) 10 000 cm² d) 80 000 mm²
b) 100 000 cm² e) 200 000 mm²
c) 150 000 cm² f) 350 000 mm²

8 Maria hat 2 Quadrate mit je 1 dm² und Tim eine Fläche mit 24 cm² gezeichnet. Wie viele Quadrate mit 1 cm Seitenlänge müssen noch hinzugefügt werden, um eine 3 dm² große Fläche zu erhalten? Zeichne und rechne.

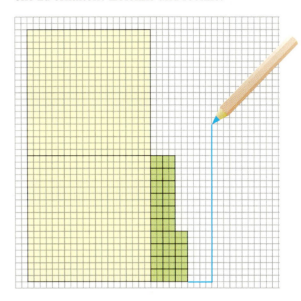

9 Addiere. Schreibe wie im Beispiel.

Beispiel:
77 cm² + 54 cm² = 132 cm² = 1 dm² 32 cm²

a) 34 cm² + 42 cm² d) 65 cm² + 71 cm²
b) 89 cm² + 34 cm² e) 51 dm² + 81 dm²
c) 63 dm² + 89 dm² f) 85 dm² + 56 dm²

10 Addiere. Schreibe das Ergebnis, wenn möglich, in zwei Einheiten.
a) 52 mm² + 89 mm² d) 99 mm² + 57 mm²
b) 64 mm² + 51 mm² e) 33 mm² + 81 mm²
c) 50 mm² + 67 mm² f) 77 mm² + 88 mm²

11 Addiere. Schreibe das Ergebnis in zwei Einheiten.
a) 2 dm² 89 cm² + 94 cm²
b) 13 cm² + 88 mm² + 74 mm²
c) 12 cm² 54 mm² + 3 cm² 36 mm²
d) 34 dm² 67 cm² + 45 dm² 81 cm²

12 Berechne.
a) 5 dm² 34 cm² − 81 cm²
b) 4 m² 21 dm² − 34 dm²
c) 54 m² 1 dm² − 88 dm²

13 Zeichne in dein Heft ein Rechteck mit den Seitenlängen 20 cm und 10 cm.
a) Zeichne in dieses Rechteck vier kleinere Rechtecke mit folgenden Flächeninhalten ein: 60 cm² ; 60 cm² ; 56 cm² ; 24 cm².
b) Wie groß ist der Flächeninhalt der vier kleineren Rechtecke zusammen?
Gib den Flächeninhalt in cm² an.
c) Wie viele Quadrate mit je 1 dm² Flächeninhalt erhältst du?

14 Rechtecke sollen zusammengesetzt werden. Sie haben folgende Seitenlängen:

	1. Seite	2. Seite
1. Rechteck	12 cm	4 cm
2. Rechteck	12 cm	6 cm

a) Zeichne die Rechtecke (aneinander gelegt) in dein Heft.
b) Gib ihren gesamten Flächeninhalt in cm² an.
c) Zeichne ein Quadrat von 1 dm² in das neue Rechteck ein.
d) Wie viel cm² hat die restliche Fläche?

15 Miss die Fläche in cm².

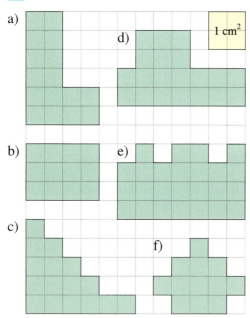

16 Zeichne ein Quadrat, das einen Flächeninhalt von 16 cm² hat.

17 Berechne.
a) 10 m² + 14 m² + 7 m²
b) 12 cm² + 26 cm² + 14 cm²
c) 4 mm² + 48 mm² – 14 mm²
d) 28 dm² – 17 dm² – 9 dm²
e) 556 cm² – 329 cm² + 187 cm²

18 Zeichne auf Karopapier eine Figur mit dem Flächeninhalt 1 dm² und schneide sie aus.
a) Schätze durch Auslegen mit der Figur den Flächeninhalt eines DIN-A4-Blattes.
b) Ein DIN-A3-Blatt erhältst du, wenn du zwei DIN-A4-Blätter an den Längsseiten aneinander legt. Schätze den Flächeninhalt eines DIN-A3-Blattes.
c) Ist der Flächeninhalt dieser aufgeschlagenen Buchseite größer oder kleiner als 4 dm²?

19 Berechne.
a) 5 dm² + 127 cm² + 29 cm²
b) 4 m² + 210 dm² – 57 dm²
c) 170 mm² – 1 cm² + 10 mm²
d) 380 dm² – 2 m² – 75 dm²
e) 1746 cm² + 35 dm² – 449 cm²
f) 687 mm² – 59 cm² + 2 dm²

20 Kann man ein Quadrat mit dem Flächeninhalt von 1 m² auslegen mit
a) zwei quadratischen Fliesen? Jede Fliese hat die Seitenlänge 50 cm.
b) vier quadratischen Fliesen? Jede Fliese hat die Seitenlänge 50 cm.
c) zehn quadratischen Fliesen? Jede Fliese hat die Seitenlänge 10 cm.
d) 100 quadratischen Fliesen? Jede Fliese hat die Seitenlänge 10 cm.

▶**21** Sabines Mutter legt das Wohnzimmer mit Teppichfliesen aus. Das Zimmer ist 48 m² groß. Eine Teppichfliese hat eine Fläche von 16 dm². Wie viele Teppichfliesen braucht Sabines Mutter ohne Verschnitt?

▶**22** Tobias' Bruder streicht die Decke seines Zimmers, die 1756 dm² groß ist. Auf der Dose mit Farbe steht: für 3 m² bis 6 m². Wie viele Büchsen Farbe muss er mindestens kaufen?

Einheiten für große Flächen

1. Hauptsächlich in der Landwirtschaft sind noch die Flächeneinheiten **Ar (a)** und **Hektar (ha)** gebräuchlich.

Das Spielfeld beim American Football ist 100 m lang und 50 m breit.

Die Angabe 50 a für den Flächeninhalt des Spielfelds bedeutet, 50 Quadrate mit dem Flächeninhalt 1 a werden zum Auslegen benötigt. Wählen wir für ein solches Quadrat 10 m Seitenlänge, dann können in einer ersten Reihe auf 100 m zehn Quadrate gelegt werden. Fünf Reihen davon sind zum Auslegen der Fläche nötig, insgesamt also 50 Quadrate.

1 a entspricht der Fläche eines Quadrats mit 10 m Länge.

In dem Bild ist auch die Angabe $\frac{1}{2}$ ha für den Flächeninhalt des Spielfelds zu lesen. Das bedeutet, das Spielfeld ist halb so groß wie 1 ha. Wenn wir uns vorstellen, es würden zwei solche Spielfelder nebeneinander gelegt werden, dann könnte eine quadratische Fläche von 100 m Länge und 100 m Breite entstehen. Diese Fläche hat den Flächeninhalt 1 ha.

1 ha entspricht der Fläche eines Quadrats mit 100 m Länge.

1 a) Mit wie vielen Quadraten mit 1 m² Flächeninhalt kann ein Quadrat mit 1 a Flächeninhalt ausgelegt werden?
b) Ihr könnt auf eurem Schulhof ein Quadrat mit 10 m Seitenlänge abstecken und überprüfen, mit wie vielen Quadraten mit 1 m Seitenlänge diese Fläche ausgelegt werden muss.

2 a) Mit wie vielen Quadraten mit 1 a Flächeninhalt kann ein Quadrat mit 1 ha Flächeninhalt ausgelegt werden?
b) Findet ihr in eurer Nähe eine Quadratfläche mit 100 m Seitenlänge, an der ihr abstecken könnt, mit wie vielen Quadraten mit 10 m Seitenlänge diese Fläche ausgelegt werden muss?

2. Bei noch größeren Flächen wird die Maßeinheit **Quadratkilometer (km²)** verwendet.

Die Insel Baltrum ist mit 640 ha die kleinste ostfriesische Insel. In einer Werbebroschüre der Kurverwaltung wird gesagt, sie sei größer als 6 km².

Offenbar gilt: 600 ha = 6 km²
                 100 ha = 1 km²

Die Insel Baltrum ist 6 km² 40 ha groß.

Große Flächen werden in **Ar (a)**, **Hektar (ha)** oder **Quadratkilometer (km²)** angegeben.

Es gilt: **1 km² = 100 ha, 1 ha = 100 a,   1 a = 100 m²**   Die **Umrechnungszahl** benachbarter Flächeneinheiten ist **100**.
          1 ha = 10 000 m²

Übungen

3 Orientiere dich an dem Infokasten und gib an, mit welcher Einheit die Größe der Fläche sinnvoll angegeben werden sollte.

Info

Größe verschiedener Flächen:
- Naturschutzgebiet Wattenmeer: 5400 km²
- landwirtschaftlicher Betrieb an der Nordseeküste bei Aurich: 245 ha
- Elbauenpark bei Magdeburg: fast 100 ha
- Sachsen-Anhalt: 20 444 km²
- Stadt Magdeburg: 193 km²
- Helgoland mit Düne: 1 km² 70 ha

a) Größe einer Ferienwohnung
b) Fläche von Niedersachsen
c) landwirtschaftliche Nutzfläche eines Betriebs in der Nähe von Magdeburg
d) Fläche der Insel Hiddensee
e) Fläche des Stadtgebiets von Hannover

4 Schätze ein, wie die in Aufgabe 3 angegebenen Flächen den hier gegebenen Flächenangaben zugeordnet werden müssen.
135 ha; 47 614 km²; 204 km²; 1900 ha; 78 m²

5 Unter dem Thema Ökologie haben die Niederländer auf der Expo 2000 gezeigt, dass man bei geringer Fläche umweltfreundlich bauen kann. Der Pavillon besteht aus 7 Ebenen. Jede Ebene widmet sich auf 1000 m² Fläche einem Thema (Garten, Dünen, Wasser, …). Wie viel Quadratmeter Landschaft haben die Niederländer mit dem Pavillon geschaffen? Rechne auch in Ar um.

6 Schreibe in der in Klammern angegebenen kleineren Nachbareinheit.

a) 7 km² (ha)   f) 12 km² (ha)
b) 12 ha (a)   g) 45 km² (ha)
c) 34 a (m²)   h) 27 ha (a)
d) 87 a (m²)   i) 45 a (m²)
e) 50 ha (a)   j) 70 ha (a)

7 Gib die Fläche der Städte in ha an.
a) Hannover 204 km²
b) Köln 405 km²
c) Magdeburg 193 km²
d) Oldenburg 103 km²

8 Schreibe in zwei Einheiten.

Beispiel: 456 ha = 4 km² 56 ha

a) 789 ha   e) 379 a   i) 421 m²
b) 109 ha   f) 420 a   j) 743 m²
c) 780 ha   g) 510 a   k) 650 m²
d) 307 ha   h) 907 a   l) 1789 m²

9 Die Hochseeinsel Helgoland besteht aus der Hauptinsel mit 98 ha und der Düne mit 70 ha.
a) Addiere und gib die Gesamtgröße in ha an.
b) Gib die Größe in km² und ha an.

10 Im Bild siehst du vier Grundstücke. Wie groß sind alle vier Grundstücke zusammen? Gib jede Größe in a und m² an.

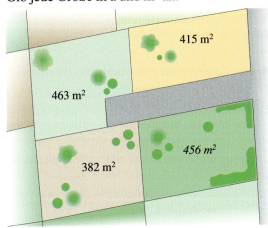

11 Übertrage und setze das Zeichen <, = oder > richtig ein.
a) 1 ha ▇ 1000 m²   e) 1 km² ▇ 1000 a
b) 1 ha ▇ 10 000 m² f) 1 km² ▇ 10 000 a
c) 2 a ▇ 200 m²   g) 30 m² ▇ 3 a
d) 5 ha ▇ 500 a   h) 1 m² ▇ 1000 cm²

12 Berechne.
a) 3 ha + 6 a   d) 15 km² + 3 ha + 7 a
b) 4 km² + 98 ha   e) 2 km² + 6 a
c) 347 a + 9 ha   f) 15 ha + 7 km²

Durch industriellen Holzeinschlag und Brandrodung wurden bereits große Flächen des Urwalds vernichtet.

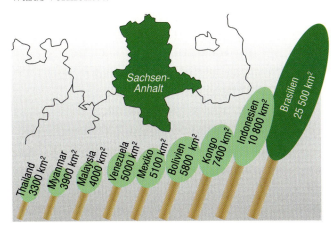

13 a) Der größte Kahlschlag erfolgte in Brasilien, dann folgten Indonesien und der Kongo. Wie viel m² Urwald wurden zusammen in diesen drei Ländern vernichtet?
b) Wie viel m² wurden in allen angegebenen Ländern abgeholzt? Runde auf volle Tausender.
c) Die Bundesrepublik Deutschland hat eine Fläche von 356 879 km². Vergleiche mit dem Kahlschlag in allen oben angegebenen Ländern.

14 Der Kahlschlag in Brasilien wurde am schlimmsten betrieben.
a) Wie viel km² Urwald wurden in jedem Monat in Brasilien vernichtet?
b) Stell dir vor, Sachsen-Anhalt ist vollständig mit Wald bewachsen. Das Land hat eine Fläche von 20 444 km². Schätze, nach wie vielen Monaten Sachsen-Anhalt kahl geschlagen sein würde, wenn so wie in Brasilien abgeholzt werden würde? Überprüfe durch eine Rechnung.
c) Vera behauptet: „Jeden Tag wurden in Brasilien rund 70 km² Urwald vernichtet."
Stimmt das? Rechne jeden Monat mit 30 Tagen.
d) Stell dir vor, die Abholzung hätte jeden Tag 7 Stunden gedauert. Wie viel km² wurden in jeder Stunde abgeholzt? Wie viel ha sind das?
e) Bernd behauptet: „Die Insel Baltrum ist etwa 6 km² groß. In weniger als einer Stunde wäre ein Wald mit dieser Fläche abgeholzt." Hat er Recht?

66 Flächeninhalt von Rechteck und Quadrat

Vor einem Kamin sind Fliesen verlegt worden. Eine Fliese ist 1 dm lang und 1 dm breit. Jede Fliese ist also 1 dm² groß.

Durch Abzählen der Fliesen kann man feststellen, wie groß die rechteckige, gefliese Fläche vor dem Kamin ist.

Schneller geht es aber, wenn man rechnet:
- Die Fläche besteht aus 12 Streifen.
- Jeder Streifen hat 18 Fliesen.

$$12 \cdot 18 \text{ Fliesen, also } 216 \text{ Fliesen}$$

Jede Fliese ist 1 dm² groß. Die Fläche hat den Flächeninhalt 216 dm².

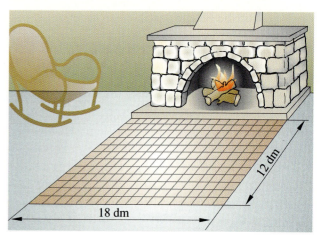

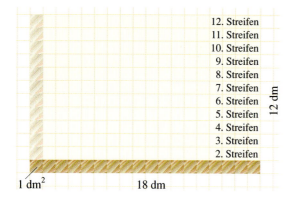

Der Flächeninhalt wird mit A abgekürzt. Um den Flächeninhalt zu berechnen, müssen wir das Flächenmaß beachten. Hier ist es dm².

Im ersten Streifen sind 18 Quadrate, also 18 dm².

Den Flächeninhalt erhalten wir aus 12 Streifen mit je 18 dm² Flächeninhalt, also:

$$A = 12 \cdot 18 \text{ dm}^2$$

Für quadratische Flächen lässt sich das genauso zeigen.

1 Ein Rechteck ist 5 cm lang und 3 cm breit. Die Flächeneinheit ist cm².
Nele sagt: „Jeder Streifen ist 5 cm² groß. Da ich 3 Streifen habe, erhalte ich den Flächeninhalt, wenn ich 5 cm² mit 3 multipliziere."
a) Gib den Flächeninhalt dieses Rechtecks in cm² an.
b) Bestimme den Flächeninhalt eines Quadrats mit der Seitenlänge 4 cm.

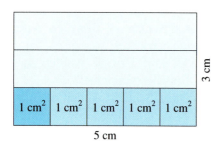

Flächeninhalt des Rechtecks

zum Beispiel:

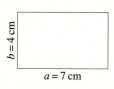

$A = 7 \cdot 4 \text{ cm}^2$ $A = 7 \text{ cm} \cdot 4 \text{ cm}$
$A = 28 \text{ cm}^2$ $A = 28 \text{ cm}^2$

Formel: $A = a \cdot b$

Flächeninhalt des Quadrats

zum Beispiel:

$A = 3 \cdot 3 \text{ cm}^2$ $A = 3 \text{ cm} \cdot 3 \text{ cm}$
$A = 9 \text{ cm}^2$ $A = 9 \text{ cm}^2$

Formel: $A = a \cdot a$

Übungen

2 Berechne den Flächeninhalt des Rechtecks.

	a)	b)	c)	d)	e)
Länge	8 cm	9 dm	17 mm	5 m	15 cm
Breite	7 cm	8 dm	21 mm	14 m	27 cm

3 Berechne den Flächeninhalt des Quadrats, dessen Seitenlänge gegeben ist.
a) 8 cm   c) 14 m   e) 16 cm
b) 1 dm   d) 22 mm   f) 8 dm

4 Der quadratische Fußboden eines Raums soll mit Teppichboden ausgelegt werden. Berechne den Flächeninhalt des Fußbodens, wenn seine Seitenlänge 6 m beträgt.

5 Eine rechteckige Wiese ist 114 m lang und 52 m breit.
a) Berechne den Flächeninhalt.
b) Gib den Flächeninhalt in a an.

6 Die Begrenzungslinien eines Fußballfeldes sind 110 m lang und 80 m breit. Welche Rasenfläche muss der Platzwart mähen?

7 Berechne den Flächeninhalt des Rechtecks mit den angegebenen Seitenlängen.
a) $a = 50$ cm; $b = 25$ cm
b) $a = 15$ m; $b = 3$ m
c) $a = 60$ cm; $b = 40$ cm
d) $a = 1{,}7$ m; $b = 2{,}5$ m
e) $a = 15{,}4$ cm; $b = 25$ cm
f) $a = 23$ mm; $b = 38$ mm
g) $a = 0{,}9$ m; $b = 1{,}3$ m
h) $a = 2{,}44$ dm; $b = 1{,}68$ dm
i) $a = 27{,}8$ m; $b = 16{,}05$ m

8 Berechne den Flächeninhalt des skizzierten Vierecks.

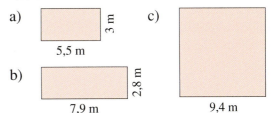

9 Berechne den Flächeninhalt des Rechtecks. Verwandle in die nächstgrößere Einheit.
a) $a = 34$ m; $b = 61$ m
b) $a = 11$ cm; $b = 3$ cm
c) $a = 35$ m; $b = 42$ m

10 Berechne den Flächeninhalt des Rechtecks. Gib die Fläche in a und ha an.
a) $a = 45$ m; $b = 90$ m
b) $a = 102$ m; $b = 95$ m
c) $a = 200$ m; $b = 85$ m

11 Rechne in die gleiche Einheit um und berechne den Flächeninhalt.
a) $a = 6$ cm; $b = 18$ mm
b) $a = 4{,}5$ cm; $b = 20$ mm
c) $a = 750$ m; $b = 1{,}6$ km
d) $a = 1{,}2$ cm; $b = 16$ dm
e) $a = 23{,}6$ dm; $b = 569$ cm
f) $a = 18{,}1$ km; $b = 796$ m

12 Berechne aus dem Flächeninhalt und einer Seite des Rechtecks die andere Rechteckseite.
a) $A = 216$ m²; $a = 18$ m
b) $A = 782$ cm²; $a = 46$ cm
c) $A = 27{,}3$ dm²; $b = 7$ dm
d) $A = 80$ m²; $a = 6{,}4$ m
e) $A = 63$ cm²; $b = 8{,}4$ cm
f) $A = 6{,}71$ a; $b = 22$ m
g) $A = 86{,}25$ ha; $b = 115$ m

13 Berechne die fehlende Größe des Rechtecks.

	a)	b)	c)	d)
a	5 cm	6 dm	7,2 m	0,9 m
b	3,7 cm			1,8 m
A		17,4 dm²	60,48 m²	

14 a) Eine rechteckige Fläche hat 4,32 a Flächeninhalt. Die eine Seite ist 18 m lang. Berechne die Länge der anderen Seite.
▶b) Eine quadratische Fläche hat 625 cm² Flächeninhalt. Finde die Seitenlänge dieses Quadrats heraus.

15 Ein großes Beet im Stadtpark wird mit Tulpen bepflanzt.

a) Wie groß ist das Beet?
b) Wie viele Tulpen werden benötigt, wenn eine Pflanze jeweils eine Fläche von 5 dm² beansprucht?

16 Ein Garten wird rechteckig mit 18 m Länge und 13 m Breite angelegt. Innerhalb des Grundstücks wird ein quadratisches Beet mit der Länge 4 m hergerichtet. Wie groß ist die verbleibende Gartenfläche?

17 Frau Müller-Fieler streicht die Decke ihres Wohnzimmers, die 7,5 m lang und 4,5 m breit ist. Wie viele Dosen weißer Deckenfarbe braucht sie zum Streichen der Decke, wenn sie sparsam mit der Farbe umgeht?

18 Der Fußboden einer rechteckigen Küche, die 3,5 m lang und 2,8 m breit ist, soll mit quadratischen Fliesen ausgelegt werden. Wie viele Fliesen werden mindestens benötigt, wenn eine Fliese 49 cm² Flächeninhalt hat?

19 Berechne den Flächeninhalt. (Maße in m)

a)
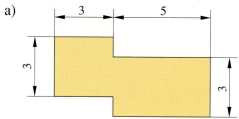

▶b)
▶c)
▶d)
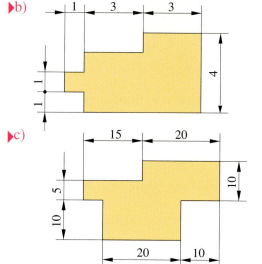

20 Berechne den Flächeninhalt.

a)   c)
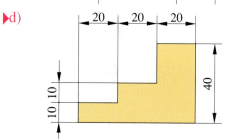

b)   d)
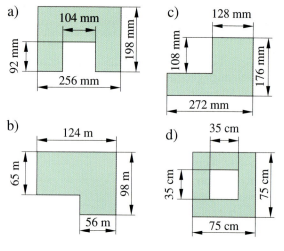

Umfang

Info

Eichen wachsen auf der Nordhalbkugel der Erde und waren in früheren Jahrhunderten in Europa weit verbreitet. Sie können bis zu 1000 Jahre alt werden.

Das Holz der Eiche vermag dank seiner Gerbstoffe selbst im Wasser jahrtausendelang der Fäulnis zu widerstehen. Wegen dieser hervorragenden technischen Eigenschaften wurde das Eichenholz früher besonders zum Haus- und Schiffbau verwendet. Um ein größeres Schiff zu bauen, benötigte man 1000 bis 2000 Eichenstämme. Daher ist der Raubbau an den Eichenbeständen in *früheren Jahrhunderten* verständlich, sodass wir heute kaum noch große, zusammenhängende Eichenwälder kennen.

Die Kinder versuchen, in einer Kette den Stamm der Eiche zu umfassen.
Wenn man eine Schnur um den Stamm legt, kann man den Umfang des Stammes messen.

Beim Renovieren eines Schulraumes klebt der Maler einen Schaukasten mit Klebeband ab, um das Holz des Kastens nicht zu bemalen.

Der Schaukasten ist 80 cm lang und 60 cm breit.

Wie lang muss das Klebeband sein, um den Schaukasten ganz zu umkleben?

Der Anstreicher berechnet den Umfang des Schaukastens:

Länge (unten) + Breite (links) + Länge (oben) + Breite (rechts) =
    80 cm   +   60 cm   +   80 cm   +   60 cm   = 280 cm = 2,80 m

Das Klebeband muss mindestens eine Länge von 2,80 m haben, damit der Schaukasten ganz umklebt werden kann.

Die Summe der Längen aller Begrenzungslinien einer geometrischen Figur ergibt ihren **Umfang**.

Wenn du die Seitenlängen addierst, dann erhältst du den **Umfang**.

Rechteck

$u = a + b + a + b$
$u = 2 \cdot a + 2 \cdot b$
$u = 2 \cdot (a + b)$

Quadrat

$u = a + a + a + a$
$u = 4 \cdot a$

Übungen

1 Berechne den Umfang des Rechtecks mit der Länge a und der Breite b.
a) $a = 5$ dm
   $b = 3$ dm
b) $a = 10$ cm
   $b = 12$ cm
c) $a = 38$ cm
   $b = 15$ cm
d) $a = 3,5$ dm
   $b = 35$ cm
e) $a = 5,8$ dm
   $b = 49$ cm
f) $a = 105$ cm
   $b = 9,4$ dm

2 Die Seitenlänge eines Quadrats ist gegeben. Berechne den Umfang in cm.
a) 9 cm
b) 125 cm
c) 12 cm
d) 8 m
e) 60 m
f) 18 mm
g) 22,4 dm
h) 1,4 m
i) 7,8 cm

3 Wie viel cm Draht brauchst du, um ein Quadrat von 4 cm Seitenlänge zu formen?

4 Timos Eltern wollen ihr rechteckiges Grundstück von 40 m Länge und 15 m Breite einzäunen. Wie viel Meter Zaun müssen sie einkaufen, wenn sie die Zugänge nicht berücksichtigen?

5 Ein Zimmer von 4,8 m Länge und 3,5 m Breite soll an der Decke an den Kanten entlang eine Stuckleiste erhalten. Wie viel Meter werden gebraucht?

6 Der Zaun einer rechteckigen Pferdekoppel mit den Maßen 84 m und 33 m soll erneuert werden. Wie viel Meter Holzstangen sind zu bestellen, wenn jeweils zwei Holzstangen übereinander angebracht werden?

7 Zeichne drei verschiedene Rechtecke, die jeweils einen Umfang von 16 cm haben.

8 Ein rechteckiger Garten hat eine Länge von 87 m und eine Breite von 54 m. Er soll mit Maschendraht eingezäunt werden. Wie viel Meter Maschendraht werden gebraucht, wenn man für den Eingang 2 m frei lässt?

9 Das Rechteck hat einen Umfang von 18 cm. Welches Maß muss hier eingesetzt werden?

10 Berechne die fehlende Seitenlänge.

	Länge	Breite	Umfang des Rechtecks
a)	8 m		24 m
b)		50 cm	400 cm
c)	4,5 m		15 m
d)		8,2 m	46,4 m
e)	9,8 cm		29,6 cm
f)		1,2 m	540 cm
g)	12 dm		4,2 m
h)		3,4 dm	1,7 m
i)	14,4 cm		576 mm

11 Um ein rechteckiges Sportgelände sollen Bäume gepflanzt werden. Sie sollen jeweils 15 m voneinander entfernt sein. Wie viele Bäume braucht man dazu, wenn das Gelände 180 m lang und 105 m breit ist?

Vermischte Übungen

1 Berechne den Flächeninhalt und den Umfang des Rechtecks.
a) $a = 12$ m
   $b = 7$ m
b) $a = 71$ mm
   $b = 50$ mm
c) $a = 39$ m
   $b = 21$ m
d) $a = 77$ mm
   $b = 44$ mm
e) $a = 2,5$ dm
   $b = 3,1$ dm
f) $a = 7,9$ m
   $b = 8,1$ m

2 Wie viele Millimeter- bzw. Zentimeterquadrate enthalten die einzelnen Flächen?

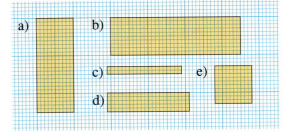

3 Zeichne vier verschiedene Rechtecke mit dem Flächeninhalt 16 cm². Bestimme jeweils den Umfang.

4 Zeichne drei verschiedene Rechtecke mit dem Umfang 12 cm. Bestimme jeweils den Flächeninhalt.

5 Berechne den Flächeninhalt und den Umfang. Vergleiche.
① $a = 2,5$ cm
   $b = 6,0$ cm
② $a = 1,2$ cm
   $b = 7,3$ cm
③ $a = 3,9$ cm
   $b = 4,6$ cm

6 Es sollen Rechtecke gefunden werden, deren Seitenlängen ganze Zentimeter betragen.
a) Welche unterschiedlichen Rechtecke kannst du aus 16 cm Draht biegen? Berechne jeweils den Flächeninhalt.
b) Wie viele verschiedene Möglichkeiten verschiedener Rechtecke gibt es bei 20 cm Umfang? Berechne jeweils den Flächeninhalt.

7 Ein rechteckiges Zimmer soll mit Teppichboden ausgelegt werden. Das Zimmer ist 4,80 m lang und 3,90 m breit. Die beiden Türen des Zimmers sind zusammen 2,12 m breit.
a) Wie viel m² Teppichboden sind auszulegen?
b) Wie viel Meter Fußleisten werden benötigt?

8 Familie Weber baut einen umzäunten Hühnerauslauf, der 4,5 m lang und 3,6 m breit ist.
a) Zeichne den Hühnerauslauf. Wähle für 1 m in der Wirklichkeit 1 cm in der Zeichnung.
b) Wie viel Meter Maschendraht muss Familie Weber kaufen, wenn sie den Hühnerauslauf freistehend im Garten baut?
c) Wie viel Meter Maschendraht muss sie kaufen, wenn die längere Seite des Hühnerauslaufs an eine Stallwand grenzt?

9 Ein Bad ist 2,50 m lang und 3,80 m breit. Es soll modernisiert werden.
a) Wie viel Meter Fußbodenleisten sind mindestens nötig, wenn die Tür 80 cm breit ist?
b) Wie viel m² Fliesen werden für den Fußboden mindestens gebraucht?

10 Familie Forstner hat auf ihrem Grundstück ein neues Gartenhäuschen aufgestellt. (Skizze)
a) Wie viel freie Fläche bleibt?
b) Wie lang ist der Gartenzaun (ohne Anteil des Gartenhäuschens)?

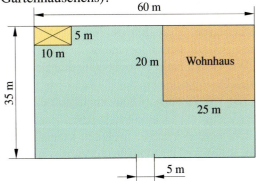

11 Berechne den Umfang und den Flächeninhalt der Figur.

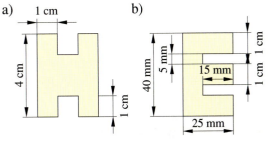

Wohnungsrenovierung

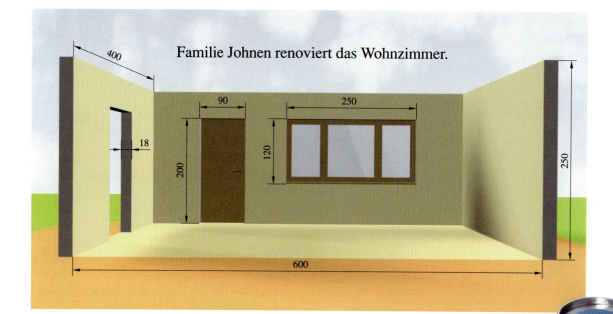

Familie Johnen renoviert das Wohnzimmer.

Um die folgenden Aufgaben lösen zu können, musst du alle Maße aus der Zeichnung im Bild oben entnehmen. Sie sind alle in cm angegeben. Bei den Fenstern und Türen vereinfachen wir auf die äußeren Maße.

1 Die Decke wird 2-mal überstrichen. Für jeden m² benötigt man pro Anstrich 250 g Deckenfarbe. Herr Johnen hat einen Eimer Farbe gekauft, der 10 kg enthält.
a) Wie viel kg Farbe braucht er für den Deckenanstrich?
b) Wie viel kg muss er noch nachkaufen?

2 Die beiden Wände, in denen keine Türen sind, sollen mit Textiltapete tapeziert werden.
a) Frau Johnen will die Bahnen zuschneiden. Jede Tapetenbahn ist 50 cm breit. Wie viele Bahnen von 2,50 m Länge benötigt sie für die beiden Wände?
b) Wie viele Rollen Tapete muss sie einkaufen, wenn auf jeder Rolle 10,85 m Tapete sind?

3 Zur Wärme- und Schallisolierung soll in das Fenster eine neue Scheibe aus Thermopaneglas eingesetzt werden.
1 m² Thermopaneglas kostet 55 €.
Wie teuer ungefähr ist die Scheibe?

4 Die Durchgangsflächen der beiden Türen sollen mit blauer Farbe überstrichen werden. Herr Johnen hat dazu im Baumarkt eine Dose gekauft, die 1000 g Farbe enthält und nach Angaben des Herstellers für ungefähr 12 m² ausreicht.
a) Wie groß ist die zu streichende Fläche? Gib sie erst in cm², dann in m² an.
b) Hatte sich Herr Johnen vor dem Einkauf überlegt, wie viel Farbe er für den Anstrich der beiden Rahmen brauchen würde?
Begründe deine Antwort.

5 Zum Auslegen des Fußbodens im Wohnzimmer findet Frau Johnen im Baumarkt einen Teppichbodenrest mit den Maßen 3 m und 9 m, der 10,90 € pro m² kostet.
a) Sie überlegt, ob mit diesem Restposten das Wohnzimmer so ausgelegt werden kann, dass höchstens eine Naht entsteht. Welche Maße müssten die beiden Stücke dann haben?
b) Wie teuer ist der Restposten?
c) Der Teppichhändler hat eine reguläre Ware, die 4 m breit ist. Von ihr könnte sich Frau Johnen ein genau 6 m langes Stück abschneiden lassen, sodass kein Verschnitt entsteht. Diese Ware kostet 13,80 € pro m². Wie groß ist der Preisunterschied gegenüber dem Restposten?

Berechnungen an Flächen und Körpern

6 Die Zimmer von Christian und Janine sollen anschließend renoviert werden. Die Zeichnungen zeigen die Form und die Aufteilung der Räume. Die Maße sind in Meter angegeben.

a) Der Boden soll in beiden Zimmern mit Teppichboden ausgelegt werden. Janine möchte gern einen roten Teppichboden für 14,80 € pro Quadratmeter, Christian einen bunt gemusterten für 13,30 €.
Wie teuer ist jeweils der Teppichboden?
b) Die Wände sollen mit Raufasertapete tapeziert werden. Eine Rolle kann 5 m² bedecken und kostet 3,20 €. Berechne die Gesamtkosten.
c) In beiden Zimmern sollen neue Gardinen aufgehängt werden. Beim Anfertigen der Gardinen legt man die dreifache Breite des Fensters zugrunde.
Berechne den Preis der Gardinen, wenn der Meter 22 € kostet.
d) Die Decke soll mit Kiefernholz verkleidet werden. Herr Johnen kauft Bretter zu einem Quadratmeterpreis von 19 €.
Wie viel Geld muss er dafür bezahlen?

7 a) Fertige einen Plan von deinem Zimmer an (oder wie du es dir vorstellst). Erkläre den Plan deinem Tischnachbarn oder deiner Tischgruppe. Berechnet gemeinsam die Kosten für die in der Aufgabe 6 angegebenen Renovierungsarbeiten.
b) Überlegt gemeinsam weitere Möglichkeiten für Renovierungsarbeiten (z. B. Fußboden, Decken, Wände, Gardinen, Fußleisten, …). Stellt einen Plan der Arbeiten zusammen und holt verschiedene Angebote aus Baumärkten, Tapetenfachgeschäften, … ein.
Vergleicht die Preise und notiert die jeweils günstigsten Angebote.
c) Erstellt eine Liste über notwendige Einrichtungsgegenstände (Möbel, …). Holt verschiedene Angebote für die Einrichtung ein. Würdest du ganz neue Möbel kaufen oder dir alte Einrichtungsstücke zusammensuchen?

74 Netz des Quaders

Eine quaderförmige Verpackung kann als Begrenzung eines Quaders betrachtet werden.
Wir können so eine Verpackung „zerlegen", dass eine zusammenhängende Fläche aller Begrenzungsflächen entsteht. Werden außerdem Versteifungen oder Klebefalze entfernt, wird eine **Abwicklung** eines Quaders sichtbar.
Die Zeichnung einer Abwicklung wird auch **Netz** genannt.

Beim Zeichnen von Quadernetzen gibt es verschiedene Möglichkeiten, die Begrenzungsflächen zusammenhängend zu zeichnen.

Übungen

1 Welches Quadernetz ist fehlerhaft dargestellt? Begründe.
a) c)
b) d)

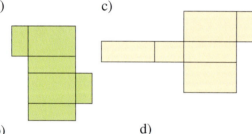

2 a) Sind die Netze richtig dargestellt? Übertrage sie dazu in dein Heft und färbe jede Begrenzungsfläche unterschiedlich ein.
b) Welche Zeichnung entspricht der Abwicklung eines Würfels?

① ②

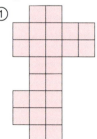 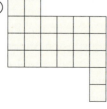

3 Kannst du mit dem gegebenen Flächenstück ein Würfelnetz festlegen? Jede Seitenfläche des Würfels entspricht einem Quadrat des Rasters.

a) c)

b)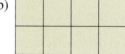

4 Zeichne das Netz des Quaders nach dieser Vorlage.

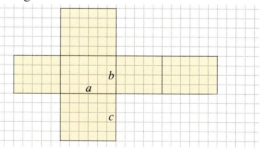

a) $a = 4$ cm; $b = 2$ cm; $c = 1$ cm
b) $a = 1{,}5$ cm; $b = 3$ cm; $c = 2$ cm
c) Würfel mit $a = 2{,}5$ cm
d) Würfel mit $a = 1{,}2$ cm
e) $a = 3{,}8$ cm; $b = 0{,}9$ cm; $c = 1{,}7$ cm
f) $a = 2{,}2$ cm; $b = 3{,}4$ cm; $c = 0{,}8$ cm

Oberfläche des Quaders

Container werden aus Stahlblechen hergestellt. Wenn die Container auch zum Transport von Gütern über das Meer genutzt werden, muss man sie wegen des Seewassers besonders gut schützen. Um sie vor Rost zu schützen, wird ihre Oberfläche mit einer Rostschutzfarbe gespritzt.

1 kg Rostschutzfarbe reicht nur für ungefähr 2 m² Oberfläche.

Wie viel kg Rostschutzfarbe werden benötigt, um die Oberfläche eines Containers vor Seewasser zu schützen?

Dem Bild rechts kannst du entnehmen, welche Abmessungen ein Container hat. Die Maße sind gerundet.

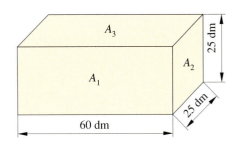

Flächeninhalt A_1 = 60 dm · 25 dm = 1500 dm²
Flächeninhalt A_2 = 25 dm · 25 dm =   625 dm²
Flächeninhalt A_3 = 60 dm · 25 dm = 1500 dm²

Jede Fläche kommt am Quader zweimal vor. Deshalb gilt für die Oberfläche O:
O = 2 · 1500 dm² + 2 · 625 dm² + 2 · 1500 dm²
O = 7250 dm²
O = 72,5 m²

Bei einem Container müssen 72,5 m² Oberfläche mit Rostschutzfarbe gestrichen werden.

Da 1 kg Rostschutzfarbe für ungefähr 2 m² ausreicht, werden ca. 36 kg Farbe benötigt, um einen Container vor Seewasser zu schützen.

Die Summe der Flächeninhalte aller Begrenzungsflächen des Quaders ergibt die Oberfläche O. Jeweils zwei Flächen haben denselben Flächeninhalt: Grund- und Deckfläche, Vorder- und Rückfläche, linke und rechte Seitenfläche.

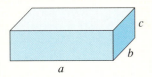

Somit gilt: O = 2 · Grundfläche + 2 · Vorderfläche + 2 · Seitenfläche
Kurz: $\boldsymbol{O = 2 \cdot a \cdot b + 2 \cdot a \cdot c + 2 \cdot b \cdot c}$

Beim Würfel sind alle sechs Begrenzungsflächen gleich große Quadrate.

Somit gilt: O = 6 · Grundfläche
Kurz: $\boldsymbol{O = 6 \cdot a \cdot a}$

Übungen

1 a) Gegeben ist das Netz eines Quaders. Zeichne eine andere Darstellung.

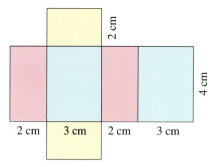

b) Berechne die Oberfläche.

2 Berechne die Oberfläche des Quaders.
a) Der Quader ist 5 m lang, 4 m breit und 2 m hoch.

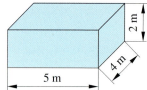

b) Der Quader ist 6 m lang, 4 m breit und 3 m hoch.

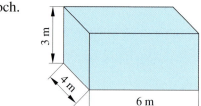

3 Achte auf gleiche Einheiten und berechne die Oberfläche des Quaders.

a)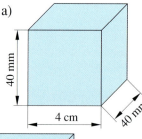

b)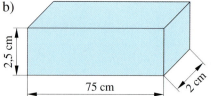

4 Berechne die Oberfläche des Quaders.
a) $a = 9$ cm; $b = 7$ cm; $c = 10$ cm
b) $a = 25$ m; $b = 14$ m; $c = 8$ m
c) $a = 12$ mm; $b = 15$ mm; $c = 20$ mm
d) $a = 16$ dm; $b = 8$ dm; $c = 8$ dm
e) $a = 9$ m; $b = 9$ m; $c = 9$ m
f) $a = 45$ mm; $b = 23$ mm; $c = 18$ mm
g) $a = 3{,}6$ dm; $b = 6{,}4$ dm; $c = 5{,}2$ dm
h) $a = 1{,}1$ m; $b = 0{,}8$ m; $c = 2{,}5$ m

5 Verwandle die Längenmaße in gleiche Einheiten. Berechne danach die Oberfläche des Quaders.
a) $a = 2{,}5$ cm; $b = 15$ mm; $c = 4$ cm
b) $a = 5$ m; $b = 20$ dm; $c = 20$ dm
c) $a = 65$ cm; $b = 3$ m; $c = 1{,}6$ m
d) $a = 33$ mm; $b = 4{,}2$ cm; $c = 16$ mm
e) $a = 2{,}9$ m; $b = 3{,}8$ m; $c = 25$ dm

6 Ein Schwimmbecken ist 20 m lang, 2 m tief und 8 m breit.
a) Der Boden und die vier Seitenflächen wurden gefliest. Wie viel m² sind das?
b) Ein Quadratmeter Fliesen kostet 12,95 €. Welche Materialkosten sind entstanden?

7 Das „Treppchen" für die Siegerehrung eines Wettkamps soll rund herum (ohne Boden) neu gestrichen werden. Eine Dose Lackfarbe soll nach Angaben des Herstellers für 4 m² reichen. Wie viele Dosen werden benötigt?

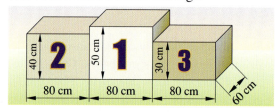

8 Ein Würfel hat 125 cm² Oberfläche. Welche Kantenlängen hat der Würfel?

9 Ein Quader hat zwei quadratische Seitenflächen, die 5 cm lang sind. Die Oberfläche des Quaders beträgt 250 cm². Bestimme die fehlende Kantenlänge.
Hinweis: Skizziere ein Schrägbild und dann eine Abwicklung des Quaders.

Schrägbild des Quaders

Zeichnen wir ein Schrägbild des Quaders, werden Strecken, die nach „hinten" verlaufen, um die Hälfte verkürzt gezeichnet. Diese Strecken werden im Winkel von 45° angetragen. Die „verdeckten" Körperkanten werden als gestrichelte Linien gezeichnet.

So wird das Schrägbild eines Quaders gezeichnet, der 3,2 cm breit, 1,3 cm hoch und 2,4 cm tief ist.

Wir zeichnen zuerst die Vorderfläche.

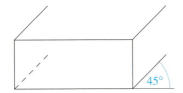
Wir zeichnen die nach hinten verlaufenden Kanten in halber Länge.

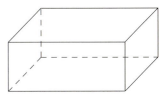
Zum Schluss zeichnen wir die Rückfläche.

Info

Die hier vorgestellte Art der Zeichnung des Schrägbilds wird auch **Kavalierperspektive** genannt. Kavalier nannte man einen überhöhend angeordneten Bau bei alten Festungen. Von ihm aus konnte man sich einen guten Überblick über das Vorgelände verschaffen. Bei der Planung der Festung zeichneten Militärs diesen Überblick in einer einfachen **Perspektive**.

Bei technischen Zeichnungen sind auch noch andere Darstellungsformen für Schrägbilder gebräuchlich. Hier siehst du die Darstellung eines Würfels in der **isometrischen** und der **dimetrischen** Schrägbilddarstellung.

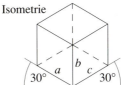
Isometrie

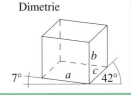
Dimetrie

Übungen

1 Vervollständige im Heft zum Schrägbild. Welche Kantenlängen hat der Quader?

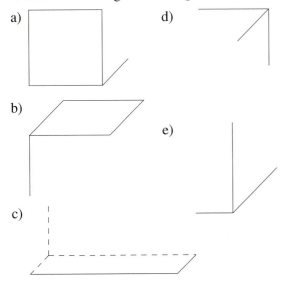
a) b) c) d) e)

2 Gegeben sind Flächenformen, die in Schrägbildern von vier Quadern vorkommen. Füge passende Flächen zu Schrägbildern von Quadern zusammen.

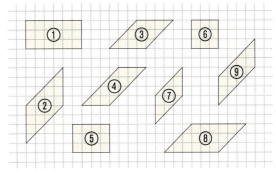

3 Zeichne das Schrägbild nach dieser Vorlage.
a) $a = 5$ cm; $b = 4$ cm; $c = 6$ cm
b) $a = 4,2$ cm; $b = 2,6$ cm; $c = 1,7$ cm
c) $a = 3,3$ cm; $b = 4,8$ cm; $c = 2,1$ cm
d) Würfel mit $a = 3,3$ cm

Volumen des Quaders

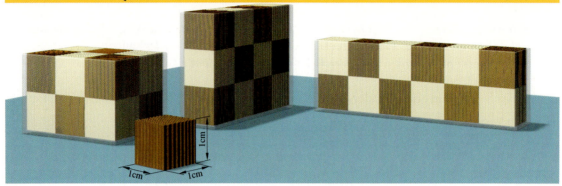

Hier sind Glasbehälter mit gleichen Holzwürfeln ausgefüllt. Jeder Holzwürfel ist 1 cm lang, 1 cm breit und 1 cm hoch.

> Ein Würfel mit der Kantenlänge 1 cm hat das **Volumen** (den **Rauminhalt**) **1 cm³** (sprich: „1 cm hoch drei" oder „1 Kubikzentimeter").   Für das Volumen wurde der Buchstabe *V* festgelegt.

Jeder Glasbehälter im Bild ist mit 12 Holzwürfeln ausgefüllt. Die Rauminhalte der Quader sind jeweils 12-mal so groß wie der Rauminhalt eines Holzwürfels mit 1 cm³ Rauminhalt. Sie haben alle den gleichen Rauminhalt, und zwar 12 cm³.

Um Rauminhalte beliebiger Quader bestimmen zu können, betrachten wir das folgende Beispiel.

Der orange Würfel im Bild rechts ist verkleinert dargestellt. Er hat die Kantenlänge 1 cm.
Sein Volumen beträgt daher 1 cm³.
Der Quader im Bild daneben hat die Kantenlängen 5 cm, 3 cm und 2 cm (5 cm breit, 3 cm tief und 2 cm hoch). Er soll mit Zentimeterwürfeln ausgelegt werden.

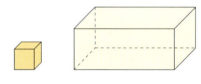

Volumen einer Reihe: 5 · 1 cm³ = 5 cm³
Volumen einer Schicht: 3 · 5 cm³ = 15 cm³
Volumen des Quaders (2 Schichten):   2 · 15 cm³ = 30 cm³

Volumen des Quaders: $V = 2 \cdot 3 \cdot 5 \text{ cm}^3$
                               $V = 30 \text{ cm}^3$

Volumen des Quaders

zum Beispiel: 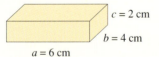 $c = 2$ cm, $b = 4$ cm, $a = 6$ cm

$V = 6 \cdot 4 \cdot 2 \text{ cm}^3$ $V = 6 \text{ cm} \cdot 4 \text{ cm} \cdot 2 \text{ cm}$
$V = 48 \text{ cm}^3$ $V = 48 \text{ cm}^3$

Formel: $V = a \cdot b \cdot c$

Volumen des Würfels

zum Beispiel: $a = 5$ cm

$V = 5 \cdot 5 \cdot 5 \text{ cm}^3$ $V = 5 \text{ cm} \cdot 5 \text{ cm} \cdot 5 \text{ cm}$
$V = 125 \text{ cm}^3$ $V = 125 \text{ cm}^3$

Formel: $V = a \cdot a \cdot a$

Berechnungen an Flächen und Körpern

Übungen

1 Gib die Anzahl der Zentimeterwürfel in der untersten Schicht an. Wie viele Schichten sind es? Gib die Rauminhalte der Quader an.

a)
b)
c)

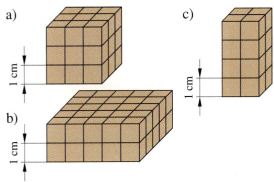

2 In der Zeichnung sind Würfel mit dem Volumen 1 cm³ zu verschiedenen Quadern zusammengesetzt worden. Gib das Volumen jedes Quaders an.

a)
b) c)

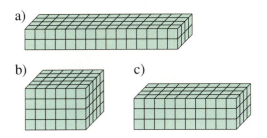

3 Peter will aus Würfeln mit dem Volumen 1 cm³ einen großen Würfel zusammensetzen.

a) Gib die Kantenlänge des großen Würfels an.
b) Wie viele Würfel von 1 cm³ hat er schon gebraucht?
c) Gib das Volumen des großen Würfels in Kubikzentimeter an.

4 Berechne das Volumen des Würfels in cm³.
a) $a = 4$ cm   c) $a = 8$ dm   e) $a = 41$ mm
b) $a = 9$ cm   d) $a = 90$ mm   f) $a = 14$ mm

5 Bestimme das Volumen der Quader. Welche Quader haben dasselbe Volumen?
① $a = 4$ cm, $b = 5$ cm, $c = 6$ cm
② $a = 3$ cm, $b = 6$ cm, $c = 6$ cm
③ $a = 2$ cm, $b = 5$ cm, $c = 12$ cm
④ $a = 6$ cm, $b = 3$ cm, $c = 12$ cm

6 Berechne das Volumen des Quaders in cm³.
a) $a = 34$ cm, $b = 20$ cm, $c = 6$ cm
b) $a = 47$ cm, $b = 5$ cm, $c = 9$ cm
c) $a = 8$ dm 2 cm, $b = 27$ cm, $c = 1$ dm 3 cm
d) $a = 33$ mm, $b = 5$ cm 7 mm, $c = 86$ mm.

7 Berechne das Volumen der Körper in cm³.

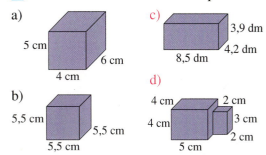

8 Berechne die fehlende Seite des Quaders.

	Länge	Breite	Höhe	Volumen
a)	5 cm		12 cm	300 cm³
b)	12 cm	8 cm		192 cm³
c)	4 cm		4 cm	64 cm³

9 Aus Versehen hat jemand im Packraum den Zettel mit den Maßen der Kartons zerrissen und einen Teil davon verloren. Ergänze im Heft die fehlenden Angaben (Maße in cm).

	Länge	Breite	Höhe	Inhalt
Karton A	35	19	11	cm³
Karton B	51	24		14 688 cm³
Karton C	60		15	23 400 cm³
Karton D		25	12	30 000 cm³

Die Volumeneinheiten

Ein Würfelmodell mit 1 dm Kantenlänge wurde fotografiert.

Ein Würfel mit der Kantenlänge 1 dm hat das Volumen 1 dm³ (sprich: 1 Kubikdezimeter). Die kleinen Würfel haben die Kantenlänge 1 cm, haben also jeweils 1 cm³ Volumen.

Der Würfel mit der Kantenlänge 1 dm lässt sich vollständig mit Würfeln der Kantenlänge 1 cm ausfüllen.

Wie viele Würfel mit 1 cm Kantenlänge passen in den Würfel mit 1 dm Kantenlänge?

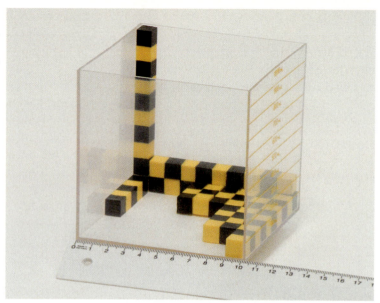

10 Würfel lassen sich in eine Reihe legen.
Volumen einer Reihe 10 cm³.

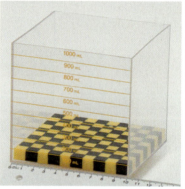
10 Reihen lassen sich nebeneinander legen.
Volumen einer Schicht 100 cm³.

10 Schichten lassen sich aufeinander legen.
Volumen des Würfels 1000 cm³.

Das Volumen eines Würfels mit 1 dm Kantenlänge beträgt 1 dm³. Ein Würfel mit dem Volumen 1 dm³ kann mit 1000 Würfeln mit 1 cm³ Volumen ausgelegt werden.
Es gilt: **1 dm³ = 1000 cm³**

Ein Würfel mit der Kantenlänge 1 m hat das Volumen 1 m³ (sprich: 1 Kubikmeter).

Dieser Würfel kann auf dieselbe Weise mit Würfeln von 1 dm³ Volumen ausgelegt werden, wie es oben beschrieben wurde.

1 a) Übertrage die Tabelle in dein Heft und fülle sie aus.

Würfel mit 1 m Kantenlänge	Auslegen mit Würfeln mit 1 dm Kantenlänge
Volumen einer Reihe	
Volumen einer Schicht	
Volumen des Würfels	

b) Wie viel dm³ hat ein m³?

Berechnungen an Flächen und Körpern

Große Volumina werden in Kubikmeter (m³) gemessen.

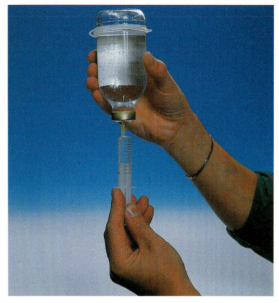
Kleine Volumina werden in Kubikmillimeter (mm³) gemessen.

Das Volumen von Körpern wird in **Kubikmillimeter (mm³)**, in **Kubikzentimeter (cm³)**, in **Kubikdezimeter (dm³)** oder in **Kubikmeter (m³)** angegeben.

Es gilt: **1 m³ = 1000 dm³;   1 dm³ = 1000 cm³;   1 cm³ = 1000 mm³**

Die **Umrechnungszahl** benachbarter Volumeneinheiten ist **1000**.
Beim Umrechnen in die nächsthöhere Einheit musst du die Maßzahl durch 1000 dividieren.
Beim Umrechnen in die nächstkleinere Einheit musst du die Maßzahl mit 1000 multiplizieren.

Übungen

2 Rechne in die nächsthöhere Einheit um.
a) 2000 cm³   d) 5000 cm³   g) 71 000 dm³
b) 4000 dm³   e) 9000 mm³   h) 22 000 cm³
c) 3000 mm³   f) 6000 dm³   i) 11 000 dm³

3 Rechne in die nächstkleinere Einheit um.
a) 1 cm³   d) 78 cm³   g) 50 m³
b) 2 dm³   e) 39 dm³   h) 120 m³
c) 9 m³   f) 56 m³   i) 250 m³

4 Schreibe in der vorgegebenen Einheit.
a) 4 dm³   (cm³)   f) 88 m³   (dm³)
b) 50 cm³   (mm³)   g) 65 m³   (dm³)
c) 39 m³   (dm³)   h) 34 dm³   (cm³)

5 Gib das Volumen des Quaders in dm³ und in cm³ an.

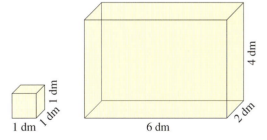

6 Schreibe in der angegebenen Einheit.
a) (dm³):   3 m³; 44 m³; 2500 cm³; 900 cm³
b) (m³):   5200 dm³; 50 000 dm³; 840 dm³
c) (mm³):   4 cm³; 303 cm³; 1,2 cm³; 0,4 cm³
d) (cm³):   320 mm³; 6,4 dm³; 20 mm³

Berechnungen an Flächen und Körpern

7 Schreibe in der kleineren Nachbareinheit.
a) $8\,dm^3$ f) $17\,cm^3$ k) $70\,dm^3$
b) $5\,cm^3$ g) $12\,cm^3$ l) $40\,m^3$
c) $16\,dm^3$ h) $11\,dm^3$ m) $70\,cm^3$
d) $7\,m^3$ i) $71\,m^3$ n) $120\,cm^3$
e) $16\,m^3$ j) $25\,cm^3$ o) $20\,cm^3$

8 Schreibe in der größeren Nachbareinheit.
a) $8000\,dm^3$ g) $32\,000\,dm^3$
b) $5000\,cm^3$ h) $54\,000\,mm^3$
c) $7000\,mm^3$ i) $70\,000\,dm^3$
d) $3000\,cm^3$ j) $10\,000\,cm^3$
e) $21\,000\,mm^3$ k) $40\,000\,mm^3$
f) $14\,000\,cm^3$ l) $50\,000\,dm^3$

9 Rechne in die nächstgrößere Einheit um.
Beispiel: $3400\,dm^3 = 3,4\,m^3$
a) $7100\,cm^3$ d) $9720\,cm^3$ g) $980\,mm^3$
b) $4600\,dm^3$ e) $1320\,dm^3$ h) $710\,dm^3$
c) $3200\,mm^3$ f) $5610\,mm^3$ i) $914\,cm^3$

10 Rechne in die nächstkleinere Einheit um.
Beispiel: $2,7\,cm^3 = 2700\,mm^3$
a) $2,5\,cm^3$ e) $2,87\,cm^3$ i) $6,82\,m^3$
b) $5,4\,dm^3$ f) $1,5\,cm^3$ j) $40,2\,dm^3$
c) $6,9\,m^3$ g) $4,21\,dm^3$ k) $21,11\,cm^3$
d) $2,12\,m^3$ h) $2,1\,m^3$ l) $98,9\,m^3$

11 Schreibe mit Komma in der nächstgrößeren Einheit.
Beispiel: $1020\,dm^3 = 1,02\,m^3$
a) $1002\,dm^3$ f) $50\,230\,mm^3$
b) $1436\,cm^3$ g) $17\,300\,mm^3$
c) $9071\,mm^3$ h) $39\,030\,dm^3$
d) $37\,020\,dm^3$ i) $2019\,cm^3$
e) $54\,200\,cm^3$ j) $633\,900\,dm^3$

12 Schreibe in zwei Einheiten und dann in der kleineren Einheit.
Beispiel: $2,5\,m^3 = 2\,m^3\,500\,dm^3 = 2500\,dm^3$
a) $1,24\,m^3$ e) $0,505\,m^3$ i) $6,003\,m^3$
b) $1,555\,dm^3$ f) $5,408\,m^3$ j) $0,09\,m^3$
c) $11,89\,cm^3$ g) $0,6\,dm^3$ k) $0,051\,cm^3$
d) $35,471\,cm^3$ h) $67,905\,cm^3$ l) $28,3\,m^3$

13 Ein quaderförmiges Aquarium ist 50 cm breit, 30 cm tief und 25 cm hoch.
a) Berechne das Volumen.
b) Gib das Ergebnis in dm^3 an.

14 Schreibe in der angegebenen Einheit.
Beispiele: 1. $1,5\,dm^3 = \mathbf{1500\,cm^3}$
2. $750\,cm^3 = \mathbf{0,75\,dm^3}$
a) $2,5\,dm^3 = \blacksquare\,cm^3$ d) $75\,cm^3 = \blacksquare\,dm^3$
b) $4,52\,dm^3 = \blacksquare\,cm^3$ e) $5\,cm^3 = \blacksquare\,dm^3$
c) $0,075\,dm^3 = \blacksquare\,cm^3$ f) $1800\,cm^3 = \blacksquare\,dm^3$

15 Schreibe ohne Komma.
a) $1,14\,m^3 = \blacksquare\,dm^3$ d) $12,5\,m^3 = \blacksquare\,dm^3$
b) $19,9\,dm^3 = \blacksquare\,cm^3$ e) $30,67\,cm^3 = \blacksquare\,mm^3$
c) $6,6\,cm^3 = \blacksquare\,mm^3$ f) $65,17\,dm^3 = \blacksquare\,cm^3$

16 Schreibe mit Komma in der nächstgrößeren Einheit.
a) $1200\,mm^3$ e) $1345\,mm^3$ i) $631\,mm^3$
b) $2520\,cm^3$ f) $2674\,cm^3$ j) $340\,cm^3$
c) $6080\,dm^3$ g) $9705\,mm^3$ k) $820\,dm^3$
d) $5130\,cm^3$ h) $7002\,cm^3$ l) $500\,mm^3$

17 Schreibe zuerst in der kleineren Einheit und dann mit Komma.
Beispiel: $3\,m^3\,48\,dm^3 = 3048\,dm^3 = 3,048\,m^3$
a) $3\,dm^3\,470\,cm^3$ d) $24\,dm^3\,510\,cm^3$
b) $8\,m^3\,98\,dm^3$ e) $8\,cm^3\,62\,mm^3$
c) $84\,m^3\,50\,dm^3$ f) $40\,cm^3\,31\,mm^3$

18 Ein Haus soll zur Hälfte unterkellert werden. Dafür muss eine quaderförmige Baugrube (9 m lang, 4,5 m breit, 2,8 m tief) ausgehoben werden. Wie viel m^3 Aushub entstehen?

19 Zur Verlegung eines Abflussrohrs muss ein Graben ausgehoben werden (15 m lang, 80 cm breit, 1,50 m tief). Wie viel m^3 ergibt das?

Hohlmaße

Das Volumen wird hauptsächlich bei Flüssigkeiten aber zum Beispiel auch bei Blumenerde in **Liter l** angegeben.

Ein Würfel mit dem Volumen **1 dm³** fasst **1 l** Flüssigkeit.

$1 \text{ dm}^3 = 1 \text{ l}$
$1 \text{ l} = 1000 \text{ ml}$ **Milliliter**
$1 \text{ ml} = 1 \text{ cm}^3$

Volumenmaß	Hohlmaß
1 dm³	1 l
1 cm³	1 ml

Übungen

1 Schreibe in der angegebenen Einheit.
a) 45 dm³ = ▒ l   e) 125 l = ▒ ml
b) 8000 cm³ = ▒ l   f) 200 cm³ = ▒ ml
c) 800 dm³ = ▒ l   g) 0,125 l = ▒ ml
d) 25 l = ▒ ml   h) 0,33 l = ▒ ml

2 Gib in ml an.
a) 3 cm³   d) 40 cm³   g) 500 mm³
b) 35 cm³   e) 200 cm³   h) 250 mm³
c) 1000 cm³   f) 1000 mm³   i) 750 mm³

3 Ein quaderförmiges Aquarium ist 80 cm lang, 50 cm breit und 40 cm hoch. Wie viel Liter Wasser können höchstens in das Gefäß eingefüllt werden, bevor es überläuft?

4 Große Hohlmaße werden wieder in m³ angegeben. Schreibe in l.
Beispiel: $4 \text{ m}^3 = 4000 \text{ dm}^3 = 4000 \text{ l}$
a) 2 m³   b) 6,738 m³   c) 9,04 m³

Im Brauerei- und Winzergewerbe werden die Hohlmaße für Fässer in **Hektoliter hl** angegeben.
1 hl = 100 l

5 Schreibe in hl.
a) 6000 l   e) 57 325 cm³
b) 35 000 l   f) 64 037 cm³
c) 27 345 l   g) 7 395 000 mm³
d) 930 065 l   h) 7 003 403 mm³

6 Schreibe in der angegebenen Einheit.
a) 44 dm³ = ▒ l   e) 16,4 hl = ▒ l
b) 3420 cm³ = ▒ ml   f) 150 hl = ▒ m³
c) 300 dm³ = ▒ hl   g) 432 hl = ▒ dm³
d) 5000 l = ▒ m³   h) 32 l = ▒ cm³

Vermischte Übungen

1 Für eine Reihenhausbebauung wird eine Baugrube von Baggern ausgehoben. Die Baugrube ist 200 m lang, 12 m breit und 3 m tief. Zum Abtransport der Erde stehen Lastwagen mit einem Fassungsvermögen von 8 m³ zur Verfügung.
Wie viele Fahrten sind mindestens erforderlich, um die ausgehobene Erde wegzufahren?

2 Zur Berechnung von Heizungsanlagen braucht man das Volumen der einzelnen Zimmer. Ein Zimmer hat eine Länge von 5,50 m, eine Breite von 3,50 m und eine Höhe von 2,50 m. Berechne das Volumen.

3 Die Wiehltalsperre hat ein Fassungsvermögen von 31,5 Millionen m³ Wasser. Im Durchschnitt werden täglich 60 Millionen Liter Trinkwasser abgegeben. Wie lange könnte die Talsperre diese Abgabemenge liefern, ohne dass weiter Wasser zuläuft?
(*Hinweis:* 1 m³ = 1000 l)

4 Während eines Kinderfestes wurden insgesamt 50 Gläser Limonade zu je 0,2 l ausgeschenkt. Wie viele Literflaschen Limonade wurden benötigt?

5 Auf einem Rummelplatz erzielte ein Colastand einen täglichen Umsatz von 200 l. Wie hoch waren die Einnahmen pro Tag, wenn ein Glas Cola (0,2 l) für 1,20 € verkauft wurde?

6 Frachtencontainer sind Metallbehälter. Sie sind 250 cm breit und 250 cm hoch.

a) Berechne den Rauminhalt eines Containers, der eine Länge von 6 m hat.
b) Wie viele Container kann der Laderaum eines Schiffes aufnehmen, wenn er 48 m lang 13 m breit und 5 m hoch ist?

7 Ein Tankwagen fasst 20 000 l Öl. Wie oft muss er fahren, um einen Tank zu füllen, der 10 m lang, 6 m breit und 3 m hoch ist?

8 Der umbaute Raum wird bei Schiffen mit der Bruttoraumzahl angegeben. Bei größeren Schiffen liegt der Wert nahe dem Wert der veralteten Bruttoregistertonne (1 BRT ≈ 2,83 m³). Berechne aus den Angaben den umbauten Raum in m³.

Stückgutfrachter 6000 BRT

Containerschiff 44 000 BRT

Im Braunkohletagebau

Im Gebiet zwischen Köln, Aachen und Mönchengladbach wird Braunkohle im Tagebau abgebaut.
Das Erdreich über der Braunkohle nennt man Abraum. Die geförderte Menge wird in t, der Abraum in m³ angegeben.

1 Um eine Tonne Braunkohle abzubauen, müssen 5 m³ Abraum abgetragen werden.
a) Pro Tag werden 280 000 t Braunkohle gefördert. Wie viel m³ Abraum fallen an?
b) Wie viele Tage benötigt ein Bagger mit einer Tagesleistung von 240 000 m³, um den Abraum abzutragen?

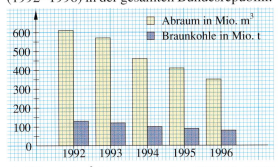

2 Braunkohlen- und Abraumförderung (1992–1996) in der gesamten Bundesrepublik:

a) Wie viel m³ Abraum wurden 1992 bis 1996 insgesamt bewegt?
b) Wie viel Tonnen Braunkohle wurden in diesen 5 Jahren insgesamt gefördert?

3 Der Abraum wird auf Förderbändern, die an den Baggern angeschlossen sind, wegtransportiert.
Ein Förderband kann in einer Stunde 24 000 m³ Abraum transportieren.
a) Wie viele Stunden muss ein Förderband laufen, um 216 000 m³ zu transportieren?
b) Wie viel m³ Abraum können 4 Förderbänder transportieren, wenn sie an einem Tag jeweils 8 Stunden laufen?

4 Im Tagebau *Inden* wurde auch 1996 nur für das Kraftwerk in Weisweiler Braunkohle gefördert. Das Kraftwerk verbraucht täglich 70 000 t Braunkohle für die Stromerzeugung.
a) Wie viel t Braunkohle mussten im Tagebau *Inden* im Jahr 1996 (365 Tage) insgesamt gefördert werden, um das Kraftwerk in Weisweiler zu versorgen?
b) Der Braunkohlevorrat des Tagebaus betrug 1996 noch 800 Mio. t. Wie viele Jahre danach könnte das Kraftwerk noch beliefert werden?

5 Um im Tagebau 1 t Braunkohle abzubauen, müssen ungefähr 6 m³ Grundwasser gepumpt werden.
a) Wie viel m³ Grundwasser müssen im Tagebau Garzweiler abgepumpt werden, um täglich 82 192 t Braunkohle fördern zu können?
b) Wie viel t Braunkohle können gefördert werden, wenn die Pumpen noch mal 24 Mio. m³ Grundwasser abpumpen?
Wie viele Tage dauert das?

6 Das Schaufelrad eines Baggers im Braunkohletagebau hat 18 Schaufeln. Mit einer vollen Drehung dieses Schaufelrades kann der Bagger 6 Eisenbahnwaggons mit je 21 m³ Fassungsvermögen füllen. Wie viel m³ fasst eine Schaufel?

Gütertransporte

Wenn Unternehmen ihre Erzeugnisse, z. B. Schrauben, Blechzuschnitte, Konserven, an Kunden verschicken wollen, können sie zum Transport dieses Stückgutes eine Speditionsfirma beauftragen. Damit das Stückgut durch die Spedition besser transportiert werden kann, stellt sie meistens Gitterboxen zur Verfügung, in denen die Ware verstaut wird. So eine Gitterbox hat die Bodenmaße 80 cm und 120 cm und ist meist 100 cm hoch. In eine Gitterbox darf man maximal 1 Tonne Gewicht packen.

Ausschnitt aus der Frachttafel für Stückgut
Wir lesen für den Transport einer Ware mit 679 kg über 475 km einen Richtpreis von 121,90 € ab. Allerdings handelt jedes Speditionsunternehmen in der Regel die Preise für den Stückgutversand mit seinen Kunden auch gesondert aus. Dabei können bei „Stammkunden" Preisnachlässe von beispielsweise 20 % gewährt werden.

Gewicht in kg / Entfernung in km	501 bis 550	551 bis 600	601 bis 650	651 bis 700	701 bis 750	751 bis 800	801 bis 850	851 bis 900	901 bis 950	951 bis 1000
301 - 320	75,0	81,7	88,4	95,0	101,7	108,4	115,1	121,8	124,4	122,4
321 - 340	77,9	84,9	91,9	98,9	105,8	112,8	119,7	126,7	127,2	127,2
341 - 360	80,8	88,1	95,4	102,6	109,8	117,1	124,3	131,6	132,0	132,0
361 - 380	83,8	91,3	98,8	106,3	113,9	121,4	128,9	136,4	136,9	136,9
381 - 400	86,7	94,5	102,3	110,1	117,7	125,7	133,5	141,3	141,7	141,7
401 - 420	88,9	96,8	104,9	112,8	120,8	128,8	136,8	144,8	145,8	145,8
421 - 440	91,2	99,4	107,6	115,9	124,1	132,3	140,5	148,7	149,7	149,7
441 - 460	93,6	102,0	110,4	118,9	127,3	135,7	144,2	152,6	153,6	153,6
461 - 480	95,9	104,6	113,3	121,9	130,5	139,2	147,8	156,5	157,6	157,6
481 - 500	98,3	107,2	116,0	124,9	133,8	142,7	151,5	160,4	161,5	161,5
501 - 525	101,0	110,1	119,2	128,3	137,4	146,6	155,7	164,8	166,1	166,1
526 - 550	103,5	112,9	122,3	131,7	141,0	150,4	159,7	169,1	170,4	170,4
551 - 575	106,1	115,8	125,4	135,0	144,6	154,2	163,8	173,4	174,8	174,8
576 - 600	108,8	118,6	128,4	138,3	148,2	158,0	167,9	177,7	179,1	197,1
601 - 625	111,2	121,3	131,4	141,5	151,5	161,6	171,7	181,8	182,8	182,8
626 - 650	113,2	123,5	133,8	144,0	154,3	164,5	174,8	185,1	186,1	186,1
651 - 675	115,2	125,7	136,1	146,6	157,0	167,5	177,9	188,4	189,5	189,5
676 - 700	117,2	127,8	138,5	149,1	159,8	170,4	181,0	191,7	192,8	192,8

(Preise in €)

Entfernungen in km in Deutschland

	Düsseldorf	Freiburg	Hof	Leipzig	Münster	Trier	Ulm	Wiesbaden	Würzburg
Berlin	572	819	313	179	466	729	596	581	512
Bielefeld	196	618	452	437	74	415	591	348	335
Bonn	77	414	530	501	182	146	432	172	288
Dortmund	63	509	610	532	65	307	528	240	375
Essen	29	494	595	567	108	292	513	225	360
Hamburg	427	759	627	391	271	584	749	521	512
Kassel	229	457	329	318	204	367	394	219	209

Die Spedition Hammer aus Aachen fährt Transporte mit dem Lkw. Häufig sind das Kupferblechrollen für die Stolberg Metall AG.
Lkw-Miete pro Einsatztag
(mit 14 Stunden gerechnet): **250,98 €**
Preis pro gefahrenen Kilometer: 0,22 €

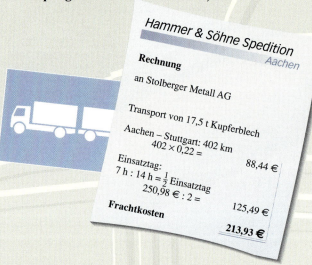

Die Transporte werden gegen mögliche Schäden versichert.
Der Versicherungswert des Transportes setzt sich aus dem Wert der Fracht und den Frachtkosten zusammen:

1 kg Kupfer ist 3,04 € wert.

Für 1000 € Versicherungswert verlangt die Versicherung 1,15 € Versicherungsbeitrag.

Angaben über die Tour eines Lkw:

Strecke	Strecke in km	Fahrzeit in h
Aachen – Stuttgart	402	7,0
Stuttgart – Ulm	94	1,5
Ulm – Köln	452	7,5
Köln – Aachen	71	1,0
insgesamt	1019	17,0

offene Seiten

Lkw-Transport Aachen – Antwerpen:
332 €
Antwerpen ist 150 km von Aachen entfernt.

Seefrachtkosten Antwerpen – Boston:
1980 $ US
Lkw-Transportkosten Boston – Cleveland:
750 $ US
Boston ist 660 Meilen von Cleveland entfernt.
1 $ US war im März 1999 0,93 € wert.

HAFEN

Da das Kupferblech aus Stolberg eine sehr hohe Qualität hat, wird es in alle Welt exportiert unter anderem auch nach Cleveland im Staat Ohio in den USA. Dazu werden die Kupferblechrollen in Container gepackt.
Cleveland liegt am Erie-See und kann im Sommer mit Schiffen durch den Lorenzstrom erreicht werden. Im Winter aber ist dieser zugefroren, sodass die Fracht in den Hafen von Boston gebracht werden muss. Von dort werden die Container dann mit Lkws nach Cleveland transportiert.

Ein Containerschiff moderner Bauart kann 4000 Container transportieren. In einem Container dürfen höchstens 21 t verladen werden.

Eine Rolle Kupferblech wiegt 13 t. Um einen Container ausnutzen zu können, werden auch halbe Rollen hergestellt.

Ein Container ist 20´ (Fuß) lang, 8´ breit und 8´ hoch.

1´ entspricht 0,3048 m.

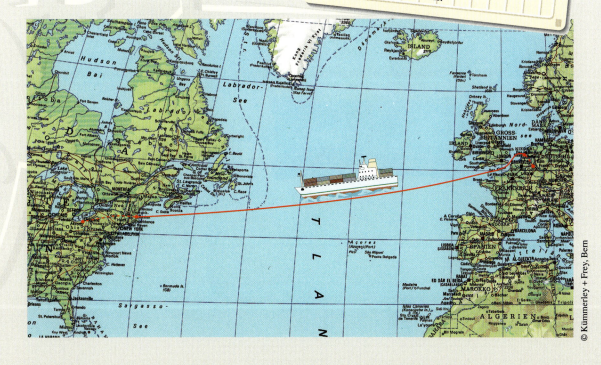

checkpoint

1 Gib in der kleineren Einheit an.
a) $5\,cm^2\,4\,mm^2$ c) $25\,a\,2\,m^2$ e) $3\,m^2\,9\,cm^2$
b) $6\,km^2\,5\,ha$ d) $123\,dm^2\,4\,mm^2$ f) $12\,dm^2\,3\,mm^2$
(6 Punkte)

2 Rechne in m^2 um. Schreibe, wenn nötig, in zwei Einheiten.
a) $3200\,dm^2$ b) $1700\,dm^2$ c) $5050\,dm^2$ d) $1350\,dm^2$ e) $16\,a$ f) $130\,a$
(6 Punkte)

3 Berechne den Umfang und den Flächeninhalt des Rechtecks.
a) $a = 12\,cm;\ b = 25\,cm$
b) $a = 3{,}4\,m;\ b = 7{,}2\,m$
(4 Punkte)

4 Welchen Flächeninhalt hat diese Fläche?
(3 Punkte)

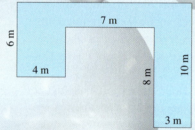

5 Welche Länge hat das Rechteck, das $9000\,m^2$ Flächeninhalt hat und 30 m breit ist.
(2 Punkte)

6 Berechne das Volumen und die Oberfläche eines Würfels mit der Kantenlänge 4 cm.
(4 Punkte)

7 Berechne das Volumen und die Oberfläche des Quaders mit $a = 5\,cm$; $b = 6\,cm$ und $c = 7\,cm$.
(4 Punkte)

8 Bei einem Blutspendetermin wurden jedem Spender 500 ml Blut abgenommen. Wie viel Liter Blut spendeten 45 Personen?
(2 Punkte)

Multiplikation und Division von Brüchen und Dezimalbrüchen

90 Bruch mal natürliche Zahl

Für Martins Geburtstagsfeier hat seine Mutter drei große Schüsseln mit Schokoladenpudding gekocht.
Martin will dazu Vanillesoße zubereiten. Er glaubt, dass er mit drei Tütchen Soßenpulver auskommt. Jetzt muss er nur noch wissen, mit wie viel Milch er im Topf das Soßenpulver zubereiten muss. Er braucht dreimal $\frac{1}{4}$ Liter Milch.

$3 \cdot \frac{1}{4} = \frac{1}{4} + \frac{1}{4} + \frac{1}{4} = \frac{1+1+1}{4} = \frac{3 \cdot 1}{4}$

$3 \cdot \frac{1}{4} = \frac{3}{4}$

Martin benötigt $\frac{3}{4}$ Liter Milch.

> Ein Bruch wird mit einer natürlichen Zahl multipliziert, indem man den Zähler mit der Zahl multipliziert und den Nenner beibehält.
> Genauso wird eine natürliche Zahl mit einem Bruch multipliziert.

Beispiele

1. Wir multiplizieren:

a) $\frac{2}{3} \cdot 7 = \frac{2 \cdot 7}{3} = \frac{14}{3} = 4\frac{2}{3}$

b) $5 \cdot \frac{3}{4} = \frac{5 \cdot 3}{4} = \frac{15}{4} = 3\frac{3}{4}$

2. Wir kürzen und multiplizieren:

a) $\frac{5}{6} \cdot 8 = \frac{5 \cdot 8}{6} = \frac{5 \cdot 4}{3} = \frac{20}{3} = 6\frac{2}{3}$

b) $12 \cdot \frac{7}{8} = \frac{12 \cdot 7}{8} = \frac{3 \cdot 7}{2} = \frac{21}{2} = 10\frac{1}{2}$

Übungen

1 Berechne die Produkte.

a) $5 \cdot \frac{2}{7}$ f) $2 \cdot \frac{7}{9}$ k) $5 \cdot \frac{1}{2}$
b) $3 \cdot \frac{2}{5}$ g) $9 \cdot \frac{2}{7}$ l) $3 \cdot \frac{7}{8}$
c) $6 \cdot \frac{1}{5}$ h) $8 \cdot \frac{3}{11}$ m) $5 \cdot \frac{5}{6}$
d) $7 \cdot \frac{4}{5}$ i) $7 \cdot \frac{1}{9}$ n) $9 \cdot \frac{6}{7}$
e) $8 \cdot \frac{3}{7}$ j) $6 \cdot \frac{3}{5}$ o) $7 \cdot \frac{5}{8}$

2 Berechne die Produkte.

a) $\frac{2}{3} \cdot 6$ e) $\frac{2}{8} \cdot 20$ i) $\frac{4}{5} \cdot 11$
b) $\frac{1}{7} \cdot 7$ f) $\frac{9}{10} \cdot 30$ j) $\frac{2}{3} \cdot 17$
c) $\frac{1}{2} \cdot 4$ g) $\frac{6}{5} \cdot 15$ k) $\frac{5}{6} \cdot 14$
d) $\frac{4}{5} \cdot 15$ h) $\frac{4}{3} \cdot 12$ l) $\frac{3}{7} \cdot 21$

3 Berechne die Produkte. Kürze, falls möglich, vor dem Multiplizieren.

a) $14 \cdot \frac{5}{21}$ f) $15 \cdot \frac{5}{6}$ k) $45 \cdot \frac{7}{18}$
b) $12 \cdot \frac{6}{10}$ g) $5 \cdot \frac{3}{4}$ l) $17 \cdot \frac{6}{34}$
c) $10 \cdot \frac{3}{5}$ h) $11 \cdot \frac{3}{11}$ m) $15 \cdot \frac{1}{30}$
d) $18 \cdot \frac{4}{9}$ i) $8 \cdot \frac{7}{16}$ n) $2 \cdot \frac{5}{24}$
e) $9 \cdot \frac{2}{3}$ j) $7 \cdot \frac{4}{21}$ o) $16 \cdot \frac{5}{12}$

4 Berechne.

a) $\frac{4}{9} \cdot 8$ f) $\frac{7}{23} \cdot 7$ k) $\frac{3}{20} \cdot 15$
b) $\frac{7}{15} \cdot 6$ g) $\frac{13}{14} \cdot 3$ l) $\frac{5}{32} \cdot 7$
c) $\frac{18}{19} \cdot 4$ h) $\frac{7}{15} \cdot 9$ m) $\frac{8}{3} \cdot 3$
d) $\frac{11}{25} \cdot 2$ i) $\frac{15}{17} \cdot 5$ n) $\frac{9}{25} \cdot 25$
e) $\frac{14}{25} \cdot 5$ j) $\frac{17}{49} \cdot 14$ o) $\frac{28}{63} \cdot 36$

Multiplikation und Division von Brüchen und Dezimalbrüchen

5 Berechne.

a) $2 \cdot \frac{1}{4}$ e) $\frac{1}{10} \cdot 5$ i) $24 \cdot \frac{27}{84}$

b) $36 \cdot \frac{7}{12}$ f) $12 \cdot \frac{4}{9}$ j) $\frac{5}{6} \cdot 20$

c) $90 \cdot \frac{4}{5}$ g) $13 \cdot \frac{11}{26}$ k) $27 \cdot \frac{1}{36}$

d) $\frac{20}{23} \cdot 92$ h) $\frac{19}{36} \cdot 48$ l) $36 \cdot \frac{25}{28}$

6 Berechne die Produkte. Kürze, falls möglich, vor dem Multiplizieren.

a) $\frac{12}{24} \cdot 2$ c) $\frac{5}{14} \cdot 6$ e) $\frac{19}{34} \cdot 17$

b) $\frac{5}{10} \cdot 3$ d) $\frac{7}{28} \cdot 11$ f) $\frac{47}{46} \cdot 23$

7 Berechne die Produkte und vergleiche die Ergebnisse. Kürze so früh wie möglich.

a) $\frac{2}{3} \cdot 12$ und $12 \cdot \frac{2}{3}$ d) $\frac{5}{8} \cdot 32$ und $32 \cdot \frac{5}{8}$

b) $\frac{3}{7} \cdot 35$ und $35 \cdot \frac{3}{7}$ e) $\frac{7}{9} \cdot 21$ und $21 \cdot \frac{7}{9}$

c) $\frac{13}{15} \cdot 25$ und $25 \cdot \frac{13}{15}$ f) $\frac{17}{30} \cdot 45$ und $45 \cdot \frac{17}{30}$

8 Berechne. Kürze, wenn möglich.

a) $7 \cdot \frac{3}{84}$ d) $\frac{17}{18} \cdot 162$ ▶g) $\frac{49}{133} \cdot 18$

b) $19 \cdot \frac{5}{21}$ e) $25 \cdot \frac{97}{125}$ ▶h) $27 \cdot \frac{64}{216}$

c) $13 \cdot \frac{11}{121}$ f) $21 \cdot \frac{4}{210}$ ▶i) $\frac{108}{207} \cdot 18$

9 Rechne wie im Beispiel.

Beispiel: $\frac{5}{7}$ von $21 = \frac{5}{7} \cdot 21 = \frac{5 \cdot 21}{7} = \frac{5 \cdot 3}{1} = 15$

a) $\frac{5}{6}$ von 24 d) $\frac{4}{9}$ von 72 g) $\frac{5}{12}$ von 84

b) $\frac{3}{7}$ von 28 e) $\frac{4}{5}$ von 60 h) $\frac{7}{16}$ von 144

c) $\frac{2}{3}$ von 15 f) $\frac{5}{8}$ von 96 i) $\frac{8}{15}$ von 240

10 Berechne.

a) $\frac{2}{5}$ von 15 cm d) $\frac{6}{7}$ von 14 km²

b) $\frac{7}{8}$ von 24 m² ▶e) $\frac{7}{10}$ von 1 m

c) $\frac{3}{11}$ von 22 ha ▶f) $\frac{5}{8}$ von 1 km

▶**11** Berechne.

a) $2 \cdot \frac{42}{56}$ d) $\frac{11}{51} \cdot 3$ g) $\frac{2}{5}$ von 100

b) $\frac{13}{121} \cdot 22$ e) $15 \cdot \frac{7}{18}$ h) $\frac{3}{11}$ von 132

c) $24 \cdot \frac{19}{36}$ f) $\frac{3}{96} \cdot 14$ i) $\frac{7}{18}$ von 162

12 Der Gemüsehändler bekommt 639 Gurken geliefert. $\frac{2}{9}$ der Ware ist verdorben. Wie viele Gurken können verkauft werden?

13 Herr Janssen verdient 2400 € im Monat. Davon beträgt die Miete $\frac{1}{3}$. Für Lebensmittel wird $\frac{1}{4}$ des Verdienstes ausgegeben. $\frac{1}{5}$ spart er. Berechne die einzelnen Beträge.

14 In der Klasse 6 d sind 30 Schülerinnen und Schüler. $\frac{1}{4}$ der Kinder hat braune Augen, $\frac{2}{3}$ haben blonde Haare, $\frac{4}{5}$ kommen mit dem Bus zur Schule und $\frac{1}{6}$ hat einen Hund zu Hause. Berechne die Anzahl der Kinder.

▶**15** Ein Menschenhaar von $\frac{1}{10}$ mm Durchmesser wird unter dem Mikroskop untersucht. Das Objektiv erzeugt eine 15fache Vergrößerung, das verwendete Okular bewirkt zusätzlich eine 10fache Vergrößerung.

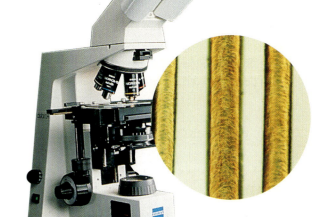

Welchen Durchmesser hat jetzt das Bild des Haares?
Hinweis: Berechne zunächst die Bildgröße des Haares nach der Vergrößerung durch das Objektiv, dann die weitere Vergrößerung durch das Okular.

▶**16** Ein Pantoffeltierchen von $\frac{1}{5}$ mm Länge wird unter einem Mikroskop untersucht. Das Objektiv dieses Mikroskops bewirkt eine 25fache Vergrößerung, das Okular vergrößert nochmals 10fach.
Berechne, wie groß das Bild des Pantoffeltierchens erscheint.

92 Bruch mal Bruch

In einem landwirtschaftlichen Versuchsbetrieb soll die Steigerung der Ernteerträge mehrerer Getreide- und Gemüsearten durch den Einsatz natürlicher und künstlicher Dünger beobachtet werden.

$\frac{4}{7}$ der Anbaufläche werden für den Getreideanbau abgeteilt. Der Rest wird mit Gemüse bepflanzt.
Auf $\frac{2}{5}$ der Anbaufläche soll mit natürlichem Dünger gedüngt werden. Die restliche Fläche wird mit künstlichem Dünger bestreut.

Wie groß ist der Anteil der Anbaufläche, auf dem das Getreide mit natürlichem Dünger behandelt wurde?

Wir müssen dazu $\frac{2}{5}$ von $\frac{4}{7}$ der Anbaufläche bestimmen. Wir stellen dies grafisch dar.

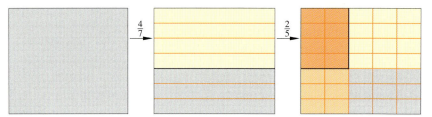

Wir erkennen, dass auf $\frac{8}{35}$ der Anbaufläche Getreide wächst, das natürlich gedüngt wird.

1 Bestimme jeweils die Anteile an der gesamten Anbaufläche.

a) Getreide, das künstlich gedüngt wird
b) Gemüse, das natürlich gedüngt wird
c) Gemüse, das künstlich gedüngt wird

Wir betrachten den Sachverhalt mathematisch: $\frac{2}{5}$ von $\frac{4}{7} = \frac{8}{35}$, also $\frac{4}{7} \cdot \frac{2}{5} = \frac{8}{35}$

Wir erkennen, dass im Ergebnis der Zähler das Produkt aus 4 und 2 ist, der Nenner entsprechend das Produkt aus 7 und 5, also *Zähler mal Zähler* und *Nenner mal Nenner*.

2 Überprüfe, ob du die Ergebnisse aus Aufgabe 1 auch durch die Rechnung *Zähler mal Zähler* und *Nenner mal Nenner* erhältst.

Brüche werden multipliziert, indem Zähler mit Zähler und Nenner mit Nenner multipliziert wird.

Beispiele

1. $\frac{3}{4} \cdot \frac{5}{7} = \frac{3 \cdot 5}{4 \cdot 7} = \frac{15}{28}$
2. $\frac{5}{6} \cdot \frac{12}{17} = \frac{5 \cdot 12}{6 \cdot 17} = \frac{5 \cdot 2}{1 \cdot 17} = \frac{10}{17}$
3. $\frac{4}{9} \cdot \frac{15}{16} = \frac{4 \cdot 15}{9 \cdot 16} = \frac{1 \cdot 5}{3 \cdot 4} = \frac{5}{12}$

Gemischte Zahlen müssen vor der Multiplikation in Brüche umgewandelt werden.

4. $8 \cdot 2\frac{1}{3} = 8 \cdot \frac{7}{3} = \frac{56}{3} = 18\frac{2}{3}$
5. $2\frac{1}{2} \cdot 3\frac{2}{5} = \frac{5}{2} \cdot \frac{17}{5} = \frac{5 \cdot 17}{2 \cdot 5} = \frac{1 \cdot 17}{2 \cdot 1} = \frac{17}{2} = 8\frac{1}{2}$

Übungen

3 Berechne.

a) $\frac{2}{5} \cdot \frac{3}{7}$ c) $\frac{2}{5} \cdot \frac{3}{5}$ e) $\frac{4}{9} \cdot \frac{2}{11}$ g) $\frac{13}{20} \cdot \frac{3}{5}$

b) $\frac{1}{4} \cdot \frac{1}{4}$ d) $\frac{1}{5} \cdot \frac{3}{4}$ f) $\frac{8}{13} \cdot \frac{7}{11}$ h) $\frac{2}{3} \cdot \frac{19}{21}$

4 Berechne.

a) $\frac{3}{4} \cdot \frac{4}{3}$ c) $\frac{3}{2} \cdot \frac{5}{6}$ e) $\frac{1}{6} \cdot \frac{6}{1}$ g) $\frac{4}{1} \cdot \frac{1}{4}$

b) $\frac{7}{9} \cdot \frac{9}{7}$ d) $\frac{5}{8} \cdot \frac{8}{5}$ f) $\frac{7}{6} \cdot \frac{2}{3}$ h) $\frac{2}{1} \cdot \frac{1}{2}$

5 Berechne die Produkte. Kürze, falls möglich, vor dem Multiplizieren.

a) $\frac{1}{7} \cdot \frac{1}{7}$ e) $\frac{2}{3} \cdot \frac{2}{5}$ i) $\frac{3}{11} \cdot \frac{1}{3}$ m) $\frac{6}{5} \cdot \frac{1}{3}$

b) $\frac{2}{11} \cdot \frac{3}{8}$ f) $\frac{3}{8} \cdot \frac{7}{9}$ j) $\frac{1}{2} \cdot \frac{1}{10}$ n) $\frac{4}{5} \cdot \frac{4}{5}$

c) $\frac{21}{5} \cdot \frac{10}{7}$ g) $\frac{1}{9} \cdot \frac{8}{3}$ k) $\frac{1}{2} \cdot \frac{5}{7}$ o) $\frac{5}{4} \cdot \frac{5}{4}$

d) $\frac{3}{5} \cdot \frac{5}{7}$ h) $\frac{6}{7} \cdot \frac{3}{8}$ l) $\frac{6}{5} \cdot \frac{3}{2}$ p) $\frac{7}{9} \cdot \frac{3}{7}$

6 Berechne.

a) $\frac{5}{2} \cdot \frac{3}{5}$ d) $\frac{12}{13} \cdot \frac{6}{5}$ g) $\frac{16}{17} \cdot \frac{3}{4}$ j) $\frac{2}{15} \cdot \frac{9}{8}$

b) $\frac{5}{2} \cdot \frac{5}{3}$ e) $\frac{8}{21} \cdot \frac{7}{2}$ h) $\frac{16}{17} \cdot \frac{4}{3}$ k) $\frac{12}{10} \cdot \frac{15}{16}$

c) $\frac{12}{13} \cdot \frac{5}{6}$ f) $\frac{28}{16} \cdot \frac{2}{7}$ i) $\frac{2}{6} \cdot \frac{8}{9}$ l) $\frac{12}{10} \cdot \frac{16}{15}$

7 Übertrage die Tabelle in dein Heft. Berechne die Produkte.

·	$\frac{3}{4}$	$\frac{4}{5}$	$\frac{5}{6}$	$\frac{7}{8}$	$\frac{9}{10}$	$\frac{10}{11}$	$\frac{11}{12}$
$\frac{1}{9}$							
$\frac{1}{8}$							
$\frac{1}{7}$							
$\frac{5}{6}$							
$\frac{4}{5}$							
$\frac{3}{4}$							
$\frac{2}{3}$							

8 Ersetze die unbekannt Zahl x so, dass die Rechnung stimmt.

a) $\frac{1}{5} \cdot x = \frac{6}{5}$ d) $x \cdot \frac{1}{7} = 1$ g) $\frac{2}{9} \cdot x = \frac{4}{9}$

b) $x \cdot \frac{1}{7} = \frac{6}{7}$ e) $\frac{1}{5} \cdot x = 1$ h) $x \cdot \frac{2}{9} = \frac{4}{9}$

c) $\frac{1}{9} \cdot x = \frac{8}{9}$ f) $x \cdot \frac{1}{3} = 1$ i) $\frac{3}{7} \cdot x = \frac{9}{7}$

9 Ersetze x.

a) $\frac{3}{5} \cdot \frac{x}{3} = \frac{6}{15}$ c) $\frac{x}{3} \cdot \frac{2}{5} = \frac{8}{15}$ e) $\frac{6}{3} \cdot \frac{x}{7} = \frac{6}{21}$

b) $\frac{1}{x} \cdot \frac{2}{9} = \frac{2}{36}$ d) $\frac{7}{8} \cdot \frac{9}{x} = \frac{63}{40}$ f) $\frac{5}{x} \cdot \frac{9}{8} = \frac{45}{8}$

10 Für eine Klassenfete wurden $\frac{1}{3}$-l-Dosen Limonade eingekauft. Wie viel Liter Limonade sind in   a) 20,   b) 24,   c) 27   Dosen enthalten?

11 Auf einer Klassenfete werden $\frac{2}{10}$-l-Becher verwendet. Wie viel Liter Limonade werden insgesamt benötigt, wenn davon ausgegangen wird, dass jeder der 28 Anwesenden etwa 3 Becher Limonade trinkt?

12 Berechne die Produkte.

a) $3 \cdot 1\frac{1}{2}$ e) $3 \cdot 1\frac{2}{3}$ i) $8 \cdot 2\frac{1}{2}$

b) $5 \cdot 1\frac{1}{3}$ f) $4 \cdot 1\frac{3}{4}$ j) $10 \cdot 3\frac{2}{3}$

c) $1\frac{7}{8} \cdot 4$ g) $4\frac{1}{6} \cdot 4$ k) $3\frac{1}{6} \cdot 6$

d) $1\frac{9}{10} \cdot 6$ h) $1\frac{7}{8} \cdot 8$ l) $4\frac{1}{9} \cdot 9$

13 Berechne. Kürze, falls möglich, vor dem Multiplizieren.

a) $3\frac{1}{6} \cdot \frac{1}{2}$ e) $\frac{2}{3} \cdot 1\frac{1}{3}$ i) $2\frac{1}{7} \cdot \frac{1}{7}$

b) $5\frac{1}{7} \cdot \frac{2}{3}$ f) $\frac{4}{5} \cdot 2\frac{1}{3}$ j) $3\frac{1}{8} \cdot \frac{1}{8}$

c) $8\frac{1}{9} \cdot \frac{4}{5}$ g) $\frac{7}{8} \cdot 3\frac{1}{3}$ k) $4\frac{1}{9} \cdot \frac{1}{9}$

d) $4\frac{2}{5} \cdot \frac{3}{8}$ h) $\frac{4}{9} \cdot 4\frac{2}{7}$ l) $5\frac{3}{4} \cdot \frac{6}{7}$

▶**14** Berechne.

a) $2\frac{1}{2} \cdot 3\frac{1}{4}$ f) $7\frac{2}{3} \cdot 4\frac{1}{5}$ k) $4\frac{1}{3} \cdot 4\frac{1}{4}$

b) $3\frac{2}{5} \cdot 4\frac{1}{6}$ g) $8\frac{1}{2} \cdot 9\frac{1}{3}$ l) $5\frac{2}{7} \cdot 3\frac{1}{3}$

c) $4\frac{1}{7} \cdot 5\frac{1}{8}$ h) $3\frac{3}{4} \cdot 3\frac{3}{5}$ m) $1\frac{3}{8} \cdot 2\frac{2}{5}$

d) $5\frac{2}{3} \cdot 2\frac{3}{4}$ i) $6\frac{2}{5} \cdot 2\frac{5}{8}$ n) $9\frac{1}{2} \cdot 3\frac{4}{5}$

e) $4\frac{5}{6} \cdot 2\frac{4}{5}$ j) $5\frac{3}{8} \cdot 3\frac{4}{7}$ o) $8\frac{2}{9} \cdot 7\frac{3}{7}$

▶**15** Berechne.

a) $4\frac{2}{5} \cdot 5\frac{1}{6}$ c) $3\frac{1}{3} \cdot 2\frac{7}{10}$ e) $6\frac{1}{2} \cdot 1\frac{3}{7}$

b) $6\frac{7}{8} \cdot 3\frac{3}{4}$ d) $2\frac{2}{5} \cdot 1\frac{3}{7}$ f) $9\frac{3}{11} \cdot 1\frac{7}{51}$

94 Rechenregeln bei Brüchen

Das Kommutativgesetz und das Assoziativgesetz gelten für die Multiplikation von natürlichen Zahlen. Ebenso gilt dort das Distributivgesetz. Wir überprüfen, ob diese Gesetze auch für die Multiplikation von Brüchen gelten.

1. Kommutativgesetz (Vertauschungsgesetz)

$\frac{3}{4} \cdot \frac{2}{5} = \frac{3 \cdot 2}{4 \cdot 5}$

$= \frac{2 \cdot 3}{5 \cdot 4}$

$= \frac{2}{5} \cdot \frac{3}{4}$

Die Faktoren im Zähler und Nenner dürfen nach dem Kommutativgesetz für natürliche Zahlen vertauscht werden.

Für die Multiplikation von Brüchen gilt das Kommutativgesetz (Vertauschungsgesetz).

2. Assoziativgesetz (Verbindungsgesetz)

$(\frac{2}{3} \cdot \frac{4}{5}) \cdot \frac{3}{4} = \frac{(2 \cdot 4) \cdot 3}{(3 \cdot 5) \cdot 4}$

$= \frac{2 \cdot (4 \cdot 3)}{3 \cdot (5 \cdot 4)}$

$= \frac{2}{3} \cdot (\frac{4}{5} \cdot \frac{3}{4})$

Je zwei Faktoren dürfen im Zähler und Nenner nach dem Assoziativgesetz für natürliche Zahlen in Klammern geschrieben werden.

Für die Multiplikation von Brüchen gilt das Assoziativgesetz (Verbindungsgesetz).

3. Distributivgesetz (Verteilungsgesetz)

Auf dieselbe Weise wie oben lässt sich für Brüche auch das Distributivgesetz aufzeigen.

Es gilt: $(a + b) \cdot c = a \cdot c + b \cdot c$, aber auch $a \cdot (b + c) = a \cdot b + a \cdot c$

Übungen

1 Rechne vorteilhaft.
a) $\frac{3}{7} \cdot \frac{2}{4} \cdot \frac{5}{9}$
b) $\frac{4}{5} \cdot \frac{8}{3} \cdot \frac{6}{5}$
c) $\frac{6}{7} \cdot \frac{5}{6} \cdot \frac{5}{9}$
d) $\frac{7}{2} \cdot \frac{1}{4} \cdot \frac{2}{5}$
e) $1\frac{3}{4} \cdot \frac{3}{7} \cdot 2\frac{1}{2}$
f) $2\frac{2}{5} \cdot \frac{9}{14} \cdot 3\frac{1}{3}$
g) $2\frac{3}{7} \cdot 2\frac{2}{9} \cdot \frac{3}{7}$
h) $1\frac{1}{9} \cdot \frac{1}{2} \cdot 5\frac{1}{4}$
i) $1\frac{5}{8} \cdot 1\frac{2}{13} \cdot 1\frac{3}{5}$

2 Berechne das Produkt wie im Beispiel.

Beispiel: $\frac{2}{5} \cdot 3\frac{1}{2} = \frac{2}{5} \cdot (3 + \frac{1}{2})$

$\frac{2}{5} \cdot 3\frac{1}{2} = \frac{2 \cdot 3}{5} + \frac{2 \cdot 1}{5 \cdot 2} = \frac{6}{5} + \frac{1}{5} = \frac{7}{5} = 1\frac{2}{5}$

a) $4 \cdot 2\frac{1}{3}$
b) $7 \cdot 3\frac{2}{5}$
c) $5 \cdot 4\frac{1}{6}$
d) $2 \cdot 8\frac{3}{7}$
e) $6 \cdot 5\frac{4}{5}$
f) $3\frac{1}{3} \cdot 6$
g) $4\frac{5}{6} \cdot 12$
h) $5\frac{1}{2} \cdot 6$
i) $11\frac{1}{4} \cdot 2$
j) $13\frac{2}{3} \cdot 4$
k) $\frac{5}{8} \cdot 2\frac{2}{5}$
l) $\frac{2}{7} \cdot 3\frac{1}{2}$
m) $\frac{4}{5} \cdot 5\frac{3}{4}$
n) $3\frac{5}{7} \cdot \frac{1}{9}$
o) $6\frac{3}{8} \cdot \frac{5}{6}$

3 Rechne vorteilhaft.
a) $(\frac{2}{3} + \frac{3}{4}) \cdot \frac{5}{6}$
b) $(\frac{7}{8} - \frac{2}{3}) \cdot 5$
c) $\frac{9}{11} \cdot (\frac{11}{12} + \frac{1}{11})$
d) $\frac{3}{5} \cdot (\frac{5}{3} + \frac{1}{9})$
e) $(\frac{7}{8} - \frac{3}{14}) \cdot \frac{8}{7}$
f) $\frac{3}{4} \cdot \frac{2}{3} + \frac{1}{4} \cdot \frac{2}{3}$
g) $\frac{5}{7} \cdot \frac{1}{2} + \frac{3}{7} \cdot \frac{1}{2}$
h) $\frac{7}{12} \cdot \frac{3}{4} - \frac{7}{12} \cdot \frac{1}{3}$
i) $\frac{9}{10} \cdot \frac{5}{6} - \frac{3}{4} \cdot \frac{5}{6}$
j) $\frac{1}{8} \cdot (\frac{7}{8} + \frac{1}{3})$
k) $\frac{5}{6} + \frac{2}{3} \cdot \frac{3}{4}$
l) $\frac{3}{4} - \frac{1}{5} \cdot \frac{3}{4}$

4 Wo steckt der Fehler?
a) $(3\frac{1}{6} - \frac{1}{2}) \cdot 6 = 3\frac{1}{6} \cdot 6 - \frac{1}{2} = 18\frac{1}{2}$
b) $\frac{1}{3} + \frac{1}{4} \cdot \frac{1}{2} = \frac{4}{12} + \frac{3}{12} \cdot \frac{1}{2} = \frac{7}{12} \cdot \frac{1}{2} = \frac{7}{24}$
c) $\frac{1}{3} \cdot \frac{3}{5} + \frac{3}{5} \cdot \frac{1}{2} = \frac{1}{4} + \frac{3}{10} = \frac{4}{14} = \frac{2}{7}$
d) $\frac{1}{2} \cdot (\frac{1}{7} - \frac{1}{21}) = \frac{1}{2} \cdot \frac{3}{21} - \frac{2}{42} = \frac{3}{42} - \frac{2}{42} = \frac{1}{42}$
e) $\frac{1}{2} \cdot (\frac{1}{3} + \frac{1}{4}) = \frac{1}{2} \cdot \frac{1}{3} + \frac{1}{2} \cdot \frac{1}{4} = \frac{2}{6} + \frac{2}{8} = \frac{4}{12} + \frac{3}{12} = \frac{7}{12}$

5 Berechne.
a) $(\frac{3}{4} + \frac{1}{6}) \cdot \frac{2}{7}$
b) $(\frac{1}{2} + \frac{3}{4}) \cdot \frac{1}{6}$
c) $(\frac{2}{5} + \frac{1}{4}) \cdot \frac{5}{6}$
d) $(\frac{3}{8} + \frac{1}{2}) \cdot \frac{3}{4}$
e) $(\frac{3}{8} + \frac{3}{4}) \cdot \frac{1}{2}$
f) $(\frac{1}{5} + \frac{1}{2}) \cdot \frac{3}{4}$
g) $(\frac{1}{2} - \frac{3}{8}) \cdot \frac{3}{4}$
h) $(\frac{3}{4} - \frac{1}{2}) \cdot \frac{3}{8}$
i) $(\frac{5}{16} + \frac{3}{8}) \cdot \frac{2}{3}$
▶j) $\frac{2}{7} \cdot (\frac{4}{5} + \frac{3}{5}) \cdot \frac{4}{7}$
▶k) $(5\frac{1}{7} + 2\frac{1}{8}) \cdot \frac{3}{5}$
▶l) $(2\frac{2}{3} + \frac{1}{6}) \cdot \frac{6}{17}$
▶m) $(1\frac{3}{4} + \frac{4}{7}) \cdot \frac{2}{3}$
▶n) $(1\frac{1}{7} + \frac{2}{9}) \cdot \frac{7}{8}$
▶o) $(5\frac{5}{8} + \frac{3}{7}) \cdot 2\frac{2}{3}$

▶**6** Berechne.
a) $(\frac{1}{2} + \frac{3}{4}) \cdot 8$
b) $(\frac{4}{5} + 7\frac{1}{2}) \cdot 4$
c) $(2\frac{5}{6} - 1\frac{1}{3}) \cdot 12$
d) $(15 - 9\frac{3}{8}) \cdot 9$
e) $(5\frac{2}{5} + \frac{3}{10}) \cdot 7$
f) $(6\frac{9}{10} - 3\frac{3}{4}) \cdot 7$
g) $(8 + 4\frac{4}{7}) \cdot \frac{3}{11}$
h) $(13 - \frac{1}{2}) \cdot 2\frac{1}{2}$

▶**7** Berechne.
a) $(3\frac{3}{5} + 4\frac{1}{2}) \cdot 1\frac{7}{9}$
b) $(12\frac{5}{6} + 3\frac{1}{2}) \cdot 2\frac{5}{14}$
c) $(5\frac{3}{4} - 2\frac{2}{5}) \cdot 6\frac{2}{3}$
d) $3\frac{1}{3} \cdot (8\frac{3}{5} - 5\frac{11}{15})$
e) $(6\frac{1}{4} + 3\frac{3}{4}) \cdot (6\frac{1}{4} - 3\frac{3}{4})$
f) $(3\frac{1}{2} + 1\frac{3}{5}) \cdot (4\frac{5}{6} - 2\frac{2}{5})$

Division: Natürliche Zahl durch Bruch

Der Divisor wird immer halbiert

Die Regel für die Division lässt sich an einer „Reihe" gut ableiten.

① $16 : 8 = 2$ Das Ergebnis 2 ist $\frac{1}{8}$ von 16. $16 \cdot \frac{1}{8} = 2$

② $16 : 4 = 4$ Das Ergebnis 4 ist $\frac{1}{4}$ von 16. $16 \cdot \frac{1}{4} = 4$

③ $16 : 2 = 8$ Das Ergebnis 8 ist $\frac{1}{2}$ von 16. $16 \cdot \frac{1}{2} = 8$

④ $16 : 1 = 16$ Das Ergebnis 16 ist das Einfache von 16. $16 \cdot 1 = 16$

⑤ $16 : \frac{1}{2} = 32$ Das Ergebnis 32 ist das Doppelte von 16. $16 \cdot 2 = 32$

⑥ $16 : \frac{1}{4} = 64$ Das Ergebnis 64 ist das Vierfache von 16. $16 \cdot 4 = 64$

Jede natürliche Zahl kann als Bruch geschrieben werden.   Zum Beispiel: $8 = \frac{8}{1}$; $4 = \frac{4}{1}$; $2 = \frac{2}{1}$
Damit ergibt sich für die erste Zeile: $16 : \frac{8}{1} = 2$, aber auch $16 \cdot \frac{1}{8} = 2$

Es kommen Brüche vor, bei denen Zähler und Nenner vertauscht sind. $\frac{1}{8}$ ist der **Kehrwert** von $\frac{8}{1}$.

Für die sechste Zeile ergibt sich: $16 : \frac{1}{4} = 64$, aber auch $16 \cdot \frac{4}{1} = 64$

Die Division durch einen Bruch führt offensichtlich zum gleichen Ergebnis wie die Multiplikation mit dem Kehrwert.

Wir überprüfen dies an einer zweiten „Reihe", bei der der Divisor nacheinander gedrittelt wird.

① $18 : 18 = 1$ $18 \cdot \frac{1}{18} = 1$

② $18 : 6 = 3$ $18 \cdot \frac{1}{6} = 3$

③ $18 : 2 = 9$ $18 \cdot \frac{1}{2} = 9$

④ $18 : \frac{2}{3} = 27$ $18 \cdot \frac{3}{2} = 27$

⑤ $18 : \frac{2}{9} = 81$ $18 \cdot \frac{9}{2} = 81$

> Durch einen Bruch wird dividiert, indem mit dem **Kehrwert** multipliziert wird.
> Der Kehrwert eines Bruchs wird gebildet, indem die Zahlen im Zähler und im Nenner getauscht werden.

Beispiele

1. Berechne $7 : \frac{3}{4}$.

$7 : \frac{3}{4} = 7 \cdot \frac{4}{3} = \frac{28}{3} = 9\frac{1}{3}$

    mit dem Kehrwert multiplizieren

2. Berechne $7 : \frac{1}{5}$.

$7 : \frac{1}{5} = 7 \cdot \frac{5}{1} = 35$

    mit dem Kehrwert multiplizieren

Übungen

1 Bilde den Kehrwert der folgenden Zahlen.

a) $\frac{3}{4}$ c) $\frac{1}{5}$ e) $\frac{7}{4}$ g) 4 i) $\frac{15}{67}$ k) 81
b) $\frac{8}{9}$ d) $\frac{3}{2}$ f) $\frac{1}{10}$ h) $\frac{1}{1000}$ j) 7 l) $\frac{5}{64}$

2 Berechne.

a) $5 : \frac{1}{2}$ d) $5 : \frac{5}{6}$ g) $9 : \frac{5}{8}$
b) $4 : \frac{1}{3}$ e) $4 : \frac{4}{7}$ h) $7 : \frac{3}{4}$
c) $3 : \frac{4}{5}$ f) $3 : \frac{2}{5}$ i) $2 : \frac{5}{9}$

3 Berechne.

a) $6 : \frac{2}{5}$ d) $36 : \frac{3}{4}$ g) $35 : \frac{5}{7}$
b) $60 : \frac{2}{5}$ e) $18 : \frac{3}{4}$ h) $70 : \frac{5}{7}$
c) $600 : \frac{2}{5}$ f) $9 : \frac{3}{4}$ i) $105 : \frac{5}{7}$

4 Übertrage die Tabelle in dein Heft. Rechne im Kopf und fülle die Tabelle aus.

Beispiel: $5 : \frac{1}{2} = 5 \cdot 2 = 10$

:	$\frac{1}{2}$	$\frac{1}{3}$	$\frac{1}{4}$	$\frac{1}{5}$	$\frac{1}{6}$	$\frac{1}{7}$	$\frac{1}{8}$	$\frac{1}{9}$
5	10							
6								
7								
12								
15								
80								

5 Berechne.

a) $350\,\text{m} : \frac{2}{5}$ d) $125\,\text{kg} : \frac{5}{8}$ g) $660\,\text{g} : \frac{4}{7}$
b) $350\,\text{m} : \frac{2}{6}$ e) $125\,\text{kg} : \frac{5}{7}$ h) $660\,\text{g} : \frac{5}{7}$
c) $350\,\text{m} : \frac{2}{7}$ f) $125\,\text{kg} : \frac{5}{6}$ i) $660\,\text{g} : \frac{6}{7}$

6 In einer Mosterei sollen 2700 Liter Traubensaft in $\frac{3}{4}$-Liter-Flaschen abgefüllt werden. Wie viele Flaschen können gefüllt werden?

7 Ein Zierband hat 13 m Länge.
a) Es sollen immer $\frac{1}{4}$ m lange Bänder abgeschnitten werden. Wie viele Bänder ergibt das?
b) Wie viele Bänder können aus dem Zierband geschnitten werden, wenn jedes Band $\frac{3}{4}$ m lang sein soll?
c) Bleibt beim Schneiden von $\frac{3}{4}$ m langen Bändern ein Rest?

8 Ein Abwasserkanal von 9 m Länge soll mit $\frac{3}{4}$ m langen Tonrohren gebaut werden.

Wie viele Rohre sind erforderlich?

9 Berechne.

a) $400 : \frac{3}{6}$ d) $124 : \frac{4}{6}$ g) $804 : \frac{8}{10}$
b) $560 : \frac{5}{15}$ e) $312 : \frac{2}{3}$ h) $405 : \frac{1}{7}$
c) $728 : \frac{2}{8}$ f) $901 : \frac{4}{12}$ i) $120 : \frac{6}{8}$

6 Berechne die Anzahl der benötigten Flaschen. Übertrage die Tabellen.

Beispiel: $315 : \frac{3}{4} = 315 \cdot \frac{4}{3} = \frac{1260}{3} = 420$

a)
Abfüllung in Liter	300	375	450	525	600	675
$\frac{3}{4}$-l-Flaschen	400					

b)
Abfüllung in Liter	315	360	420	480	585	720
$1\frac{1}{2}$-l-Flaschen	210					

11 Herr Ludwig ist mit seinem Rennrad eine Strecke von 52 km in $1\frac{1}{2}$ Stunden gefahren. Wie viel Kilometer ist er (im Durchschnitt) in einer Stunde gefahren?

▶**12** Ersetze x.

Beispiel: $x : \frac{1}{2} = 18$ $x \cdot \frac{2}{1} = 18$ $9 \cdot \frac{2}{1} = 18$

a) $x : \frac{1}{3} = 27$ c) $x : \frac{1}{7} = 42$ e) $x : \frac{1}{8} = 40$
b) $x : \frac{1}{6} = 30$ d) $x : \frac{1}{5} = 25$ f) $x : \frac{1}{9} = 45$

13 Vergleiche.

a) $14 : \frac{3}{4}$ und $14 : \frac{4}{3}$ c) $24 : \frac{3}{5}$ und $24 : \frac{5}{3}$
b) $18 : \frac{5}{6}$ und $18 : \frac{6}{5}$ d) $10 : \frac{7}{8}$ und $10 : \frac{8}{7}$

Division: Bruch durch Bruch

Tanja hat ihre Freundinnen eingeladen. In einer Glaskanne sind 0,8 Liter Orangensaft. Das sind $\frac{8}{10}$ Liter Saft.
Tanja füllt damit vier Gläser genau bis zur Eichmarke 0,2 Liter, das ist $\frac{1}{5}$ Liter.

Wir überprüfen, ob auch hier die Regel für die Division angewendet werden kann.

$\frac{8}{10}$ Liter Saft werden auf $\frac{1}{5}$-Liter-Gläser aufgeteilt. Vier Gläser werden so gefüllt.

Es gilt: $\quad \frac{8}{10} : \frac{1}{5} = 4$

Wir rechnen: $\frac{8}{10} \cdot \frac{5}{1} = \frac{8 \cdot 5}{10 \cdot 1} = \frac{8 \cdot 1}{2 \cdot 1} = \frac{8}{2} = 4$

Die Rechnung mit der bekannten Regel führt zu dem gleichen Ergebnis.

1 Vervollständige im Heft die „Reihe". Kontrolliere mit der Gegenrechnung.

a)
	Probe
$\frac{1}{3} : 4 = \frac{1}{12}$	$\frac{1}{12} \cdot 4 = \frac{1}{3}$
$\frac{1}{3} : 2 = \frac{1}{6}$	$\frac{1}{6} \cdot 2 = \frac{1}{3}$
$\frac{1}{3} : 1 = \frac{1}{3}$	$\frac{1}{3} \cdot 1 = \frac{1}{3}$
$\frac{1}{3} : \frac{1}{2} = \frac{2}{3}$	$\frac{2}{3} \cdot \frac{1}{2} = \frac{1}{3}$
$\frac{1}{3} \cdot \frac{1}{4} = $ ▨	▨ $\cdot \frac{1}{4} = \frac{1}{3}$
$\frac{1}{3} \cdot \frac{1}{8} = $ ▨	▨ $\cdot \frac{1}{8} = \frac{1}{3}$

b)
	Probe
$\frac{9}{10} : 9 = \frac{1}{10}$	$\frac{1}{10} \cdot 9 = \frac{9}{10}$
$\frac{9}{10} : 3 = \frac{3}{10}$	$\frac{3}{10} \cdot 3 = \frac{9}{10}$
$\frac{9}{10} : 1 = \frac{9}{10}$	$\frac{9}{10} \cdot 1 = \frac{9}{10}$
$\frac{9}{10} : \frac{1}{3} = $ ▨	▨ $\cdot \frac{1}{3} = \frac{9}{10}$
$\frac{9}{10} : \frac{1}{9} = $ ▨	▨ $\cdot \frac{1}{9} = \frac{9}{10}$
$\frac{9}{10} : \frac{1}{27} = $ ▨	▨ $\cdot \frac{1}{27} = \frac{9}{10}$

c)
	Probe
$\frac{1}{2} : 4 = \frac{1}{8}$	$\frac{1}{8} \cdot 4 = \frac{1}{2}$
$\frac{1}{2} : 1 = \frac{1}{2}$	$\frac{1}{2} \cdot 1 = \frac{1}{2}$
$\frac{1}{2} : \frac{1}{4} = 2$	$2 \cdot \frac{1}{4} = \frac{1}{2}$
$\frac{1}{2} : \frac{1}{16} = $ ▨	▨ $\cdot$ ▨ $= \frac{1}{2}$
$\frac{1}{2} : \frac{1}{64} = $ ▨	▨ $\cdot$ ▨ $= \frac{1}{2}$
$\frac{1}{2} : \frac{1}{256} = $ ▨	▨ $\cdot$ ▨ $= \frac{1}{2}$

> Durch einen Bruch wird dividiert, indem mit dem **Kehrwert** multipliziert wird.

Beispiele

1. Berechne $\frac{7}{9} : \frac{2}{5}$.

$\frac{7}{9} : \frac{2}{5} = \frac{7}{9} \cdot \frac{5}{2} = \frac{35}{18} = 1\frac{17}{18}$

mit dem Kehrwert multiplizieren

2. Berechne $2\frac{1}{4} : \frac{3}{5}$.

$2\frac{1}{4} : \frac{3}{5} = \frac{9}{4} \cdot \frac{5}{3} = \frac{9 \cdot 5}{4 \cdot 3} = \frac{3 \cdot 5}{4 \cdot 1} = \frac{15}{4} = 3\frac{3}{4}$

mit dem Kehrwert multiplizieren

gemischte Zahlen zuerst in einen Bruch umwandeln
bei der Rechnung: erst den Kehrwert bilden,
dann kürzen,
dann multiplizieren

3. Berechne $\frac{2}{9} : 0$.

nicht lösbar

Durch 0 darf nicht geteilt werden.

Übungen

2 Berechne.

a) $\frac{1}{2} : \frac{1}{3}$ c) $\frac{1}{5} : \frac{2}{7}$ e) $\frac{7}{11} : \frac{2}{5}$ g) $\frac{7}{13} : \frac{5}{12}$

b) $\frac{2}{3} : \frac{5}{7}$ d) $\frac{4}{9} : \frac{1}{5}$ f) $\frac{9}{7} : \frac{2}{3}$ h) $\frac{13}{15} : \frac{11}{7}$

3 Berechne. Kürze vor dem Multiplizieren.

a) $\frac{1}{2} : \frac{1}{4}$ c) $\frac{3}{10} : \frac{2}{5}$ e) $\frac{4}{9} : \frac{2}{7}$ g) $\frac{7}{144} : \frac{11}{12}$

b) $\frac{2}{3} : \frac{5}{6}$ d) $\frac{3}{4} : \frac{1}{2}$ f) $\frac{8}{11} : \frac{4}{9}$ h) $\frac{9}{55} : \frac{4}{5}$

4 Dividiere. Kürze vor dem Multiplizieren.

a) $\frac{3}{5} : \frac{3}{10}$ c) $\frac{5}{6} : \frac{10}{3}$ e) $\frac{6}{11} : \frac{9}{22}$ g) $\frac{13}{72} : \frac{26}{33}$

b) $\frac{2}{3} : \frac{4}{9}$ d) $\frac{3}{8} : \frac{27}{14}$ f) $\frac{8}{121} : \frac{16}{11}$ h) $\frac{5}{28} : \frac{15}{34}$

5 Dividiere. Kürze gleich, wenn es möglich ist und dabei so weit wie möglich.

a) $\frac{3}{5} : \frac{1}{3}$ d) $\frac{6}{5} : \frac{3}{10}$ g) $\frac{3}{8} : \frac{12}{5}$ j) $\frac{17}{95} : \frac{51}{19}$

b) $\frac{3}{7} : \frac{5}{21}$ e) $\frac{6}{7} : \frac{1}{3}$ h) $\frac{5}{9} : \frac{9}{5}$ k) $\frac{16}{225} : \frac{256}{15}$

c) $\frac{2}{3} : \frac{1}{4}$ f) $\frac{6}{12} : \frac{1}{3}$ i) $\frac{10}{27} : \frac{5}{81}$ l) $\frac{5}{9} : \frac{5}{9}$

6 Berechne.

a) $\frac{3}{4} : 5$ c) $6 : \frac{2}{9}$ e) $\frac{2}{3} : 1\frac{5}{6}$

b) $\frac{5}{6} : 10$ d) $\frac{1}{2} : 2\frac{1}{4}$ f) $7\frac{1}{2} : \frac{2}{3}$

7 Berechne.

a) $1\frac{2}{7} : 1\frac{1}{3}$ e) $2\frac{1}{10} : 1\frac{2}{5}$ i) $5\frac{1}{2} : 6\frac{1}{7}$

b) $1\frac{2}{7} : \frac{3}{4}$ f) $7\frac{1}{14} : 4\frac{15}{21}$ j) $7\frac{1}{7} : 1\frac{11}{14}$

c) $1\frac{2}{7} : \frac{2}{7}$ g) $6\frac{1}{2} : 2\frac{1}{6}$ k) $1\frac{5}{9} : 1\frac{3}{14}$

d) $3\frac{7}{9} : 5\frac{2}{7}$ h) $4\frac{1}{2} : 1\frac{1}{2}$ l) $2\frac{5}{6} : 1\frac{3}{4}$

▶ **8** Ersetze x.

Beispiel: $\frac{1}{x} : \frac{3}{4} = \frac{4}{12}$; $\frac{1 \cdot 4}{x \cdot 3} = \frac{4}{12}$; $\frac{1 \cdot 4}{4 \cdot 3} = \frac{4}{12}$; $x = 4$

a) $\frac{1}{x} : \frac{3}{5} = \frac{5}{12}$ c) $\frac{1}{x} : \frac{8}{9} = \frac{9}{16}$ e) $\frac{3}{x} : \frac{6}{7} = \frac{21}{30}$

b) $\frac{1}{x} : \frac{6}{7} = \frac{7}{12}$ d) $\frac{2}{x} : \frac{5}{6} = \frac{12}{15}$ f) $\frac{4}{x} : \frac{7}{8} = \frac{32}{35}$

▶ **9** Rechne schrittweise und vergleiche.

Beispiel: $12 : (\frac{3}{4} : \frac{2}{3}) = 12 : (\frac{3}{4} \cdot \frac{3}{2}) = 12 : \frac{9}{8}$
$12 \cdot \frac{8}{9} = \frac{12 \cdot 8}{9} = \frac{4 \cdot 8}{3} = \frac{32}{3} = 10\frac{2}{3}$

a) $14 : (\frac{1}{12} : \frac{3}{4})$ und $(14 : \frac{1}{2}) : \frac{3}{4}$

b) $18 : (\frac{2}{3} : \frac{2}{5})$ und $(18 : \frac{2}{3}) : \frac{2}{5}$

c) $24 : (\frac{5}{6} : \frac{3}{8})$ und $(24 : \frac{5}{6}) : \frac{3}{8}$

10 Ein Heimwerkermarkt bietet Fußleisten mit $2\frac{2}{5}$ m und $2\frac{7}{10}$ m Länge an. Welche Leisten sollte Frau Schorn kaufen, wenn sie für den Flur 12 m und für ein Zimmer 16,2 m Fußleisten braucht, und wie viele Leisten muss sie dann von dieser Sorte kaufen? (Verschnitt wird nicht berücksichtigt!)

11 Herr Renn hat $13\frac{1}{2}$ Liter Apfelsaft und $4\frac{1}{5}$ Liter Kirschsaft hergestellt. Er will den Apfelsaft in $\frac{3}{4}$-l-Flaschen und den Kirschsaft in $\frac{7}{10}$-l-Flaschen abfüllen. Wie viele Flaschen sind jeweils nötig?

12 Wie viele Gefäße können jeweils mit dem Inhalt einer 1-l-Flasche gefüllt werden?

$\frac{1}{8}$ l $\frac{2}{10}$ l $\frac{1}{4}$ l
Stielglas Saftglas Milchbecher

▶ **13** Den Quotienten aus zwei Brüchen kann man auch als **Doppelbruch** schreiben.

Beispiel: $\dfrac{\frac{3}{4}}{\frac{5}{6}} = \frac{3}{4} : \frac{5}{6}$

Schreibe die Doppelbrüche als Quotient und berechne sie.

a) $\dfrac{\frac{7}{8}}{\frac{5}{9}}$ c) $\dfrac{\frac{7}{36}}{\frac{17}{18}}$ e) $\dfrac{\frac{210}{11}}{\frac{4}{4}}$ g) $\dfrac{3\frac{1}{5}}{6\frac{1}{2}}$

b) $\dfrac{\frac{5}{9}}{\frac{9}{5}}$ d) $\dfrac{\frac{99}{100}}{\frac{297}{1000}}$ f) $\dfrac{\frac{523}{10}}{\frac{1046}{13}}$ h) $\dfrac{\frac{7}{10}}{\frac{17}{100}}$

▶ **14** Berechne.

Beispiel: $\dfrac{\frac{3}{4} + \frac{1}{2}}{\frac{2}{3}} = \left(\frac{3}{4} + \frac{1}{2}\right) : \frac{2}{3} = 1\frac{7}{8}$

a) $\dfrac{\frac{2}{3} + \frac{4}{5}}{\frac{11}{15}}$ c) $\dfrac{\frac{5}{9}}{\frac{7}{18} + \frac{5}{9}}$ e) $\dfrac{\frac{3}{8} + \frac{5}{9}}{\frac{23}{18} - \frac{5}{6}}$

b) $\dfrac{\frac{1}{3} + \frac{5}{6}}{\frac{1}{3}}$ d) $\dfrac{5 - \frac{7}{8}}{20}$ f) $\dfrac{5}{2} - \dfrac{\frac{1}{4}}{\frac{1}{3} + \frac{2}{5}}$

Vermischte Übungen

1 Multipliziere.

a) $\frac{1}{3} \cdot \frac{1}{5}$ d) $\frac{2}{3} \cdot \frac{4}{5}$ g) $\frac{1}{2} \cdot \frac{6}{7}$
b) $\frac{1}{2} \cdot \frac{1}{4}$ e) $\frac{4}{5} \cdot \frac{8}{9}$ h) $\frac{9}{10} \cdot \frac{2}{5}$
c) $\frac{1}{5} \cdot \frac{1}{8}$ f) $\frac{3}{8} \cdot \frac{3}{5}$ i) $\frac{7}{8} \cdot \frac{6}{14}$

2 Berechne das Produkt. Kürze, falls möglich.

a) $\frac{2}{9} \cdot \frac{1}{5}$ e) $\frac{2}{3} \cdot \frac{3}{5}$ i) $\frac{5}{18} \cdot \frac{9}{10}$
b) $\frac{3}{7} \cdot \frac{8}{5}$ f) $\frac{11}{24} \cdot \frac{6}{13}$ j) $\frac{14}{15} \cdot \frac{21}{28}$
c) $\frac{3}{4} \cdot \frac{7}{8}$ g) $\frac{15}{16} \cdot \frac{32}{60}$ k) $\frac{25}{28} \cdot \frac{49}{50}$
d) $\frac{2}{5} \cdot \frac{1}{6}$ h) $\frac{12}{17} \cdot \frac{3}{9}$ l) $\frac{69}{70} \cdot \frac{35}{39}$

3 Dividiere.

a) $1 : \frac{1}{4}$ d) $5 : \frac{7}{10}$ g) $2 : 2\frac{1}{3}$
b) $2 : \frac{1}{3}$ e) $10 : \frac{7}{9}$ h) $6 : 6\frac{1}{4}$
c) $4 : \frac{5}{6}$ f) $13 : \frac{4}{5}$ i) $10 : 8\frac{3}{4}$

4 Berechne.

a) $\frac{4}{5} : 2$ d) $\frac{19}{20} : 19$ g) $\frac{6}{14} : 10$
b) $\frac{3}{7} : 3$ e) $\frac{4}{15} : 9$ h) $\frac{3}{2} : 9$
c) $\frac{21}{40} : 7$ f) $\frac{5}{12} : 7$ i) $\frac{15}{16} : 27$

5 Berechne.

a) $\frac{1}{3} : \frac{1}{6}$ d) $\frac{4}{9} : \frac{5}{18}$ g) $1\frac{2}{5} : \frac{3}{10}$
b) $\frac{1}{2} : \frac{1}{4}$ e) $\frac{4}{15} : \frac{7}{10}$ h) $2\frac{1}{2} : 1\frac{1}{4}$
c) $\frac{3}{4} : \frac{1}{2}$ f) $\frac{2}{5} : \frac{3}{7}$ i) $1\frac{4}{5} : 2\frac{1}{2}$

6 Berechne.

a) $3\frac{1}{2} \cdot \frac{1}{2}$ d) $1\frac{1}{2} \cdot 2\frac{1}{3}$ g) $2\frac{2}{5} \cdot 3\frac{3}{4}$
b) $2\frac{1}{3} \cdot \frac{2}{3}$ e) $4\frac{2}{3} \cdot 2\frac{2}{5}$ h) $3\frac{1}{3} \cdot 2\frac{1}{15}$
c) $3\frac{1}{3} \cdot \frac{1}{2}$ f) $8\frac{1}{5} \cdot 1\frac{2}{3}$ i) $2\frac{7}{8} \cdot 2\frac{2}{3}$

7 Eine Klasse mit 27 Schülerinnen und Schülern besteht zu $\frac{4}{9}$ aus Mädchen. Wie viele Jungen sind in der Klasse?

8 Eine Klassenfahrt kostet 135 €. Ingrid hat bereits $\frac{3}{5}$ des Betrags zusammen. Wie viel Geld fehlt ihr noch, um die Fahrt zu bezahlen?

9 Familie Klein verbraucht täglich etwa $\frac{1}{2}$ kg Brot. Wie viel kg Brot verbraucht die Familie in einer Woche?

10 Eine Schulstunde dauert eine Dreiviertelstunde. Berechne, wie viele Zeitstunden Unterricht erteilt werden
a) bei 4 Schulstunden,
b) bei 6 Schulstunden,
c) bei 5 Schulstunden,
d) bei 8 Schulstunden.

11 Limonade soll an sechs Kinder gerecht verteilt werden. Wie viel Liter erhält jedes Kind?
a) $1\frac{1}{2}$ Liter   b) $2\frac{3}{4}$ Liter

12 Berechne.

a) $1\frac{1}{2} : 1\frac{1}{8}$ c) $\frac{1}{8} : \frac{1}{6}$ e) $3\frac{1}{3} : 2\frac{1}{2}$
b) $1\frac{2}{3} : 1\frac{1}{2}$ d) $\frac{3}{4} : 1\frac{3}{8}$ f) $1\frac{4}{5} : \frac{3}{4}$

13 Berechne.

a) $\frac{9}{25} : \frac{18}{35}$ ▶c) $14\frac{2}{5} : 5\frac{1}{7}$ ▶e) $12\frac{6}{7} : 9\frac{3}{13}$
b) $\frac{27}{32} : \frac{45}{64}$ ▶d) $16\frac{1}{4} : 4\frac{8}{11}$ ▶f) $25\frac{1}{5} : \frac{3}{14}$

14 Durch ein Mikroskop werden mit 250-facher Vergrößerung verschiedene Objekte betrachtet. Berechne die Größe des Bildes.

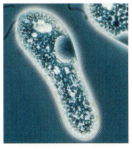

a) *Geißeltierchen* von $\frac{6}{100}$ mm Länge

b) *Spinnmilbe* von $\frac{3}{10}$ mm Größe

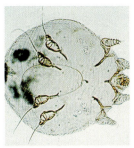

c) *Krätzemilbe* von $\frac{4}{10}$ mm Größe

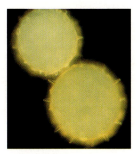

d) *Pollenkorn* von $\frac{9}{10}$ mm Größe

15 Übertrage die Tabelle in dein Heft und ergänze wie im Beispiel.

a)

·	$\frac{4}{9}$	$\frac{6}{7}$	$1\frac{5}{6}$	$4\frac{2}{3}$	$3\frac{1}{2}$
$\frac{3}{8}$	$\frac{1}{6}$				

b)

:	$\frac{4}{21}$	$\frac{12}{13}$	$5\frac{2}{7}$	$8\frac{3}{4}$	$7\frac{7}{8}$
$\frac{8}{9}$	$4\frac{2}{3}$				

c)

·	$2\frac{1}{2}$	$3\frac{3}{5}$	$4\frac{3}{4}$	$9\frac{1}{3}$	$6\frac{4}{7}$
$1\frac{7}{10}$	$4\frac{1}{4}$				

d)

:	$2\frac{3}{4}$	$5\frac{4}{5}$	$3\frac{1}{3}$	$1\frac{9}{10}$	$8\frac{5}{6}$
$3\frac{2}{3}$	$1\frac{1}{8}$				

16 Übertrage die Multiplikationstürme in dein Heft und vervollständige sie.

a)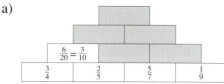

b)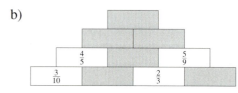

c)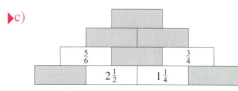

17 Berechne.

a) $4\frac{3}{8} \cdot (6\frac{4}{7} : 30\frac{2}{3})$
b) $(2\frac{4}{7} : 6) : 2\frac{1}{3}$
c) $(6\frac{2}{3} + 3\frac{5}{6} - 3\frac{1}{2}) : 1\frac{1}{3}$
d) $(3\frac{3}{4} + \frac{5}{9} \cdot 5\frac{1}{4}) : 1\frac{1}{9}$
e) $(4\frac{2}{7} \cdot 7\frac{1}{6}) : 28\frac{2}{3}$
f) $(5\frac{2}{5} + 7\frac{3}{10} - 2\frac{1}{2}) : 1\frac{1}{5}$

18 In einem Baumarkt werden Fußbodenleisten von $2\frac{3}{5}$ m Länge angeboten. Um ihre Wohnung mit neuen Fußbodenleisten auszustatten, benötigt Frau Werner insgesamt 34 m Leisten.
a) Wie viele Fußbodenleisten muss Frau Werner im Baumarkt kaufen?
b) Wie lang ist das Reststück?

Info

Für Edelsteine und Perlen gibt es eine besondere Gewichtseinheit. Ihr Gewicht wird in **Karat** angegeben.

Zu Beginn unseres Jahrhunderts wurde international vereinbart, dass 1 Karat dem Gewicht $\frac{1}{5}$ g entspricht.

Der Wert eines Schmuckstücks ist umso größer, je mehr Karat die verwendeten Edelsteine besitzen.

19 Die Diamanten des abgebildeten Ringes haben ein Gesamtgewicht von $\frac{1}{2}$ Karat.
a) Berechne das Gewicht der Diamanten in g.
b) Wie viel Karat besitzt einer der 8 gleichen Diamanten?

20 In dem Anhänger einer Kette wurden 6 Diamanten von $\frac{1}{50}$ Karat und 1 Diamant von $\frac{9}{100}$ Karat verarbeitet.
a) Berechne das Gesamtgewicht der Diamanten in Karat.
b) Berechne das Gewicht der Diamanten in g.

Info

Bei Schmuckstücken wird der darin enthaltene Gold- oder Silberanteil durch einen Stempeleindruck angegeben.

Die Zahl 333 bedeutet, dass $\frac{333}{1000}$ des Ringes aus Gold bestehen.

21 Berechne die Gold- oder Silberanteile folgender Schmuckstücke in g.
a) Goldring von $9\frac{1}{2}$ g mit 585er Stempel
b) Goldring von $12\frac{3}{4}$ g mit 750er Stempel
c) Silberkette von $30\frac{1}{4}$ g mit 835er Stempel
d) Silberohrstecker von 3 g mit 925er Stempel

Mit dem JUMBO nach MIAMI

Flugkapitän Borchers steuerte den Urlaubsflug von Düsseldorf nach Miami in den USA. Sein Flugzeug war eine Boeing 747 (Jumbojet).

Etwa eine Stunde vor dem Start besprach er zusammen mit seinem Copiloten in der Flugdienstberatung den Flugplan. In diesem Flugplanausschnitt kannst du z. B. erkennen, dass die Startzeit auf 10:55 Uhr festgelegt war und die Landung um 20:48 Uhr in Miami erfolgen sollte. Weiter war angegeben, welche Flughöhe festgelegt wurde, welche Lufttemperatur zu erwarten war, mit welcher Geschwindigkeit geflogen werden sollte und wie viel Treibstoff nach der angegebenen Flugzeit verbraucht sein würde.

Flugplan-Ausschnitt für den Flug nach Miami:

LH434/09	09 JAN	B747	10:55	20:48 KMIA
TIME	G/S	FL	TP	FUEL
00	--	--	+07	--
05	455	31000	-54	5118
18	455	31000	-54	8048
40	439	31000	-54	12671
45	452	31000	-54	13807
1:30	415	31000	-54	23247

TIME -- Flugzeit in min
G/S -- Geschwindigkeit in Knoten
FL -- Flughöhe in foot
TP -- Temperatur in °C
FUEL -- Treibstoff in kg

Abflug/Departure

Flug flight	nach to	Zeit time	Flugsteig gate	Abruf call
LH 5382	STUTTGART	9:40	B-6	
LH 1838	ZUERICH	9:55	B-3 ->	●
NB 2394	HELSINKI	10:05	C-4	
LH 984	MUENCHEN	10:15	B-4 ->	●
LH 3887	NEW YORK	10:25	C-9	
BA 931	LON.HEATHROW	10:40	C-6	
LH 434	MIAMI	10:55	C-7 ->	●
PA 678	BERLIN	11:10	C-3	
LH 3026	MADRID	11:15	B-2	
LH 1012	LOS ANGELES	11:25	C-4	

Fünf Minuten nach dem Start sollte die Boeing 747 die Reiseflughöhe von 31000 ft erreicht haben und mit einer Geschwindigkeit von 455 Knoten fliegen. Zum Aufstieg sollten 5118 kg Treibstoff verbraucht werden.

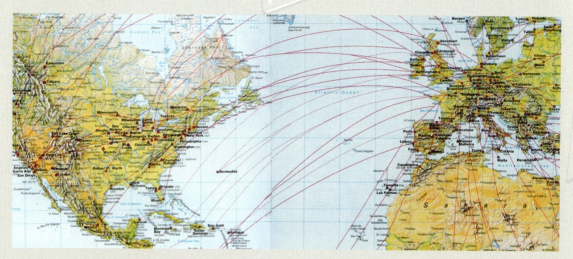

offene Seiten

Weltweit ist die Fliegersprache Englisch und da der Jumbojet ein Flugzeug ist, das in Seattle (USA) gebaut wurde, treten viele Angaben in Maßeinheiten auf, wie sie dort gebraucht werden. „Ladies and gentlemen, your captain speaking from the flight-deck." So beginnt der Kapitän seine Ansage und gibt den Passagieren zunächst Informationen über den Flug in englischer Sprache. Dann wiederholt er diese auf Deutsch und benutzt für Reiseflughöhe, Entfernungen und Geschwindigkeiten unsere Maßeinheiten.

Mit diesen Angaben kannst du die Umrechnungen vornehmen.

1 foot (ft)	= 0,3048 m	planmäßiger Flug Düsseldorf – Miami	135 610 Liter
1 inch (in)	= 0,0254 m	zusätzlicher Treibstoff	21 690 Liter
1 Seemeile (sm)	= 1,852 km	gesamter Treibstoff	157 300 Liter
1 Knoten (kn)	= 1,852 $\frac{km}{h}$		

Das Gewicht von 1 Liter Treibstoff hängt von der Temperatur ab und wird „Fuel Density" genannt. An diesem Tag wog ein Liter Treibstoff 0,820 kg. Demnach hatte 1 kg Treibstoff ein Volumen von etwa 1,220 Liter. Vor dem Start wurde das Flugzeug von einer Mineralölfirma mit Flugbenzin betankt. Flugzeuge tanken immer mehr Treibstoff als sie für den planmäßigen Flug benötigen, denn Warteschleifen vor der Landung, schlechtes Wetter und notfalls der Flug zu einem Ausweichflughafen macht zusätzlichen Treibstoff nötig. Um das Gewicht seines Flugzeugs jederzeit berechnen zu können, benötigt Kapitän Borchers das Gewicht des Treibstoffes in Kilogramm.

Cumulonimbuswolken nennen die Meteorologen die Gewitterwolken. Sie können unerwartet auftreten und reichen oft von 2000 ft bis in eine Höhe von 55000 ft. Der Flugkapitän muss dann vom Flugplan abweichen und diese Wolken umfliegen.

104 Division durch 10, 100, 1000, …

Frau Nakomo ist geschäftlich aus Japan in die Bundesrepublik gekommen. Sie wechselt Yen in €.

Für 1000 Yen erhält sie 10,59 €. Sie kann leicht errechnen, wie viel € sie für 100 Yen, 10 Yen, 1 Yen erhält.

Yen	Euro
1000	10,59
100	1,059 (1,06)
10	0,1059 (0,11)
1	0,01059 (0,01)

:10
:100
:1000

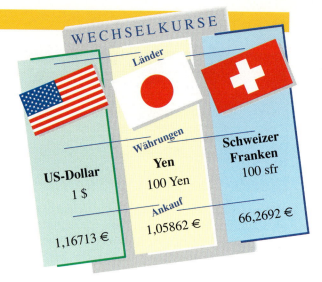

Bei der Division eines Dezimalbruchs durch 10, 100, 1000, … wird das Komma um so viele Stellen nach links verschoben, wie diese Zahl Nullen hat. Fehlende Stellen nach links werden mit Nullen ergänzt.

Beispiele

1. 8421 : 1000 = 8,421
2. 720 : 10 000 = 0,072
3. 2,2 : 1000 = 0,0022
4. 0,5 : 100 = 0,005

Übungen

1 Dividiere die Zahl nacheinander durch 10, 1000 und 10 000.
a) 15
b) 247
c) 135
d) 248,8
e) 23,4
f) 8,94
g) 0,53
h) 60,04

2 Berechne.
a) 321 : 100
b) 5,12 : 100
c) 5,25 : 10
d) 0,47 : 100
e) 725 : 1000
f) 890 : 10 000

3 Berechne.
a) 0,05 : 1000
b) 3,21 : 100
c) 2,305 : 10 000
d) 0,155 : 100
e) 12,2 : 10
f) 0,001 : 100

4 Ein Auto verbraucht auf 100 Kilometer zehn Liter Benzin. Wie viel Liter Benzin verbraucht das Auto auf
a) 250 km,
b) 3260 km,
c) 9420 km,
d) 8888 km,
e) 9000 km,
f) 10 000 km?

5 Eine Metzgerei verpackt Fleischsalat in 100-g-Bechern. In einer Woche werden 123 kg Fleischsalat verkauft. Wie viele Becher Fleischsalat waren das?

6 Berechne die Preise für 100 g der angegebenen Waren.

Division durch natürliche Zahlen

Drei Kinder wollen sich einen Volleyball kaufen, der im Sonderangebot 16,35 € kostet. Jeder soll gleich viel bezahlen.

Zunächst machen wir eine
Überschlagsrechnung: 15 : 3 = 5

Den Quotienten 16,35 : 3 berechnen wir, indem wir den Dezimalbruch als Bruch schreiben und dann dividieren. Das Ergebnis wird wieder als Dezimalbruch geschrieben.

Daraus leiten wir ein verkürztes Verfahren ab, wie die Rechnung vereinfacht durchgeführt wird.

$16{,}35 : 3 = \frac{1635}{100} : 3$
$= \frac{1635 : 3}{100}$
$= \frac{545}{100}$
$= 5{,}45$

Verkürztes Verfahren:

```
16,35  :  3  =  5,45
15
 1 3 ——— Komma setzen
 1 2
   15
   15
    0
```

Am verkürzten Verfahren erkennen wir:

> Ein Dezimalbruch wird wie eine natürliche Zahl dividiert.
> Beim Überschreiten des Kommas wird auch im Ergebnis das Komma gesetzt.

Beispiele

1. 12,248 : 4   Überschlag: 12 : 4 = 3
```
12,248  :  4  =  3,062
12
 0 2 ——— Komma setzen
 0 0
   24
   24
    08
     8
     0
```

2. 2,506 : 7   Überschlag: 2,8 : 7 = 0,4
```
2,506  :  7  =  0,358
0
2 5 ——— Komma setzen
2 1
  40
  35
   56
   56
    0
```

Übungen

1 Rechne im Kopf.
a) 0,8 : 2   e) 3,2 : 8   i) 30 : 4
b) 2,4 : 4   f) 6 : 20   j) 0,64 : 8
c) 20,8 : 4   g) 9 : 2   k) 0,45 : 5
d) 2,5 : 5   h) 3 : 5   l) 1,26 : 6

2 Rechne im Kopf.
a) 4,8 : 8   g) 3,66 : 6
b) 16,8 : 4   h) 6,5 : 5
c) 18,3 : 3   i) 3,9 : 13
d) 12,9 : 3   j) 4,2 : 21
e) 21,7 : 7   k) 18,81 : 9
f) 24,6 : 6   l) 24,24 : 12

3 Berechne den Quotienten. Überschlage vorher das Ergebnis.

Beispiel: 19,5 : 4
Überschlag: 20 : 4 = 5
19,5 : 4 = 4,875

a) 23 : 2   d) 0,7 : 5   g) 22,5 : 18
b) 6 : 8   e) 15,8 : 4   h) 4,14 : 16
c) 19,7 : 8   f) 24 : 25   i) 251 : 250

4 Berechne mit Überschlag.

a) 810,8 : 8   d) 218,25 : 18   g) 255,5 : 28
b) 627,9 : 6   e) 666,6 : 12   h) 401,5 : 44
c) 1184,1 : 15   f) 459,9 : 14   i) 480,7 : 55

5 Dividiere mit Überschlag.

a) 90,36 : 4   e) 0,364 : 7   i) 125,1 : 9
b) 2,421 : 9   f) 0,044 : 8   j) 937,8 : 6
c) 7,50 : 5   g) 9,018 : 9   k) 455,014 : 7
d) 8,82 : 3   h) 4,37 : 5   l) 7,256 : 2

6 Überschlage zunächst, dann rechne genau.

a) 1,176 : 12   e) 37,411 : 11   i) 35,175 : 15
b) 0,78 : 13   f) 125,324 : 19   j) 153,2091 : 17
c) 28,8 : 16   g) 1,32 : 11   k) 41,391 : 21
d) 37,332 : 18   h) 88,14 : 13   l) 126,14 : 14

7 Dividiere.

a) 108,48 : 16   e) 0,315 : 45   i) 82,2204 : 18
b) 761,04 : 14   f) 7,293 : 13   j) 898,742 : 26
c) 1,925 : 25   g) 459,697 : 17   k) 1,705 : 55
d) 17,409 : 21   h) 108,48 : 16   l) 62,399 : 23

8 Berechne.

a) 398,61 : 2   e) 178,83 : 9
b) 7,7 : 8   f) 3781 : 16
c) 25,322 : 16   g) 228,97 : 35
d) 441 : 72   h) 17 580,1 : 200

9 Prüfe ohne auszurechnen, ob die Ergebnisse auf beiden Seiten gleich sind.

a) 41,22 : 9 = 412,2 : 90
b) 1,76 : 11 = 176 : 110
c) 124,2 : 40 = 1,242 : 4
d) 296,8 : 80 = 29,68 : 8
e) 15,12 : 18 = 151,2 : 180
f) 345,1 : 85 = 34,51 : 850

10 Die Kosten für einen Klassenausflug betragen 240,70 €. Wie viel € muss jeder der 29 Schülerinnen und Schüler zahlen? Rechne zur Kontrolle auch in Cent.

11 Ein Stapel von 100 Centstücken ist 13,2 cm hoch.
a) Wie hoch ist der Stapel, wenn nur 10 Centstücke aufeinander gestapelt werden?
b) Wie hoch ist ein Centstück?

12 Ein Monteur erhält für die 85 km lange Fahrt zu einem Kunden eine Fahrtkostenerstattung von 45,05 €. Wie viel € werden für jeden Kilometer erstattet?

13 Bernd hat während der Ferien sein Taschengeld so ausgegeben:
1. Woche: 24,64 €   3. Woche: 28,84 €
2. Woche: 19,95 €   4. Woche: 43,05 €
Wie viel € hat Bernd in den einzelnen Wochen pro Tag ausgegeben?

14 Vierteljährlich wurden 1998 vom Girokonto der Familie Fröhlich umgerechnet 43,33 € Rundfunk- und Fernsehgebühren abgebucht. Berechne die monatlichen Gebühren.

15 Während des Urlaubs in den USA erhielt Herr Schneider bei einer Bank 512,08 Dollar für 600 €. Wie viel Dollar hätte er für 1 € erhalten? Runde den Betrag sinnvoll.

16 Für eine Zwölferkarte im Erlebnisbad bezahlt man 56 €. Wie viel € billiger ist jeder Besuch des Erlebnisbades, wenn man eine Zwölferkarte hat? Der normale Eintritt kostet 5,70 €.

Division durch Dezimalbrüche

Beim Ölwechsel wurden 3,5 Liter Motoröl für 40,39 € eingefüllt.
Wie viel kostet 1 Liter Motoröl?

Aufgabe: 40,39 : 3,5

Wir überlegen, wie wir diese Aufgabe als Division durch eine natürliche Zahl lösen können. Wir betrachten dazu diese Divisionsfolge:

Dividend	Divisor	Quotient
1240 :	40 =	21
124 :	4 =	21
12,4 :	0,4 =	21

Der Quotient bleibt gleich, wenn Dividend **und** Divisor durch dieselbe Stufenzahl geteilt bzw. mit derselben Stufenzahl multipliziert werden.

Bei unserer Aufgabe 40,39 : 3,5 wird aus dem Divisor 3,5 eine natürliche Zahl, wenn wir mit 10 multiplizieren: 3,5 · 10 = 35

Wir multiplizieren also Dividend und Divisor mit 10 und berechnen nach unserem bekannten verfahren den Quotienten.

Ein Liter Motoröl kostet 11,54 €.

Überschlag: 40 : 4 = 10
Rechnung: 40,39 : 3,5

           ·10   ·10

403,9 : 35 = 11,54
35
―――
 53
 35
―――
 18 9   ── Komma setzen
 17 5
―――――
  1 40
  1 40
―――――
     0

Dezimalbrüche werden dividiert, indem
1. Dividend und Divisor so mit 10 oder 100 oder 1000 ... multipliziert werden, dass der Divisor eine natürliche Zahl wird,
2. bei der anschließenden Division beim Überschreiten des Kommas auch im Ergebnis das Komma gesetzt wird.

Beispiele

1. 2,1575 : 0,25

   ·100   ·100

215,75 : 25 = 8,63
200
―――
 15 7
 15 0
―――
    75
    75
―――
     0

2,1575 : 0,25 = 8,63

Der Divisor muss eine natürliche Zahl werden:
0,25 · 100 = 25

Dividend und Divisor werden mit 100 multipliziert.

2. 4,27 : 0,122

   ·1000   ·1000

4270 : 122 = 35
366
―――
610
610
―――
  0

4,27 : 0,122 = 35

Der Divisor muss eine natürliche Zahl werden:
0,122 · 1000 = 122

Dividend und Divisor werden mit 1000 multipliziert. Beim Dividend wird dabei eine Null „aufgefüllt".

Übungen

1 Dividiere.
a) 0,9 : 0,3   e) 3,6 : 0,9   i) 0,04 : 0,005
b) 0,33 : 0,06   f) 8,1 : 0,9   j) 0,33 : 0,006
c) 7,7 : 1,1   g) 10,5 : 1,5   k) 0,27 : 0,009
d) 13,3 : 1,9   h) 1,44 : 1,2   l) 3,28 : 0,08

2 Rechne im Kopf.
a) 18 : 0,6   d) 56 : 0,08   g) 88 : 0,11
b) 1,2 : 0,4   e) 14,4 : 1,2   h) 0,8 : 0,16
c) 4,2 : 0,007   f) 0,12 : 0,4   i) 0,024 : 0,3

3 Dividiere.
a) 3,6 : 15   b) 4,2 : 1,4   c) 11,7 : 0,5
   3,6 : 0,15   4,2 : 0,14   1,17 : 0,5
   0,36 : 0,15   0,42 : 0,14   0,117 : 0,5
   0,36 : 0,015   0,42 : 0,014   0,117 : 0,05

4 Dividiere und vergleiche die Ergebnisse.
a) 99,2 : 31   9,92 : 3,1   0,992 : 0,31
b) 3,5 : 1,25   35 : 12,5   350 : 125

5 Berechne den Quotienten. Überschlage vorher das Ergebnis.

Beispiel: 28,35 : 6,3
Überschlag: 30 : 6 = 5
28,35 : 6,3 = 4,5

a) 15,34 : 2,6   d) 5,238 : 0,97
b) 5,31 : 1,18   e) 0,459 : 0,085
c) 41,04 : 7,6   ▶f) 9,0045 : 2,001

6 Dividiere schriftlich mit Überschlag.
a) 219,84 : 0,4   e) 0,4503 : 0,5
b) 0,17102 : 0,17   f) 42,0126 : 2,1
▶c) 65,3745 : 2,05   ▶g) 203,385 : 0,525
▶d) 0,12505 : 2,501   ▶h) 27,0027 : 1,0001

7 Berechne mit Überschlag.
a) 2,7616 : 0,8   b) 9 : 0,15   ▶c) 6,05 : 1,375

▶8 Übertrage in dein Heft und setze das Zeichen = oder ≠ richtig ein.
a) 1,3748 : 1,4 ▧ 13 748 : 14
b) 1,4162 : 0,292 ▧ 1416,2 : 292
c) 15,95 : 1,375 ▧ 15 950 : 1375

9 Übertrage die „Rechenkreisel" vereinfacht und ergänze die fehlenden Zahlen.

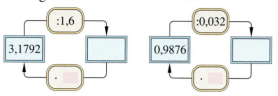

10 Übertrage, vereinfacht und ergänze.

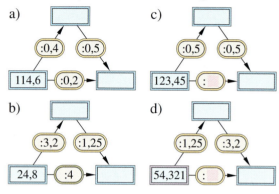

11 Vervollständige die Tabelle im Heft.

	Ergebnis	Ergebnis größer als Dividend?		Divisor	
		ja	nein	<1	>1
1,5 : 0,2	7,5	×			×
17,925 : 0,75					
25,2672 : 0,987					
90,1324 : 1,01					
432,25 : 3,5					
5,1375 : 0,375					
0,48 : 31,25					
1,002 : 0,4					
0,1002 : 4					
1,002 : 4					

12 Berechne. Was stellst du fest?
42 857,1 : 0,3 = ▧
2 857,14 : 0,2 = ▧
857,142 : 0,6 = ▧
57,1428 : 0,4 = ▧
7,14285 : 0,5 = ▧
0,142857 : 0,1 = ▧

Verbindung der vier Grundrechenarten

Beim Rechnen mit Dezimalbrüchen gelten die bekannten Regeln.

> Punktrechnung geht vor Strichrechnung.   Klammern werden zuerst ausgerechnet.

Beispiele

1. $26{,}8 + 5{,}94 : 0{,}9$
   $= 26{,}8 + 6{,}6$
   $= 33{,}4$

2. $36{,}2 \cdot 0{,}6 - 1{,}2 \cdot 0{,}5$
   $= 21{,}72 - 0{,}6$
   $= 21{,}12$

3. $(37{,}8 + 15{,}51) - (17{,}4 - 1{,}5)$
   $= 53{,}31 - 15{,}9$
   $= 37{,}41$

4. $(1{,}3 - 0{,}78 + 8{,}2) \cdot 1{,}1$
   $= 8{,}72 \cdot 1{,}1$
   $= 9{,}592$

Übungen

1 Berechne.
a) $3{,}24 \cdot 0{,}5 + 0{,}48$
b) $2{,}5 - 0{,}3 \cdot 0{,}5$
c) $1{,}67 \cdot 2{,}5 + 0{,}75$
d) $3{,}8 - 0{,}8 \cdot 4{,}5$
e) $2{,}7 \cdot 0{,}85 - 0{,}74$
f) $13{,}12 - 6{,}4 \cdot 2{,}05$
g) $67{,}3 + 18{,}6 \cdot 1{,}9$
h) $7{,}4 \cdot 12{,}6 - 61{,}8$

2 Berechne.
a) $7{,}2 : 0{,}3 + 1{,}27$
b) $0{,}6 : 1{,}2 - 0{,}134$
c) $7 + 0{,}25 : 0{,}4$
d) $58{,}4 - 85{,}4 : 4$
e) $18{,}9 - 14{,}57 : 3{,}1$
f) $11{,}374 : 0{,}47 - 15$
g) $59{,}66 : 3{,}8 + 29{,}1$
h) $267{,}6 - 1259{,}6 : 6{,}7$

3 Überschlage vor dem Ausrechnen das Ergebnis.
a) $0{,}38 \cdot 4{,}9 + 7{,}4 \cdot 0{,}25$
b) $0{,}63 : 0{,}9 + 2{,}75 : 0{,}5$
c) $2{,}5 - 0{,}75 : 2{,}5 + 4{,}3$
d) $0{,}25 : 0{,}4 + 9 - 6{,}7$
e) $1{,}2 \cdot 0{,}3 + 1{,}1 \cdot 5{,}9$
f) $15{,}3 \cdot 9{,}7 - 3 \cdot 49{,}47$
g) $86{,}85 : 17{,}37 + 0{,}042 \cdot 93$
h) $116{,}28 : 3{,}4 - 14{,}25 \cdot 2{,}4$
i) $114{,}12 : 7{,}2 - 0{,}36 \cdot 43{,}1$

4 Berechne.
a) $28{,}4 \cdot 1{,}2 + 0{,}6 \cdot 35{,}2$
b) $68{,}5 - 3{,}5 \cdot 12{,}8$
c) $8{,}2 \cdot 0{,}25 - 0{,}25 \cdot 4{,}9$
d) $0{,}95 \cdot 3{,}6 - 8 \cdot 0{,}09$

5 Berechne.
a) $13 - (0{,}75 + 0{,}23)$
b) $7{,}63 - (1{,}603 - 0{,}02)$
c) $8{,}5 - (6{,}27 - 4{,}901)$
d) $(3{,}2 + 0{,}6) \cdot 0{,}5$
e) $(4{,}97 + 6{,}53) \cdot 1{,}2$
f) $(3{,}9 + 0{,}44) : 0{,}4$
g) $48{,}8 : (16 - 13{,}5)$
h) $(54 - 2{,}1) \cdot (0{,}6 + 0{,}8)$
i) $(1{,}53 + 1{,}28) : (1{,}5 - 0{,}7)$
j) $(104{,}3 - 7{,}5) : (7{,}3 - 5{,}7)$
k) $(0{,}24 \cdot 0{,}3) : (0{,}8 \cdot 0{,}9)$

6 „Rechenkette"

Rechne von jedem Ende aus nach rechts bzw. links und vergleiche die Ergebnisse.

7 Berechne.
a) $3{,}6 \cdot 2{,}34 + 4{,}9 \cdot 1{,}45$
b) $27{,}03 \cdot 0{,}95 - 17{,}4 \cdot 1{,}28$
c) $(15{,}42 + 17{,}08) \cdot (43{,}05 - 31{,}05)$
d) $2{,}41 \cdot 3{,}06 - (0{,}242 + 1{,}05)$
e) $(23{,}24 - 16{,}036) \cdot 12{,}4 - 8{,}147$
f) $2{,}57 + 8{,}34 \cdot 12{,}05 - 1{,}0408$
g) $3{,}91 \cdot 4{,}82 + (0{,}32 + 7{,}12)$
h) $9{,}7 \cdot 2{,}9 - (6{,}7 + 9{,}98)$

Unser Sonnensystem

Im Weltraum herrscht eine Temperatur von minus 270 Grad Celsius. Zahllose leuchtende Kugeln bewegen sich, ungeheuer weit voneinander entfernt. Um diese **Sterne** bewegen sich viel kleinere **Planeten**, die mit Licht und Wärme bestrahlt werden.
Einer dieser Sterne ist unsere Sonne. Die Sonne gehört mit ihren neun Planeten zu einem riesigen Sternensystem, der **Milchstraße**.

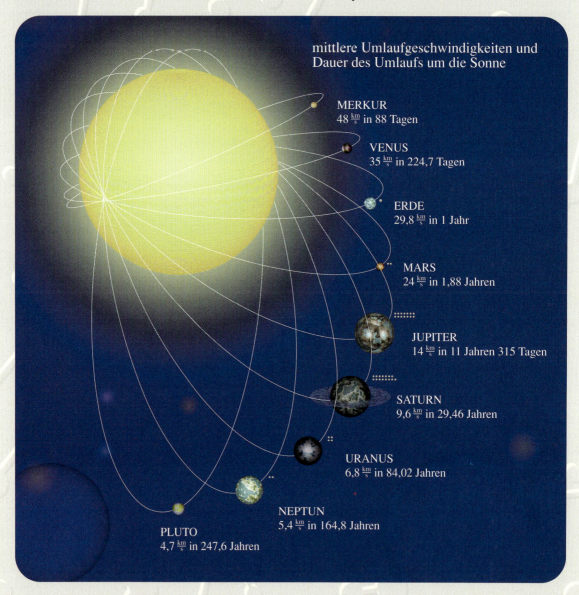

mittlere Umlaufgeschwindigkeiten und Dauer des Umlaufs um die Sonne

MERKUR
48 $\frac{km}{s}$ in 88 Tagen

VENUS
35 $\frac{km}{s}$ in 224,7 Tagen

ERDE
29,8 $\frac{km}{s}$ in 1 Jahr

MARS
24 $\frac{km}{s}$ in 1,88 Jahren

JUPITER
14 $\frac{km}{s}$ in 11 Jahren 315 Tagen

SATURN
9,6 $\frac{km}{s}$ in 29,46 Jahren

URANUS
6,8 $\frac{km}{s}$ in 84,02 Jahren

NEPTUN
5,4 $\frac{km}{s}$ in 164,8 Jahren

PLUTO
4,7 $\frac{km}{s}$ in 247,6 Jahren

Die Erde dreht sich um die Sonne. Dazu benötigt sie nach unserer Zeitmessung ein Jahr, das sind bis auf die Minute genau 365 Tage 5 Stunden und 48 Minuten. In einem Jahr legt die Erde 936 000 000 km zurück.

Der Mond bewegt sich in etwa 27,5 Tagen einmal um die Erde, das ist ungefähr ein Monat. Die Bahnlänge des Mondes beträgt ungefähr 2 582 000 km. Seine mittlere Umlaufgeschwindigkeit ist $1,02 \frac{km}{s}$.

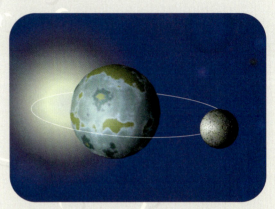

Ich stelle mir vor, ich stehe irgendwo auf dem Äquator. Der Äquator hat eine Länge von 40 000 km. Die Erde dreht sich um ihre eigene Achse. Für eine Umdrehung benötigt sie 24 Stunden.
Wir drehen uns mit großer Geschwindigkeit mit der Erde um die Erdachse ohne es zu merken.

Das Licht legt in der Sekunde ungefähr 300 000 km zurück. Die Entfernung, die das Licht in einem Jahr zurücklegt, nennen die Astronomen **Lichtjahr**.

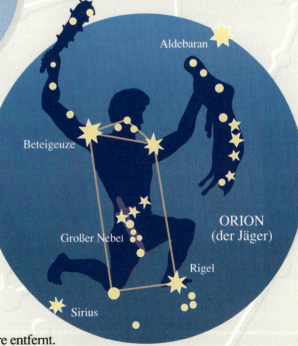

Die Entfernung zu unserem nächsten Stern, dem **Alpha Centauri C**, beträgt 4,3 Lichtjahre. So lange würde eine Rakete brauchen, wenn sie mit Lichtgeschwindigkeit fliegen könnte. (Im Vergleich dazu beträgt bei Raketen die Fluchtgeschwindigkeit von der Erde $28 000 \frac{km}{h}$.)
4,3 Lichtjahre sind im Weltraum sehr wenig.
Zum **Sirius** sind es 8,8 Lichtjahre,
zum **Beteigeuze** 270 Lichtjahre,
zum **Rigel** 650 Lichtjahre,
zum **Großen Nebel** 1625 Lichtjahre.
Der **Andromedanebel** ist etwa 2 Millionen Lichtjahre entfernt.

Periodische Dezimalbrüche

Brüche, deren Nenner 10, 100, 1000, ... sind, können wir direkt als Dezimalbrüche schreiben.

Zum Beispiel: $\frac{6}{10} = 0{,}6$; $\frac{135}{100} = 1{,}35$; $\frac{127}{1000} = 0{,}127$

Brüche, deren Nenner sich auf 10, 100, 1000, ... erweitern lassen, können wir ebenso in Dezimalbrüche umschreiben.

Zum Beispiel: $\frac{3}{5} = \frac{6}{10} = 0{,}6$; $\frac{1}{4} = \frac{25}{100} = 0{,}25$; $\frac{1}{8} = \frac{125}{1000} = 0{,}125$

Man kann jeden Bruch durch Division in einen Dezimalbruch umwandeln.
Bricht die Division wie hier ab, erhalten wir einen **endlichen Dezimalbruch**.

Zum Beispiel: $\frac{3}{8} = 3 : 8$

```
3 : 8 = 0,375
0
30
24
 60
 56
  40
  40
   0
```

Bei vielen Brüchen bricht die Division von Zähler durch Nenner nicht ab. Von einer bestimmten Stelle an wiederholen sich Ziffern oder auch Ziffernfolgen.
Wir erhalten **unendliche periodische Dezimalbrüche**.

Zum Beispiel: $\frac{2}{3} = 2 : 3$

```
2 : 3 = 0,66...
0
20
18
 20
 18
  20
```

In unserem Beispiel schreiben wir für $\frac{2}{3}$ nicht 0,66..., sondern $0{,}\overline{6}$ (sprich: Null Komma Periode 6). Die Ziffer 6 ist die **Periode** des Dezimalbruchs $0{,}\overline{6}$.

Bei anderen Brüchen beginnt bei der Division von Zähler durch Nenner die Periode nicht gleich nach dem Komma. Der Strich für die Periode muss genau über die erste Ziffer oder Ziffernfolge gezeichnet werden, die sich wiederholt.

Zum Beispiel: $\frac{7}{22} = 7 : 22$

```
7 : 22 = 0,31818...
0
70
66
 40
 22
 180
 176
   40
```

$\frac{7}{22} = 0{,}3\overline{18}$
sprich: Null Komma drei Periode eins acht

> Ein Dezimalbruch heißt **periodisch**, wenn sich eine Ziffer oder eine Ziffernfolge nach dem Komma ständig wiederholt.

Übungen

1 Schreibe als Dezimalbruch. Welcher Dezimalbruch ist periodisch? Nenne die Periode.

a) $\frac{1}{3}$ b) $\frac{6}{5}$ c) $\frac{3}{25}$ d) $\frac{4}{9}$ e) $\frac{7}{3}$ f) $\frac{1}{11}$

2 Schreibe als Dezimalbruch.

a) $\frac{5}{8}$ d) $\frac{7}{16}$ g) $\frac{7}{27}$ j) $\frac{5}{18}$ m) $\frac{5}{24}$ p) $\frac{4}{21}$

b) $\frac{7}{12}$ e) $\frac{2}{11}$ h) $\frac{11}{36}$ k) $\frac{7}{18}$ n) $\frac{19}{16}$ q) $\frac{2}{13}$

c) $\frac{4}{15}$ f) $\frac{6}{5}$ i) $\frac{1}{9}$ l) $\frac{4}{27}$ o) $\frac{14}{15}$ r) $\frac{12}{14}$

Multiplikation und Division von Brüchen und Dezimalbrüchen

3 a) Übertrage den Zahlenstrahl und markiere darauf folgende Dezimalbrüche.
0,5; 0,$\overline{3}$; 0,75; 1,75; 1,$\overline{6}$; 2,5; 3,$\overline{3}$; 2,$\overline{6}$

b) Übertrage den Zahlenstrahl und markiere darauf so genau wie möglich folgende Dezimalbrüche.
0,45; 1,3$\overline{5}$; 1,9; 0,$\overline{6}$; 1,$\overline{5}$; 0,5; 1,4; 1,$\overline{3}$

c) Übertrage den Zahlenstrahl und markiere so genau wie möglich folgende periodischen Dezimalbrüche.
0,$\overline{2}$; 0,6$\overline{7}$; 0,$\overline{91}$; 0,37$\overline{5}$; 0,5$\overline{8}$; 0,15$\overline{3}$; 0,$\overline{8}$

4 Wandle in Dezimalbrüche um und runde auf 2 Stellen nach dem Komma.
a) $\frac{2}{3}, \frac{5}{8}, \frac{3}{7}, \frac{5}{6}, \frac{4}{9}, \frac{15}{7}, \frac{18}{11}$
b) $\frac{35}{9}, \frac{55}{13}, \frac{11}{6}, \frac{13}{16}, \frac{7}{12}, \frac{19}{6}, \frac{101}{125}$

5 Wandle $\frac{1}{7}, \frac{2}{7}, \frac{3}{7}, \frac{4}{7}, \frac{5}{7}, \frac{6}{7}$ in Dezimalbrüche um.

6 Runde auf Hundertstel (Tausendstel).
a) 0,$\overline{5}$
b) 0,1$\overline{3}$
c) 0,2$\overline{7}$
d) 0,54$\overline{3}$
e) 0,04$\overline{5}$
f) 0,0$\overline{45}$

▶7 Fülle die Tabelle aus. Formuliere einen Merksatz.
$\frac{7}{20}, \frac{5}{21}, \frac{5}{6}, \frac{4}{15}, \frac{41}{63}, \frac{11}{25}, \frac{3}{22}, \frac{15}{14}, \frac{11}{16}, \frac{7}{12}, \frac{16}{33}$

Bruch	$\frac{7}{20}$	$\frac{5}{21}$	$\frac{5}{6}$	...
Dezimalbruch	0,35	0,$\overline{238095}$		...
Primfaktorenzerlegung des Nenners	20 = $2^2 \cdot 5$	21 = 3 · 7		...
Art des Bruchs	abbrechend	periodisch		...

8 Multipliziere mit 10 (100).
a) 0,$\overline{6}$
b) 0,$\overline{4}$
c) 1,$\overline{5}$
d) 11,$\overline{7}$
e) 0,$\overline{8}$
f) 0,$\overline{83}$
g) 8,$\overline{03}$
h) 10,$\overline{35}$
i) 0,$\overline{830}$
j) 3,$\overline{45}$
k) 10,$\overline{750}$
l) 10,0$\overline{75}$

9 Setze das richtige Zeichen (<; >).
a) 0,3 ▧ 0,$\overline{3}$
b) 0,$\overline{5}$ ▧ 0,5
c) 0,$\overline{7}$ ▧ 0,7
d) 0,6 ▧ 0,$\overline{5}$
e) 0,$\overline{41}$ ▧ 0,41
f) 0,75 ▧ 0,76
g) 3,35 ▧ 3,3$\overline{5}$
h) 8,92 ▧ 8,$\overline{82}$
i) 5,$\overline{75}$ ▧ 5,78
j) 1,0$\overline{8}$ ▧ 1,80

10 Setze das richtige Zeichen (<; >; =).
a) $\frac{1}{3}$ ▧ 0,3
b) $\frac{1}{3}$ ▧ 0,$\overline{3}$
c) 0,$\overline{6}$ ▧ $\frac{2}{3}$
d) $\frac{3}{9}$ ▧ 0,$\overline{4}$
e) $\frac{3}{9}$ ▧ 0,4
f) 0,$\overline{5}$ ▧ $\frac{5}{9}$

▶11 Setze die richtigen Zeichen (<; >; =).
a) 0,3 ▧ $\frac{1}{3}$ ▧ 0,4
b) 0,$\overline{3}$ ▧ $\frac{1}{3}$ ▧ 0,4
c) 0,32 ▧ $\frac{1}{3}$ ▧ 0,$\overline{3}$
d) 0,$\overline{4}$ ▧ $\frac{1}{3}$ ▧ 0,3
e) $\frac{2}{9}$ ▧ $\frac{2}{10}$ ▧ $\frac{2}{11}$
f) $\frac{2}{9}$ ▧ 0,$\overline{2}$ ▧ 0,2
g) 0,5 ▧ $\frac{5}{9}$ ▧ $\frac{6}{9}$
h) 0,5 ▧ $\frac{5}{9}$ ▧ $\frac{6}{10}$

12 Setze das richtige Zeichen (<; >).
a) 0,35 ▧ 0,$\overline{35}$
b) 0,$\overline{62}$ ▧ 0,62
c) 0,$\overline{70}$ ▧ 0,71
d) 0,$\overline{97}$ ▧ 0,98
e) 0,36 ▧ 0,$\overline{35}$
f) 0,$\overline{35}$ ▧ 0,36
g) 6,$\overline{46}$ ▧ 6,4$\overline{6}$
h) 3,$\overline{20}$ ▧ 3,$\overline{19}$

▶13 Ordne die Zahlen nach der Größe.
a) 0,3   0,$\overline{3}$ 0,334   0,33   0,333
b) 0,$\overline{9}$ 0,9   0,99   0,09   0,$\overline{09}$
c) 0,$\overline{1}$ 0,1   0,11   0,$\overline{01}$ 0,01
d) 2,37   2,$\overline{37}$ 2,377   2,378   2,373
e) 0,16   0,$\overline{16}$ 0,166   0,167   0,17
f) 0,7   0,78   0,$\overline{7}$ 0,77   0,7$\overline{8}$

Info

Es gibt Möglichkeiten Brüche in Dezimalbrüche umzurechnen. Ein relativ einfaches Verfahren wendet den Zusammenhang an: 0,$\overline{1} = \frac{1}{9}$; 0,0$\overline{1} = \frac{1}{99}$; usw.
0,$\overline{3}$ = 3 · 0,$\overline{1}$ = $\frac{3}{9} = \frac{1}{3}$
0,1$\overline{6}$ = 1,$\overline{6}$: 10
       = 1$\frac{6}{9}$: 10 = 1$\frac{2}{3}$: 10 = $\frac{5}{3}$: 10 = $\frac{5}{30}$ = $\frac{1}{6}$

▶14 Versuche, mit dieser Methode periodische Dezimalbrüche in Brüche umzuwandeln.

114 Vermischte Übungen

1 Übertrage die Rechennetze in dein Heft und ergänze wie im Beispiel.

a) [Rechennetz mit $\cdot \frac{2}{3}$ oben und $\cdot \frac{2}{3}$ links; Felder: $\frac{1}{2}$, $\frac{1}{3}$, $\frac{3}{4}$]

b) [Rechennetz mit $\cdot \frac{1}{2}$ oben und $: \frac{3}{4}$ links; Feld: $\frac{2}{3}$]

2 Berechne. Kürze, falls möglich.

a) $\frac{2}{11} \cdot \frac{7}{3} \cdot \frac{11}{13}$
b) $\frac{3}{10} \cdot \frac{8}{12} \cdot \frac{9}{15}$
c) $\frac{4}{7} \cdot \frac{13}{8} \cdot \frac{5}{26}$
d) $\frac{8}{9} \cdot \frac{5}{7} \cdot \frac{18}{32}$
e) $\frac{11}{13} \cdot \frac{3}{7} \cdot \frac{39}{33}$
f) $\frac{2}{9} \cdot \frac{15}{21} \cdot \frac{63}{60}$
g) $\frac{15}{17} \cdot \frac{34}{45} \cdot \frac{30}{4}$
h) $\frac{21}{22} \cdot \frac{10}{14} \cdot \frac{11}{3}$
i) $\frac{31}{50} \cdot \frac{18}{25} \cdot \frac{20}{62}$
j) $\frac{59}{60} \cdot \frac{11}{24} \cdot \frac{30}{59}$
k) $\frac{46}{85} \cdot \frac{10}{69} \cdot \frac{34}{15}$
l) $\frac{35}{32} \cdot \frac{64}{63} \cdot \frac{81}{16}$

3 Schreibe den angegebenen Bruch als Produkt zweier Brüche.

a) $\frac{12}{27}$
b) $\frac{18}{21}$
c) $\frac{49}{54}$
d) $\frac{36}{75}$
e) $\frac{32}{45}$
f) $\frac{98}{144}$
g) $\frac{81}{85}$
h) $\frac{47}{100}$
i) $\frac{27}{32}$
j) $\frac{84}{96}$
k) $\frac{96}{210}$
l) $\frac{53}{77}$
m) $\frac{46}{60}$
n) $\frac{75}{69}$
o) $\frac{18}{102}$
p) $\frac{33}{132}$

4 Übertrage die Tabelle in dein Heft und berechne die Produkte.

·	$\frac{3}{17}$	$\frac{8}{9}$	$\frac{4}{5}$	$\frac{2}{3}$	$\frac{9}{10}$	$\frac{11}{13}$	$\frac{4}{15}$
$\frac{5}{6}$							
$\frac{3}{8}$							
$\frac{7}{9}$							
$\frac{12}{17}$							
$\frac{13}{20}$							

Überlege in den folgenden Aufgaben 5 bis 13, ob du mit Brüchen oder mit Dezimalbrüchen rechnest.

5 $62\frac{1}{2}$ kg Streumittel werden in 5-kg-Beutel abgefüllt. Wie viele volle Beutel erhält man?

6 Wie viel Liter des Getränks sind in einem Kasten enthalten? die Getränkehandlung bietet unter anderem die folgenden Kästen an.
a) Sprudel mit 12 Flaschen zu je $\frac{7}{10}$ l
b) Limonade mit 24 Flaschen zu je $\frac{2}{10}$ l

7 Eine Heizungsanlage in einem Mehrfamilienhaus verbraucht durchschnittlich $28\frac{1}{4}$ l Heizöl pro Tag. Es wurden nach einer angeforderten Heizöllieferung 2825 l Öl nachgefüllt. Für wie viele Tage reicht diese Menge zum Heizen aus?

8 Meike und Jens machen eine Wanderung über 18 km. Wie viele Schritte machen sie, wenn die durchschnittliche Schrittlänge bei Meike $\frac{4}{5}$ m, bei Jens $\frac{5}{6}$ m beträgt?

9 Im Stadion probiert ein Jogger auf der Bahn den Schrittzähler aus. Nach 3750 m zeigt dieser 5000 Schritte an.
a) Bestimme die Länge eines Schrittes.
b) Peters Schrittlänge beträgt $\frac{3}{5}$ m. Wie viele Schritte wird der Schrittzähler bei dieser Einstellung nach 3750 m angeben?
c) Vergleiche die Schrittzahl des Joggers mit der Schrittzahl von Peter bei einem 3000-m-Lauf.

10 Katja überquert eine 18 m breite Straßenkreuzung in 12 s.
a) Wie viel Meter legt sie dabei in einer Sekunde zurück?
b) Wie viele Sekunden benötigt Klaus, der $1\frac{1}{4}$ m pro Sekunde zurücklegt?

Multiplikation und Division von Brüchen und Dezimalbrüchen

11 Der Puppenjäger von $2\frac{1}{2}$ cm Länge wird durch eine Lupe mit 3facher Vergrößerung betrachtet. Bestimme die Größe des entstehenden Bildes.

12 Eine Waldameise von $5\frac{1}{2}$ mm Länge wird durch eine Lupe mit
a) $3\frac{1}{2}$ facher,   b) $4\frac{3}{4}$ facher
Vergrößerung beobachtet.
Berechne die Größe des Bildes.

13 Ein Borkenkäfer von 2 mm Länge wird durch eine Lupe mit $5\frac{1}{2}$ facher Vergrößerung untersucht. Wie groß erscheint der Käfer?

14 Multipliziere und runde das Ergebnis auf Einer.
a) $7,5 \cdot 12,6$ e) $64,18 \cdot 78,3$
b) $13,8 \cdot 25,4$ f) $128,6 \cdot 1,25$
c) $34,1 \cdot 37,9$ g) $325,5 \cdot 3,75$
d) $48,9 \cdot 52,67$ h) $0,189 \cdot 0,05$

15 Übertrage das Kreuzzahlrätsel in dein Heft und fülle es aus. Die Doppellinie steht anstelle eines Kommas.

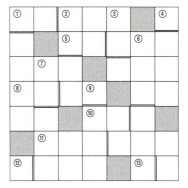

waagerecht:
① $3,2 \cdot 4,84$
⑤ $2,9 \cdot 12,67$
⑧ $7,2 \cdot 8,65$
⑩ $15,8 \cdot 4,5$
⑪ $85,4 \cdot 9,64$
⑫ $1,04 \cdot 0,45$
⑬ $0,2 \cdot 13,5$

senkrecht:
① $0,72 \cdot 1,94$
② $5,7 \cdot 7,6$
③ $9,5 \cdot 9,2$
④ $0,67 \cdot 0,5$
⑥ $21,6 \cdot 22,97$
⑦ $14,32 \cdot 3,7$
⑨ $0,34 \cdot 25,7$

16 Übertrage die „Zahlenpyramiden" ins Heft und fülle sie aus.
In jedes Kästchen darf nur eine Ziffer geschrieben werden.

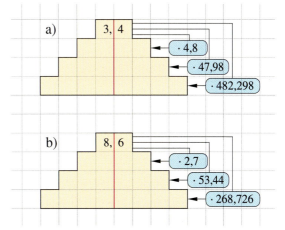

17 Dividiere.
a) 95,2 : 0,7
b) 14,43 : 0,3
c) 12,21 : 0,6
d) 3703,7 : 0,07
e) 3,00763 : 0,4
f) 8573,75 : 0,09
g) 56,321 : 0,01
h) 2738,7 : 0,06

18 Dividiere die Zahlen und runde das Ergebnis auf Zehntel.
a) 13,1 : 0,4
b) 0,4 : 13,1
c) 24,6 : 3,25
d) 12,5 : 7,5
e) 7,5 : 12,5
f) 0,056 : 1,02

19 Berechne de ersten Quotienten schriftlich. Bestimme dann durch Verschieben des Kommas die anderen Ergebnisse.
a) 11,52 : 16
   1,152 : 16
   115,2 : 16
   0,1152 : 16
b) 1,482 : 19
   148,2 : 19
   0,1482 : 19
   1482 : 19
c) 129,71 : 7
   1,2971 : 7
   12 971 : 7
   12,971 : 7
d) 2,154 : 3
   0,02154 : 3
   215,4 : 3
   21,54 : 3

20 Eine Runde auf der Laufbahn hat eine Länge von 400 m. Wie viele Runden werden bei einem 5000-m-Lauf gelaufen?

21 Eine Klasse mit 13 Jungen und 16 Mädchen besucht ein Museum. Der Eintrittspreis für die Gruppe kostet 66,70 €. Wie viel € Eintritt muss jedes Kind zahlen?

22 Herr Becker erhält im Monat Oktober 1643,84 € Lohn. Dafür hat er 176 Stunden gearbeitet. Berechne den Stundenlohn.

23 Überschlage und rechne aus.
a) 7,91 − (1,72 + 0,25 + 4,66)
b) 2,74 − (0,98 − 0,44 + 0,87)
c) (13,86 − 7,69) − (6,4 + 0,75 − 4,8)
d) 17,4 − (5,03 + 4,98) − (34,9 − 28)
e) 58,72 − (96,1 + 0,75 − 68) + 2,36
f) 6,834 + (105,3 − 87,09) − 23,293
g) 786,5 − (69,05 + 231,98) + (695,86 − 599,9)

24 Berechne.
a) (7,2 − 1,8) · 2,7
b) (7,2 − 1,8) : 2,7
c) 2,7 : (7,2 − 1,8)
d) (7,2 − 1,8) + (7,2 − 1,8)
e) (7,2 − 1,8) · (7,2 − 1,8)
f) (7,2 + 1,8) : (7,2 − 1,8)
g) (7,2 − 1,8) : (7,2 + 1,8)

25 Berechne.
a) 0,8 · (12,5 + 7,35)
b) (40,6 − 13,8) · (19,45 + 24,2)
c) (2,75 + 16,45) · 1,25
d) 19,3 · (62,03 − 21,67)
e) 5 : (1,74 + 0,26)
f) 14,5 : (22,38 − 21,13)
g) (12,74 + 35,76) : 0,5
h) 0,96 : (2,115 − 0,355)
i) (56,8 − 10,5) : (1,1 + 0,4)
j) (0,25 + 2,35) : (3,1 − 1,85)

26 Berechne.
a) (0,96 · 0,125) : (0,15 · 0,64)
b) (3,168 : 0,48) : (0,18 : 4,5)
c) (0,42 · 0,9) : (0,14 · 0,18)
d) (0,264 · 0,48) : (0,072 · 0,55)
e) (4,8 · 6,5 · 1,8) : (7,8 · 4)
f) (2,7 : 5,4) : (6,93 · 6,3)

27 Berechne und runde das Ergebnis auf Tausendstel.
a) 3,75 · 12,34 + 17,03 · 24,81
b) 437,6 · 0,654 · 1,842 − 28,005
c) 56,89 − 12,568 · 1,322 + 34,439
d) 25 : 1,25 + 8,7 · 12,4 − 53,987
e) 30 004 : 8 − 250 : 0,125 + 7,25 · 3,725
f) 9,86 − 7,983 + 14,56 · 3,73 − 27,673
g) 58,425 : 12,3 + 213,3348 : 65,24

28 Berechne.
a) (47,6 + 13,85) – (33,49 + 0,52)
b) (47,6 – 13,85) – (33,49 – 0,52)
c) 47,6 – (13,85 + 33,49 – 0,52)
d) (13,85 + 47,6) · (0,52 + 33,49)
e) (47,6 – 13,85) · (33,49 – 0,52)
f) 47,6 + 13,85 · 33,49 – 0,52
g) 47,6 + 13,85 · 33,49 · 0,52

29 Berechne.
a) 350,76 : 23,7 + 46,3935 : 9,85
b) 350,76 : 14,8 – 46,3935 : 4,71
c) (185,74 + 165,76) : 14,8
d) 185,74 : 14,8 + 165,76 : 14,8
e) 1612,62 : (98,4 – 40,6) – 24,9
f) (2,945 + 1,369) : (7,842 – 6,404)
g) (0,42 + 0,9) : (0,7 + 0,18)

30 Addiere zur Summe der Zahlen 0,568 und 4,56 die Differenz der Zahlen 34,071 und 29,864. Runde zum Schluss das Ergebnis auf Hundertstel.

31 Addiere zum Produkt der Zahlen 0,568 und 4,56 das Produkt aus 34,071 und 29,864. Runde zum Schluss das Ergebnis auf Zehntel.

32 Wie groß ist die Differenz auf Zehntel genau, wenn man vom Produkt der Zahlen 180,375 und 3,7 deren Quotienten abzieht?

33 Berechne die doppelte Summe der drei Zahlen. Der erste Summand ist 13,592. Der dritte Summand ist um 3,921 größer als der zweite Summand 27,191.

34 a) Multipliziere die Summe aus 17,6 und 2,9 mit 9,2.
b) Dividiere 2,4 durch die Summe aus 0,24 und 0,01.
c) Multipliziere die Summe aus 13,3 und 0,9 mit der Differenz aus 17,5 und 8,9.
d) Dividiere die Differenz aus 6,75 und 5,25 durch die Summe aus 0,14 und 0,06.

35 Beachte die Rechenvorschrift in den Kreisen. Runde nach jeder Rechnung das Ergebnis auf Zehntel. Das Kästchen nach dem Kreis bestätigt deine Lösung und zeigt dir den richtigen Weg. Wenn du die Buchstaben der Lösungskästchen nacheinander aufschreibst, erhältst du den Namen einer Stadt.

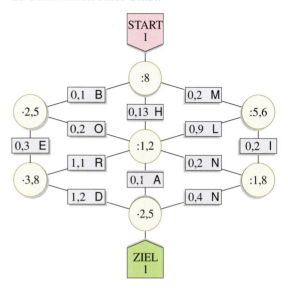

36 Fülle im Heft aus.
Die Ergebnisse werden auf Einer gerundet.
Trage das gerundete Ergebnis in die Kästchen des Kreuzzahlrätsels ein.

waagerecht:
① 111 109 · 0,5
④ 32,875 · 1,6
⑤ 14,16 · 2,5
⑦ 215,7 · 3,6
⑨ 405,472 · 1,25
⑩ 1,25 · 564,02
⑪ 107,2069 · 7,25
⑬ 7,15 · 7,48
⑮ 5,89 · 5,897
⑯ 69 443,25 · 0,8

senkrecht:
① 5,34 : 0,1
② 253,6 : 0,5
③ 63,36 : 1,2
④ 8333,28 : 0,15
⑥ 833,322 : 0,015
⑦ 1631,07 : 2,1
⑧ 1942,675 : 2,5
⑫ 1551,825 : 2,2
⑭ 125 : 3,6
⑮ 355,6 : 10,2

checkpoint

1 Multipliziere.
a) $\frac{2}{5} \cdot 2$ b) $\frac{7}{18} \cdot 4$ c) $4\frac{7}{12} \cdot 9$ d) $\frac{1}{8} \cdot \frac{2}{3}$ e) $\frac{7}{9} \cdot \frac{3}{7}$ f) $2\frac{4}{7} \cdot \frac{14}{15}$
(6 Punkte)

2 Dividiere.
a) $5 : \frac{2}{7}$ b) $12 : \frac{6}{7}$ c) $10 : 2\frac{1}{3}$ d) $\frac{3}{5} : \frac{5}{3}$ e) $\frac{15}{28} : \frac{20}{49}$ f) $\frac{7}{9} : 3\frac{1}{3}$
(6 Punkte)

3 Diese Abbildung zeigt, wie im Jahr 1584 die Länge 16 Fuß festgelegt wurde. Berechne die Länge von einem Fuß, wenn die abgemessene Strecke $488\frac{1}{2}$ cm lang ist.
(2 Punkte)

4 Auf einem Förderband werden von einem Automaten pro Minute $3\frac{1}{3}$ Liter Limonade in $\frac{1}{3}$-Liter-Flaschen gefüllt.
a) Wie viele Flaschen werden in einer Minute gefüllt?
b) Wie viel Minuten benötigt der Automat für eine Flasche?
c) Wie viel Minuten benötigt der Automat, um einen Kasten mit 12 Flaschen zu füllen?
(3 Punkte)

5 Multipliziere.
a) $8,42 \cdot 8$ b) $0,7 \cdot 13$ c) $0,89 \cdot 9$ d) $500 \cdot 2,31$
(4 Punkte)

6 Berechne. Schätze vorher das Ergebnis ab.
a) $100,7 \cdot 3,69$ b) $94,87 \cdot 98,62$
(4 Punkte)

7 Berechne.
$(6,06 + 4,08) \cdot (9,125 - 7,348)$
(3 Punkte)

8 Dividiere.
a) $9,42 : 6$ b) $8,848 : 7$ c) $0,033 : 2$ d) $9,6 : 12$
(4 Punkte)

9 Überschlage und rechne.
$559,45 : 67$
(2 Punkte)

10 Herr Manz bereitet ein Abendessen für fünf Personen vor. Er braucht dafür 2,325 kg Gemüse. Wie viel Gemüse hat er für eine Person eingeplant?
(2 Punkte)

Winkel und Dreiecke

TANGRAM

Das **Tangram** ist ein altes Legespiel aus China. Es besteht aus sieben Teilen, die durch Zerlegen eines Quadrats entstanden sind. Aus diesen Teilen lassen sich geometrische Figuren oder andere Bilder legen.

Die Chinesen nennen das Tangram auch „Sieben-Schlau-Brett" oder „Weisheitsbrett", denn wenn man das Spiel nach den chinesischen Regeln spielen will, muss man beim Legen einer neuen Figur immer alle sieben Teile des Tangrams benutzen und das ist manchmal nicht leicht.

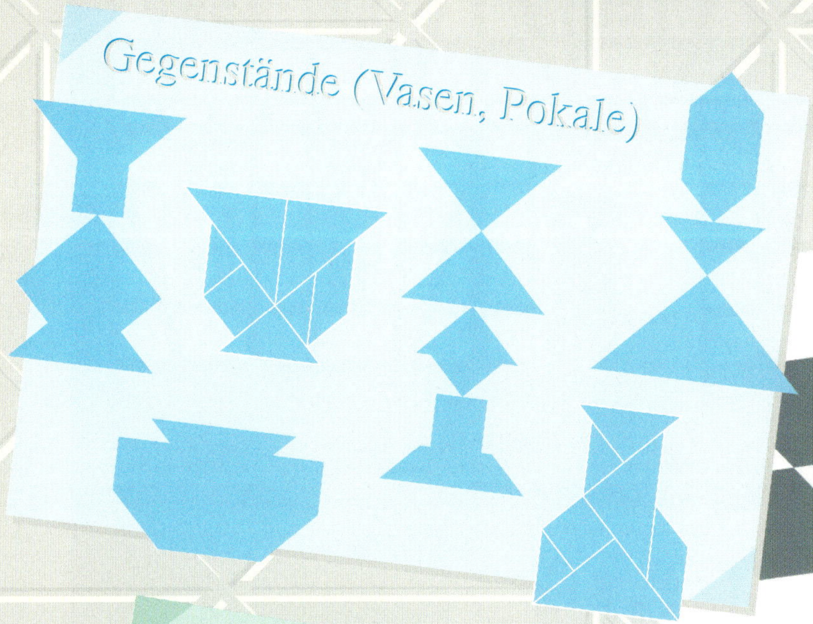

Gegenstände (Vasen, Pokale)

geometrische Figuren

Schiffe

offene Seiten

So kannst du ein **Tangram selber herstellen**:

1. Übertrage die Figur auf ein kariertes Blatt Papier.
2. Färbe die Flächen wie in der Zeichnung ein.
3. Klebe das Quadrat auf Pappe und schneide die Pappe passend zu.
4. Schneide die Teilflächen aus.

Das Tangram besteht aus Dreiecken und Vierecken

Bei dem Tangram ist eins der beiden Vierecke ein Quadrat, das andere ein **Parallelogramm**, denn die gegenüberliegenden Seiten sind parallel.

Alle bei dem Tangram vorkommenden Dreiecke haben einen rechten Winkel. Sie heißen **rechtwinklige Dreiecke**. In der Zeichnung ist der rechte Winkel gekennzeichnet.

> Ein Viereck, bei dem gegenüberliegende Seiten parallel sind, heißt **Parallelogramm**.
>
> Ein Dreieck mit einem rechten Winkel heißt **rechtwinkliges Dreieck**.

Mit den vorhandenen Flächen kann man auch andere Vierecke bilden. Hier sind zwei Trapeze gelegt.

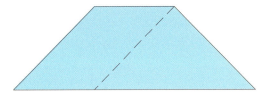
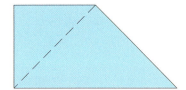

> Ein Viereck, bei dem zwei gegenüberliegende Seiten parallel sind, heißt **Trapez**.

Übungen

1 Lege mit den beiden großen Dreiecken folgende Figuren und zeichne sie mit dem Geodreieck auf kariertes Papier.
a) ein rechtwinkliges Dreieck
b) ein Quadrat
c) ein Parallelogramm

2 Lege ein Trapez und zeichne die Figur mit dem Geodreieck. Bilde das Trapez aus
a) dem Parallelogramm und einem kleinen Dreieck,
b) dem Parallelogramm und dem mittleren Dreieck,
c) dem mittleren Dreieck und einem kleinen Dreieck,
d) dem Quadrat und zwei kleinen Dreiecken.

3 Lege ein Rechteck und zeichne die Figur. Bilde das Rechteck aus
a) dem Parallelogramm und zwei kleinen Dreiecken,
b) dem Parallelogramm, zwei kleinen und zwei großen Dreiecken.

4 a) Lege mit dem Quadrat und zwei kleinen Dreiecken ein rechtwinkliges Dreieck. Zeichne die Figur.
b) Lege mit dem Parallelogramm und zwei kleinen Dreiecken ein rechtwinkliges Dreieck. Zeichne die Figur mit dem Geodreieck in dein Heft.

5 Lege mit dem Parallelogramm, zwei kleinen Dreiecken und dem mittleren Dreieck ein Trapez. Zeichne die Figur mit dem Geodreieck in dein Heft.

Winkel und Dreiecke

6 Lege ein Trapez und zeichne die Figur mit dem Geodreieck.
a) Das Trapez besteht aus einem großen Dreieck, dem mittleren Dreieck und den zwei kleinen Dreiecken.

Hier siehst du, wie das große Dreieck liegt.

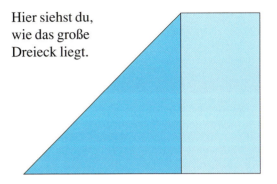

b) Das Trapez besteht aus den zwei großen Dreiecken, dem mittleren Dreieck und den zwei kleinen Dreiecken.
c) Das Trapez besteht aus den zwei großen Dreiecken, den zwei kleinen Dreiecken und dem Parallelogramm.

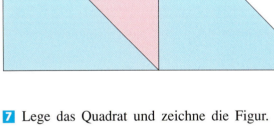

7 Lege das Quadrat und zeichne die Figur. Das Quadrat besteht aus einem großen Dreieck, zwei kleinen Dreiecken und dem Parallelogramm.

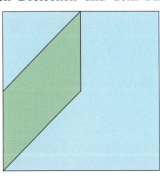

8 Lege mit den Teilflächen des Tangrams ein Sechseck und zeichne die Figur mit dem Geodreieck.
a) Das Sechseck besteht aus dem Quadrat, dem Parallelogramm und den beiden kleinen Dreiecken.

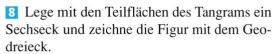

b) Das Sechseck besteht aus dem mittleren Dreieck, dem Parallelogramm und den zwei kleinen Dreiecken.

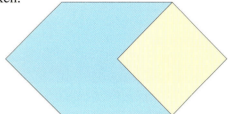

9 Lege mit den Teilflächen des Tangrams ein Fünfeck und zeichne die Figur.
a) Das Fünfeck besteht aus dem Parallelogramm, dem mittleren Dreieck und einem kleinen Dreieck.

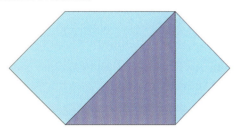

b) Das Fünfeck besteht aus dem Parallelogramm, dem mittleren Dreieck und zwei kleinen Dreiecken.

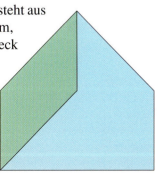

Winkel an Geraden und Parallelen

Schneiden sich zwei Geraden, so entstehen vier Winkel.
Die gegenüberliegenden Winkel sind gleich groß. Man nennt sie **Scheitelwinkel**.

Nebeneinander liegende Winkel nennt man **Nebenwinkel**. Nebenwinkel ergänzen sich zu 180°.

Werden zwei Parallelen von einer Geraden geschnitten, so entstehen weitere Winkelpaare.

Liegen diese Winkelpaare wie dargestellt auf der gleichen Seite bezüglich der schneidenden Geraden, nennt man sie **Stufenwinkel**. Sie sind gleich groß.

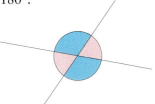

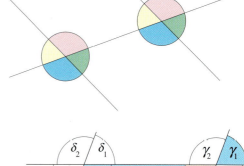

1 Zeige mithilfe der eingefärbten Winkel, dass die sich gegenüber liegenden Winkel α_1 und γ_3 im Parallelogramm gleich groß sind.

Es gibt noch weitere Möglichkeiten auf die gleiche Größe von α_1 und γ_3 zu schließen.

Winkelpaare wie β_1 und γ_3 werden **Wechselwinkel** genannt.

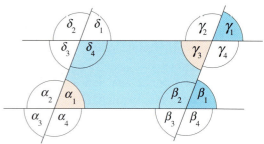

2 a) Nenne weitere Winkelpaare, die Wechselwinkel sind.
b) Zeige, dass bei dem Parallelogramm die Winkel β_1 und γ_3 gleich groß sind.

An zwei sich schneidenden Geraden sind **Scheitelwinkel** gleich groß. **Nebenwinkel** ergeben zusammen 180°.
An geschnittenen Parallelen sind **Stufenwinkel** und **Wechselwinkel** gleich groß.

Übungen

3 Begründe, weshalb die eingefärbten Winkel an den geschnittenen Parallelen gleich groß sind.

a) 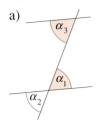   b)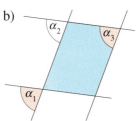

4 a) Wie groß sind α und β zusammen?
b) Berechne β.

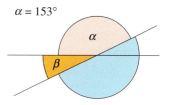

$\alpha = 153°$

5 Berechne β, γ, δ.

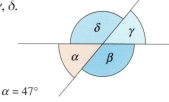

$\alpha = 47°$

Winkel und Dreiecke

6 Übertrage die Zeichnung in dein Heft.
a) Benenne alle Winkel der Figur, die gleich groß sind, mit dem gleichen griechischen Buchstaben.

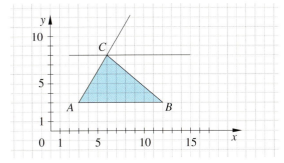

b) Übertrage und zeichne Geraden durch Q und P, durch Q und R sowie durch P und R. Kennzeichne gleich große Winkel mit dem gleichen griechischen Buchstaben.

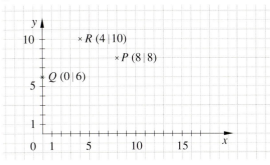

7 Berechne alle gekennzeichneten Winkel im Trapez.
a)

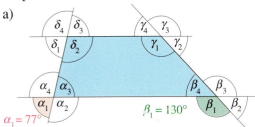

$\alpha_1 = 77°$ $\beta_1 = 130°$

b)

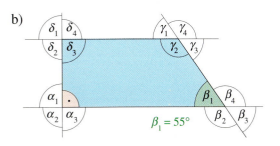

$\beta_1 = 55°$

8 Berechne alle in der Abbildung gekennzeichneten Winkel.

$\alpha_2 = 114°$
$\beta_3 = 83°$

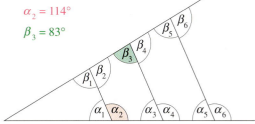

9 Berechne alle gekennzeichneten Winkel im Rechteck und im Parallelogramm.
a) $\alpha_1 = 23°$

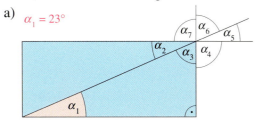

b) $\alpha_1 = 18°$
$\alpha_2 = \alpha_3$

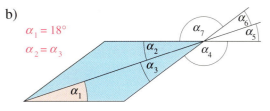

10 Zeichne ein Koordinatensystem und trage die Punkte $P(2|3)$, $Q(6|9)$, $R(8|6)$, $S(12|12)$, $T(14|9)$, $U(18|15)$ ein. Verbinde die Punkte in alphabetischer Reihenfolge. Benenne alle Winkel, die gleich groß sind, mit dem gleichen griechischen Buchstaben.

11 a) Übertrage das Koordinatensystem und die sich schneidenden Geraden zweimal in dein Heft. Färbe im ersten Koordinatensystem Stufenwinkelpaare

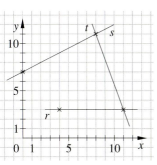

mit gleichen Farben ein und im zweiten Wechselwinkelpaare.
b) Was kannst du über die Größe der entsprechenden Winkel der Winkelpaare aussagen?

126 Dreiecke

In dem Fachwerkgiebel dieses Gebäudes sind verschiedene Dreieckformen erkennbar. Sie können nach *dem größten Winkel* benannt werden.

spitzwinklig — Das Dreieck hat nur spitze Winkel.

rechtwinklig — Das Dreieck hat einen rechten Winkel.

stumpfwinklig — Das Dreieck hat einen stumpfen Winkel.

Dreiecke werden auch *nach den Seiten benannt*.

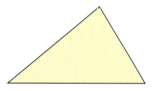

unregelmäßig – Alle Seiten sind verschieden lang.

gleichschenklig – Das Dreieck hat zwei gleich lange Seiten. Für die Seiten, zwei Winkel und einen Eckpunkt werden besondere Begriffe verwendet.

gleichseitig – Alle Seiten sind gleich lang.

Dreiecke werden nach *Winkeln* und *Seiten* benannt. Diese bestimmen die Art des Dreiecks unabhängig von der Lage.
Ein **spitzwinkliges Dreieck** hat nur spitze Winkel (alle Winkel kleiner als 90°).
Ein **rechtwinkliges Dreieck** hat einen rechten Winkel (ein Winkel ist 90°).
Ein **stumpfwinkliges Dreieck** hat einen stumpfen Winkel (ein Winkel ist größer als 90°).

Ein **unregelmäßiges Dreieck** hat drei verschieden lange Seiten.
Ein **gleichschenkliges Dreieck** hat zwei gleich lange Seiten.
Ein **gleichseitiges Dreieck** hat drei gleich lange Seiten.

Übungen

1 Welches Dreieck ist spitzwinklig, welches rechtwinklig bzw. stumpfwinklig?

2 Welches Dreieck ist unregelmäßig, welches gleichschenklig oder sogar gleichseitig?

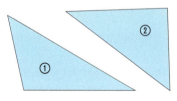

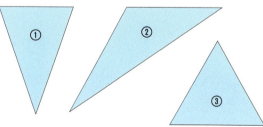

Winkel und Dreiecke

3 a) Benenne die Dreiecke aus Aufgabe 1 nach den Seiten.
b) Benenne die Dreiecke aus Aufgabe 2 nach den Winkeln.

4 Betrachte die Darstellung und fülle die Tabelle im Heft aus.

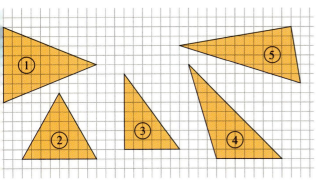

	①	②	③	④	⑤
spitzwinklig					
rechtwinklig					
stumpfwinklig					
unregelmäßig					
gleichschenklig					

5 Welchem Feld können die Dreiecke jeweils zugeordnet werden?
Hinweis: In einem Fall gibt es zwei Felder, die zugeordnet werden können.

	spitz-winklig	recht-winklig	stumpf-winklig
unregelmäßig	A	D	G
gleichschenklig	B	E	H
gleichseitig	C	F	I

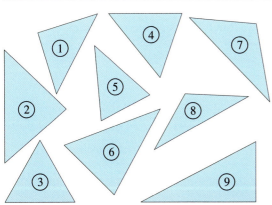

6 Beschreibe das Dreieck.
a) unregelmäßig-rechtwinklig
b) gleichschenklig-stumpfwinklig
c) unregelmäßig-spitzwinklig
d) gleichschenklig-rechtwinklig

7 Zeichne je ein Beispiel für die in Aufgabe 4 genannten Dreiecke.

8 Ist es möglich, so ein Dreieck zu zeichnen? Wenn ja, zeichne ein Beispiel dafür.
a) unregelmäßig-stumpfwinkliges Dreieck
b) gleichseitig-rechtwinkliges Dreieck
c) gleichschenklig-spitzwinkliges Dreieck

9 Welchen Feldern der Tabelle in Aufgabe 5 können keine Dreiecke zugeordnet werden?

10 Zeichne ein beliebiges gleichschenkliges Dreieck und schneide es aus.

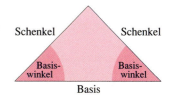

a) Zeige durch Falten, dass gleichschenklige Dreiecke eine Symmetrieachse haben. Beschreibe den Verlauf der Symmetrieachse im gleichschenkligen Dreieck.
b) Begründe mithilfe des ausgeschnittenen Dreiecks: Im gleichschenkligen Dreieck sind die Basiswinkel gleich groß.
▶c) Wie viele Symmetrieachsen hat ein gleichseitiges Dreieck?

▶**11** Welche Behauptung ist richtig, welche Behauptung ist falsch? Gib ein Beispiel oder ein Gegenbeispiel an.
a) Ein rechtwinkliges Dreieck kann auch zwei rechte Winkel haben.
b) Ein Dreieck mit drei gleich langen Seiten hat auch drei gleich große Winkel.
c) In stumpfwinkligen Dreiecken sind die drei Seiten immer verschieden lang.
d) Bei einem unregelmäßigen Dreieck können zwei Seiten gleich lang sein.
e) Gleichseitige Dreiecke haben immer die gleiche Seitenlänge.

Beziehungen zwischen Seiten und Winkeln im Dreieck

Um Beziehungen zwischen Seiten und Winkeln zu untersuchen, ist es sinnvoll, diese zu beschriften. Die Eckpunkte werden mit Großbuchstaben entgegen dem Uhrzeigersinn beschriftet. Das Besondere bei Dreiecken ist, dass die Seite a dem Eckpunkt A gegenüber liegt (usw.). Der Eckpunkt A ist der Scheitelpunkt des Innenwinkels α (usw.).

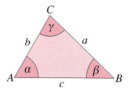

1. Dreiecksungleichung

Nicht nur in der Mathematik ist der Spruch bedeutsam: Die kürzeste Verbindung zwischen zwei Punkten ist die Strecke. Im übertragenen Sinn wirst du auf dem möglichst kürzesten Weg von einem Ort A zu einem Ort B nicht den Umweg bzw. den längeren Weg über einen Ort C gehen.

1 a) Miss in dem Dreieck rechts die Länge der Seite c von A nach B und vergleiche sie mit der Länge, wenn du von A über C nach B „gehst".
b) Verfahre mit den Dreiecksseiten a und b ebenso.
c) Zeichne ein anderes Dreieck und miss die Längen wie in a) und b).

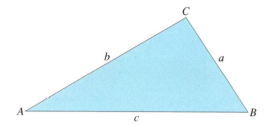

Bei Dreiecken sind zwei Seiten zusammen immer länger als die dritte Seite. Diese Beziehung wird **Dreiecksungleichung** genannt.

2. Seiten-Winkel-Beziehung

2 a) Miss in dem Dreieck rechts die Längen der Seiten und ordne sie. Miss auch die Größe jedes Winkels und ordne auch die Winkel nach ihrer Größe.
b) Zeichne ein anderes Dreieck und verfahre wie in a). Vergleiche mit deinen Nachbarn.

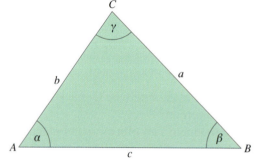

Bei Dreiecken liegt der längsten Seite der größte Winkel gegenüber. Entsprechend liegt der kürzesten Seite auch der kleinste Winkel gegenüber. Umgekehrt gilt dies ebenfalls. Bei der **Seiten-Winkel-Beziehung** werden jeweils zwei Seiten und die gegenüberliegenden Winkel betrachtet.

Die Beschriftung der Dreiecke erfolgt nach diesen Festlegungen:
Die Eckpunkte werden mit Großbuchstaben entgegen dem Uhrzeigersinn beschriftet.
Dem Eckpunkt A liegt die Dreiecksseite a gegenüber …
Der Eckpunkt A ist der Scheitelpunkt des Innenwinkels α …

In jedem Dreieck gilt die
Dreiecksungleichung: Die Längen zweier Dreiecksseiten sind zusammen stets größer als die Länge der dritten Seite. $a + b > c;\quad a + c > b;\quad b + c > a$

Seiten-Winkel-Beziehung: Von zwei Seiten liegt der längeren Seite auch der größere Winkel gegenüber und umgekehrt.   Gilt zum Beispiel $a > b$, dann gilt auch $\alpha > \beta$.
Ist umgekehrt $\alpha > \beta$ erfüllt, dann gilt auch $a > b$.

Winkel und Dreiecke

Übungen

3 Von einem Dreieck sind die Längen von zwei Seiten bekannt. Gib drei mögliche Längen für die dritte Dreiecksseite an.
a) $a = 6$ cm; $b = 4$ cm
b) $a = 7$ cm; $b = 9$ cm
c) $a = 3$ cm; $c = 11$ cm
d) $b = 3,5$ m; $c = 1,5$ m
e) $b = 4,5$ cm; $c = 9$ cm

4 Untersuche, ob es ein Dreieck mit diesen Seitenlängen geben kann.
a) $a = 4$ cm; $b = 7$ cm; $c = 5$ cm
b) $a = 5,5$ cm; $b = 3$ cm; $c = 9$ cm
c) $a = 8$ cm; $b = 3,5$ cm; $c = 4,5$ cm
d) $a = 6$ cm; $b = 2,5$ cm; $c = 9$ cm
e) $a = 1,5$ dm; $b = 8$ cm; $c = 0,3$ dm
f) $a = 7$ cm; $b = c = 5$ cm

5 Du hast fünf Stäbe mit 3 cm, 4 cm, 6 cm, 7 cm und 9 cm Länge zur Verfügung. Wie viele verschiedene Dreiecksformen kannst du damit legen? Schreibe jeweils die drei Stablängen nebeneinander, die ein Dreieck ergeben.

6 a) Zeichne den vorgegebenen Winkel.

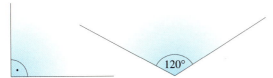

Ergänze die Figur zu einem Dreieck. Eine Linie musst du dazu neu zeichnen.
b) Vergleiche die Länge der Dreiecksseite, die du neu zeichnen musstest mit der Länge der Dreiecksseiten, die dem vorgegebenen Winkel anliegen.
c) Begründe mithilfe der Seiten-Winkel-Beziehung, dass in einem rechtwinkligen (stumpfwinkligen) Dreieck die längste Seite dem rechten (stumpfen) Winkel gegenüber liegt.

7 Begründe mithilfe der Seiten-Winkel-Beziehung, dass im gleichschenkligen Dreieck die Basiswinkel gleich groß sind.

8 In einem gleichseitigen Dreieck sind alle Seiten gleich lang. Welche Schlussfolgerung ergibt sich daraus mithilfe der Seiten-Winkel-Beziehung für die Winkel im gleichseitigen Dreieck?

9 Welche „Rangfolge" der Winkelgrößen kannst du aus den Längenangaben der Dreiecksseiten ableiten?

	a	b	c
a)	5 cm	7 cm	4 cm
b)	6 cm	3,7 cm	2,5 cm
c)	3,4 cm	4,7 cm	5,2 cm
d)	7 cm	7 cm	5 cm
e)	3,6 cm	6,9 cm	3,6 cm
f)	1,4 cm	36 mm	0,9 cm
g)	2,5 dm	6,4 dm	25 cm
h)	67 mm	6,7 cm	0,67 dm

10 Welche „Rangfolge" der Seitenlängen kannst du aus den Angaben der Winkelgrößen ableiten?

	α	β	γ
a)	60°	80°	40°
b)	32°	90°	58°
c)	105°	45°	30°
d)	45°	90°	45°
e)	60°	60°	60°
f)	146°	17°	17°

11 Entscheide, ob die Behauptung für Dreiecke richtig ist. Begründe.
a) Ist der Winkel α größer als der Winkel γ, dann ist die Seite c auch länger als die Seite a.
b) Ist der Winkel $\beta = 126°$, dann ist die Seite b die längste Seite des Dreiecks.
c) Wenn ein Dreieck gleichschenklig ist, dann ist es auch rechtwinklig.
d) Sind a und c Schenkel eines gleichschenkligen Dreiecks, dann sind die Winkel α und γ gleich groß.
e) In einen gleichschenklig-rechtwinkligen Dreieck liegt der Basis der rechte Winkel gegenüber.

Die Summe der Innenwinkel des Dreiecks

Wir schneiden aus einem Blatt Papier ein Dreieck aus. Davon trennen wir zwei Ecken ab, die wir an die dritte Ecke anlegen.

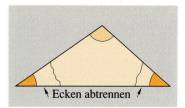
Ecken abtrennen

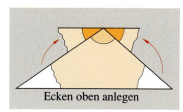
Ecken oben anlegen

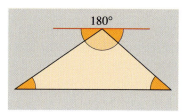
180°

Die drei Winkel ergeben zusammen einen gestreckten Winkel, also 180°.

Um zu zeigen, dass diese Winkelsumme für alle Dreiecke gilt, ist ein **Beweis** nötig. Wir gehen von einer **Voraussetzung** aus und führen Beweisschritte mithilfe bekannter Sachverhalte durch, bis wir die **Behauptung** bestätigen.

Die Beweisidee zu diesem Beweis kann aus der Figur oben abgeleitet werden.

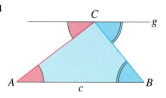

Eine Parallele zu einer Dreiecksseite ist nötig. Dann lassen sich Wechselwinkel an geschnittenen Parallelen erkennen.

Info

Das Führen eines Beweises ist ein meist schwieriges Verfahren. Wenn ihr in diesem Buch oder in anderen Büchern Beweise für verschiedene Aussagen lest, dann sehen diese „überwältigend" aus und ihr fragt euch sicher, wie man darauf nur kommen kann.

Es ist wichtig zu wissen, dass in den meisten Fällen Irrwege vorausgegangen sind oder dass erst die richtige Beweisidee gefunden werden musste, bevor der Beweis so klar und „einfach" wirkend aufgeschrieben werden konnte.

Wir beweisen den Satz: Sind α, β und γ Innenwinkel eines Dreiecks, so ist deren Summe 180°.

Voraussetzung: α, β und γ sind Innenwinkel eines Dreiecks.
Behauptung: $\alpha + \beta + \gamma = 180°$

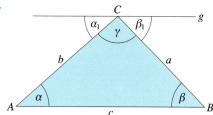

Beweis: Wir wählen bei einem Dreieck die Parallele g zur Seite c durch den Eckpunkt C. Bezüglich der Seite a sind Wechselwinkel β und β_1, bezüglich der Seite b sind Wechselwinkel α und α_1 festgelegt.

Es gilt: $\quad \alpha_1 + \beta_1 + \gamma = 180°$ (Sie ergeben zusammen einen gestreckten Winkel.)
$\quad \alpha = \alpha_1$ und $\beta = \beta_1$ (Wechselwinkel an geschnittenen Parallelen sind gleich groß.)

Dann gilt: $\alpha + \beta + \gamma = 180°$ (Anstelle von α_1 bzw. β_1 kann der gleich große Winkel α bzw. β eingesetzt werden.)

Für den Beweis des Satzes über die Innenwinkel im Dreieck ist es unwichtig, von welcher Dreiecksseite wir die Parallele durch den gegenüberliegenden Eckpunkt auswählen.

In jedem Dreieck beträgt die Summe der Innenwinkel 180°. $\quad \alpha + \beta + \gamma = 180°$
Dieser Satz wird **Innenwinkelsatz** genannt.

Winkel und Dreiecke

Übungen

1 Berechne den fehlenden Winkel im rechtwinkligen Dreieck.

	a)	b)	c)	d)
α	90°	64°		45°
β	72°	90°	21°	90°
γ			90°	

2 Berechne den fehlenden Winkel.

a)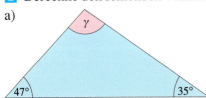

b)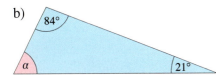

c)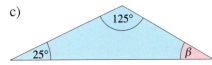

d)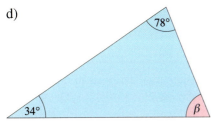

e)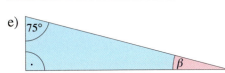

3 Berechne den fehlenden Winkel. Was für ein Dreieck ist das?

a) 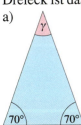   b)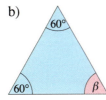

4 In einem Dreieck sollen zwei Innenwinkel die gegebene Größe haben. Ist das möglich? Begründe.
a) $\alpha = 66°$; $\beta = 117°$ b) $\alpha = 97°$; $\gamma = 86°$

5 a) Gibt es ein Dreieck, bei dem alle Winkel kleiner als 60° sind? Begründe.
b) Gibt es ein Dreieck, bei dem alle drei Winkel größer als 60° sind? Begründe.

6 Berechne den fehlenden Winkel im Dreieck.

	a)	b)	c)	d)	e)	f)
α	53°	35°		60°	45°	
β	49°		70°	102°		50°
γ		110°	28°		60°	76°

7 Berechne die beiden fehlenden Winkel.

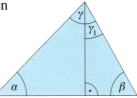

a) $\alpha = 45°$; $\gamma = 65°$ c) $\alpha = 34°$; $\gamma_1 = 79°$
b) $\alpha = 69°$; $\beta = 32°$ d) $\beta = 55°$; $\gamma = 98°$

8 Das Dreieck ist gleichschenklig. Berechne alle fehlenden Winkel.

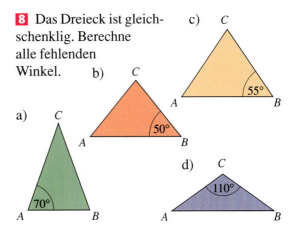

9 Welche Dachneigung hat jedes Haus?

Winkelsummen bei Dreiecken

Werden die Dreiecksseiten über die Endpunkte hinaus verlängert, entstehen an jedem Eckpunkt Scheitelwinkel und Nebenwinkel.
Jeder Nebenwinkel eines Innenwinkels wird **Außenwinkel** genannt. Außenwinkel kennzeichnen wir mit einem Strich.
α′ (sprich: alpha Strich) ist Außenwinkel des Winkels α im Dreieck ABC.
In der Zeichnung wurde jede Dreiecksseite nur über einen Eckpunkt hinaus verlängert.

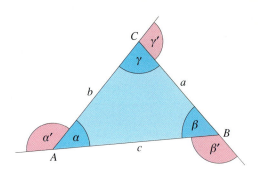

1 Welchen Zusammenhang zwischen dem Außenwinkel des Dreiecks und einem *anliegenden* Innenwinkel kannst du formulieren? Begründe deine Aussage.

2 Welche Vermutung hast du, wenn du die Winkelsumme der Außenwinkel α′, β′ und γ′ bildest? Zeichne gegebenenfalls ein Beispiel und miss diese Winkel.

Es gibt auch einen Zusammenhang zwischen einem Außenwinkel und den beiden *nicht anliegenden* Innenwinkeln.
Ist zum Beispiel der Winkel β′ der Außenwinkel, dann sind die Innenwinkel α und γ nicht anliegend.

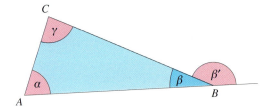

Mithilfe der Beziehung zwischen dem Außenwinkel und dem *anliegenden* Innenwinkel und mithilfe des Satzes über die Innenwinkel des Dreiecks lässt sich dieser **Außenwinkelsatz** beweisen:
Bei Dreiecken ist jeder Außenwinkel genauso groß, wie die Summe der beiden nicht anliegenden Innenwinkel.

In jedem Dreieck gilt: Außenwinkel und anliegender Innenwinkel ergeben zusammen 180°.
$$\alpha + \alpha' = \beta + \beta' = \gamma + \gamma' = 180°$$

Die Summe der Außenwinkel α′, β′ und γ′ beträgt 360°. $\alpha' + \beta' + \gamma' = 360°$

Jeder Außenwinkel ist genauso groß wie die Summe der beiden nicht anliegenden Innenwinkel. Dieser Satz wird **Außenwinkelsatz** genannt. $\alpha' = \beta + \gamma; \ \beta' = \alpha + \gamma; \ \gamma' = \alpha + \beta$

Übungen

3 Berechne die gekennzeichneten Winkel.

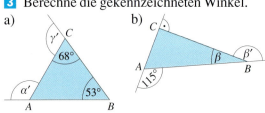

4 Berechne jeden fehlenden Innenwinkel und Außenwinkel.

a) α = 56°; β = 67°
b) α = 65°; β = 30°
c) β = 14°; γ = 29°
d) α = 112°; γ = 45°
e) α = 90°; β = 34°
f) β = γ = 69°
g) α = 40°; β′ = 120°
h) α = 100°; γ′ = 130°
i) β = 62°; α′ = 67°
j) γ = 33°; α′ = 53°
k) α′ = 90°; γ′ = 140°
l) β′ = 124°; γ′ = 153°
m) α′ = 51°; β′ = 145°
n) β′ = γ′ = 120°

Konstruktion von Dreiecken – sss

Konstruktion aus drei Seiten

In der Flurkarte ist ein Grundstück mit der Nummer 2120 hervorgehoben. Auf dem Grundstück soll gebaut werden. Dazu muss die Architektin unter anderem auch die dreieckige Grundstücksfläche zeichnen. Sie muss einen geeigneten Maßstab wählen.

Damit wir das Dreieck geeignet zeichnen können, wählen wir den Maßstab 1:1000.

Für die Konstruktion legen wir fest, dass die Dreiecksseite am Mühlenweg als Seite $|\overline{AB}| = c$ des Dreiecks angesehen wird.

Wirklichkeit	Zeichnung
1 m = 100 cm	0,1 cm
10 m = 1000 cm	1 cm
38 m	3,8 cm
36 m	3,6 cm
21 m	2,1 cm

Dieses Dreieck wird so konstruiert:

1. Zeichne $|\overline{AB}| = c = 3{,}6$ cm.
2. Zeichne um A einen Kreis mit dem Radius $b = 3{,}8$ cm.
3. Zeichne um B einen Kreis mit dem Radius $a = 2{,}1$ cm. Die Kreise schneiden sich in C.
4. Verbinde A mit C und B mit C.

Gegeben:
$|\overline{AB}| = c = 3{,}6$ cm
$|\overline{BC}| = a = 2{,}1$ cm
$|\overline{AC}| = b = 3{,}8$ cm

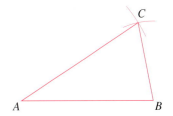

Beispiele

Konstruiere aus den drei Seiten das Dreieck ABC mit $a = 3{,}6$ cm; $b = 4{,}4$ cm und $c = 5{,}5$ cm.

Gegeben: $a = 3{,}6$ cm; $b = 4{,}4$ cm; $c = 5{,}5$ cm

Konstruktionsbeschreibung

1. Zeichne $c = 5{,}5$ cm.
2. Zeichne um A einen Kreis mit dem Radius $b = 4{,}4$ cm.
3. Zeichne um B einen Kreis mit dem Radius $a = 3{,}6$ cm. Die Kreise schneiden sich in C.
4. Verbinde A mit C und B mit C.

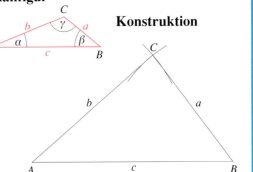

Übungen

1 Konstruiere das Dreieck ABC.
a) $a = 5{,}4$ cm; $b = 3{,}7$ cm; $c = 6{,}5$ cm
b) $a = 6{,}1$ cm; $b = 6{,}5$ cm; $c = 4{,}4$ cm
c) $a = 2{,}4$ cm; $b = 6{,}7$ cm; $c = 7$ cm
d) $a = 4{,}9$ cm; $b = 5{,}5$ cm; $c = 3{,}5$ cm
e) $a = 7{,}1$ cm; $b = 3{,}8$ cm; $c = 5{,}6$ cm
f) $a = 3{,}4$ cm; $b = 4{,}9$ cm; $c = 6{,}2$ cm
g) $a = 5{,}4$ cm; $b = 3{,}6$ cm; $c = 6{,}6$ cm

2 Bestimme zunächst die Art des Dreiecks. Konstruiere dann das Dreieck ABC.
a) $c = 4{,}8$ cm; $a = b = 5{,}7$ cm
b) $a = c = 4{,}4$ cm; $b = 6{,}2$ cm
c) $a = b = c = 3{,}9$ cm

3 Du kennst die Dreiecksungleichung. Wird dir die Konstruktion dieses Dreiecks glücken? Versuche es.
$a = 2{,}4$ cm; $b = 7{,}3$ cm; $c = 4{,}5$ cm.

Konstruktion von Dreiecken – sws

Konstruktion aus zwei Seiten und dem eingeschlossenen Winkel

Die Schülerinnen und Schüler einer Klasse haben Messungen im Gelände durchgeführt. Ein Auftrag lautete, mithilfe einer Maßstabszeichnung die abgesteckte Länge quer über einen Teich zu bestimmen.
Mit einem Theodoliten wurden die beiden Stäbe angepeilt und der eingeschlossene Winkel gemessen. Dann wurden die Längen vom Standpunkt des Theodoliten zu den Stäben bestimmt.

Damit wir das Dreieck geeignet zeichnen können, wählen wir den Maßstab 1:1000.

Für die Konstruktion legen wir fest, dass die längste Dreiecksseite als Seite $|\overline{AB}| = c$ des Dreiecks angesehen wird.

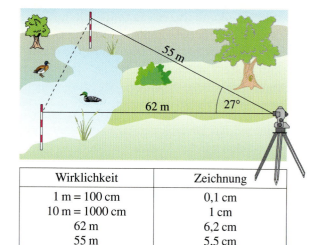

Wirklichkeit	Zeichnung
1 m = 100 cm	0,1 cm
10 m = 1000 cm	1 cm
62 m	6,2 cm
55 m	5,5 cm

Dieses Dreieck wird so konstruiert:

1. Zeichne $|\overline{AB}| = c = 6{,}2$ cm.
2. Zeichne an $\overline{AB}$ in B den Winkel $\beta = 27°$.
3. Markiere auf dem freien Schenkel von β den Punkt C, 5,5 cm von B entfernt.
4. Verbinde A mit C.

Gegeben:
$|\overline{AB}| = c = 6{,}2$ cm
$|\overline{BC}| = a = 5{,}5$ cm
$\beta = 27°$

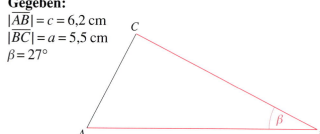

Der Abstand der Stäbe betrug ca. 28 m.

Übungen

1 Von einem Dreieck sind die Seiten a und b und der Winkel γ gegeben. Konstruiere das Dreieck nach der Planfigur und der Konstruktionsbeschreibung.

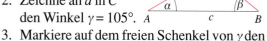

1. Zeichne $a = 3{,}5$ cm.
2. Zeichne an a in C den Winkel $\gamma = 105°$.
3. Markiere auf dem freien Schenkel von γ den Punkt B, 3 cm von C entfernt.
4. Verbinde A mit B.

2 Konstruiere das Dreieck ABC.
a) $b = 6{,}5$ cm; $c = 9{,}3$ cm; $\alpha = 83°$
b) $a = 3{,}5$ cm; $c = 4{,}2$ cm; $\beta = 57°$
c) $b = 2{,}1$ cm; $c = 6{,}2$ cm; $\alpha = 79°$
d) $a = 3{,}4$ cm; $b = 3{,}9$ cm; $\gamma = 65°$
e) $b = 5{,}4$ cm; $c = 4{,}3$ cm; $\alpha = 108°$
f) $a = 6{,}9$ cm; $b = 7{,}5$ cm; $\gamma = 54°$

3 Der gegebene Winkel ist der Winkel an der Spitze eines gleichschenkligen Dreiecks. Konstruiere das Dreieck ABC.
a) $b = 6{,}1$ cm; $\alpha = 25°$
b) $a = 5{,}6$ cm; $\gamma = 130°$
c) $c = 4{,}9$ cm; $\beta = 67°$

4 Konstruiere das rechtwinklige Dreieck ABC. Gegeben sind die beiden kurzen Seiten.
a) $a = 4$ cm; $b = 5{,}5$ cm
b) $a = 4{,}7$ cm; $c = 4{,}2$ cm
c) $b = 2{,}6$ cm; $c = 5{,}2$ cm

5 Von einem Messpunkt aus sieht man das Schloss Hausen und die Ruine Berchingen unter dem Winkel 45°. Der Messpunkt ist 3,3 km von Hausen und 5,2 km von Berchingen entfernt. Bestimme mithilfe einer Zeichnung die Entfernung von Schloss und Ruine. Zeichne im Maßstab 1:100 000 (1 cm entspricht 1 km).

Konstruktion von Dreiecken – wsw

Konstruktion aus einer Seite und den zwei anliegenden Winkeln

Die Stadt plant eine Umgehungsstraße. Weil die Bewohner des angrenzenden Gebietes durch die neue Straße große Lärmbelästigung befürchten, fordern sie eine Lärmschutzmauer.
Das beauftragte Planungsbüro muss die Länge der Mauer bestimmen. Dies kann allerdings nicht mit dem Bandmaß direkt gemessen werden, weil dort vor Baubeginn ein kleiner See liegt. Um die Vermessung doch durchführen zu können, setzen sie in die Endpunkte B und C der nötigen Mauer je einen Vermessungsstab. Außerdem markieren sie einen leicht zugänglichen Punkt A. So entsteht das Dreieck ABC.

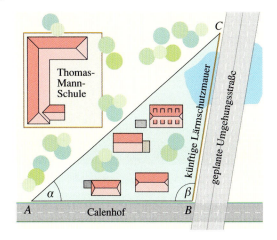

Mit einem Theodoliten wurde zunächst vom Markierungspunkt A aus der Winkel zwischen den Markierungen B und C gemessen. 40° ermittelte das Gerät. Dann wurde vom Punkt B aus der Winkel zwischen den Markierungen A und C gemessen. Das Gerät ermittelte 105°.
Der Abstand der Messpunkte A und B wurde mit 43 m bestimmt.

Damit wir das Dreieck geeignet zeichnen können, wählen wir den Maßstab 1 : 1000.

Wirklichkeit	Zeichnung
1 m = 100 cm	0,1 cm
10 m = 1000 cm	1 cm
43 m	4,3 cm

Dieses Dreieck wird so konstruiert:

1. Zeichne $|\overline{AB}| = c = 4{,}3$ cm.
2. Zeichne an $\overline{AB}$ in A den Winkel $\alpha = 40°$.
3. Zeichne an $\overline{AB}$ in B den Winkel $\beta = 105°$. Die freien Schenkel von Winkel α und Winkel β schneiden sich in C.

Gegeben:
$|\overline{AB}| = c = 4{,}3$ cm
$\alpha = 40°$
$\beta = 105°$

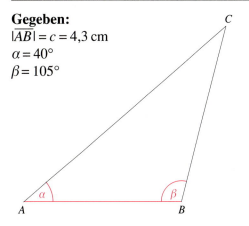

Die Länge der Lärmschutzmauer muss ungefähr 48 m betragen.

Übungen

1 Vor der Konstruktion eines Dreiecks wurde diese Planfigur gezeichnet. Schreibe eine allgemeine Konstruktionsbeschreibung für die Konstruktion auf.

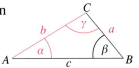

2 Du kennst den Satz über die Innenwinkel des Dreiecks. Wird dir die Konstruktion dieses Dreiecks glücken? Versuche es.
a) $a = 4{,}9$ cm; $\beta = 68°$; $\gamma = 112°$
b) $b = 7{,}4$ cm; $\alpha = 124°$; $\gamma = 58°$

3 Konstruiere das gleichseitige Dreieck mit $a = 4$ cm nach wsw. Beschreibe dein Vorgehen.

4 Konstruiere das Dreieck *ABC*.
a) $c = 3{,}9$ cm; $\alpha = 52°$; $\beta = 82°$
b) $c = 4{,}2$ cm; $\alpha = 100°$; $\beta = 45°$
c) $a = 6{,}2$ cm; $\beta = 37°$; $\gamma = 74°$
d) $a = 4{,}1$ cm; $\beta = 28°$; $\gamma = 105°$
e) $b = 5{,}4$ cm; $\alpha = 65°$; $\gamma = 79°$
f) $b = 3{,}9$ cm; $\alpha = 118°$; $\gamma = 35°$

5 Konstruiere das Dreieck *ABC*.
a) $c = 5{,}1$ cm; $\alpha = 110°$; $\beta = 37°$
b) $b = 6{,}8$ cm; $\gamma = 126°$; $\alpha = 23°$
c) $a = 4$ cm; $\beta = 27°$; $\gamma = 140°$
d) $c = 4{,}8$ cm; $\alpha = 37°$; $\beta = 110°$
e) $b = 5{,}2$ cm; $\gamma = 23°$; $\alpha = 126°$
f) $a = 5{,}5$ cm; $\beta = 140°$; $\gamma = 27°$

6 Bestimme zunächst die Art des Dreiecks. Konstruiere dann das Dreieck *ABC*.
a) $a = 3{,}6$ cm; $\gamma = 90°$; $\beta = 60°$
b) $b = 5{,}9$ cm; $\gamma = 55°$; $\alpha = 55°$
c) $c = 4{,}7$ cm; $\alpha = 70°$; $\beta = 70°$

7 Die gegebene Seite ist die Basis eines gleichschenkligen Dreiecks. Konstruiere das Dreieck *ABC*.
a) $c = 4{,}9$ cm; $\alpha = 71°$
b) $a = 6{,}3$ cm; $\gamma = 48°$
c) $b = 5{,}2$ cm; $\alpha = 35°$
d) $c = 5{,}1$ cm; $\beta = 70°$
e) $b = 4{,}3$ cm; $\gamma = 44°$
f) $a = 5{,}9$ cm; $\beta = 56°$

8 Damit eine Leiter sicher steht, warnen die Sicherheitshinweise, dass der Winkel α nicht größer als 70° sein darf. Im Handel werden Leitern mit 4 m, 5 m und 6 m Länge angeboten. Fertige maßstabsgerechte Zeichnungen an, mit deren Hilfe du bestimmen kannst, in welcher Höhe jede Leiter anliegt, wenn der größtmögliche zulässige Neigungswinkel erreicht ist.

9 Wie lang muss eine Leiter nach den Sicherheitsangaben aus Aufgabe 8 mindestens sein, damit sie an einer Hauswand bis in eine Höhe von 4,5 m reicht? Zeichne im Maßstab 1 : 50.

Info

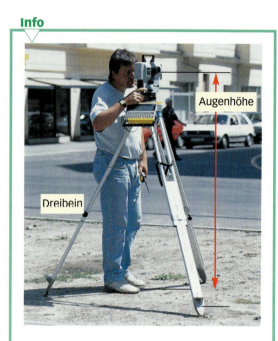

Da der Theodolit beim Messen immer auf einem Dreibein steht, muss man die Höhe vom Boden bis zum Fernrohr des Theodoliten bei allen Höhenmessungen berücksichtigen. Diese Höhe ist einheitlich festgelegt auf 1,50 m. Man nennt sie die Augenhöhe.

10 Die Höhe eines Bürogebäudes soll mit dem Theodoliten vermessen werden. Er wird in 50 m Entfernung vom Gebäude aufgestellt und der Winkel $\alpha = 35°$ gemessen.

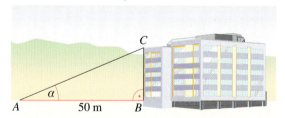

a) Fertige nach der Skizze eine Zeichnung im Maßstab 1 : 500 an.
b) Bestimme aus der Zeichnung die Höhe des Bürogebäudes. Beachte dabei die Augenhöhe.

Aus dem Guinness-Buch der Rekorde

1 Die *steilste Zahnradbahn der Welt* ist die Pilatusbahn bei Luzern in der Schweiz. Sie wurde 1889 eröffnet. Auf ihrem steilsten Streckenabschnitt erreicht sie eine Steigung von 48 %.

Zeichne ein Steigungsdreieck im Maßstab 1:1000 und miss den Steigungswinkel α.

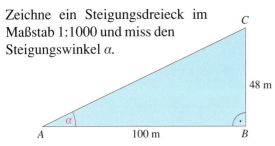

2 Die *steilste Seilbahn Europas* befindet sich im Sankt-Gotthard-Gebiet. Die Bahn fährt auf Schienen und wird von Seilen gezogen. Auf ihrem steilsten Streckenabschnitt überwindet sie eine Steigung von 80 %. Zeichne das Steigungsdreieck und miss den Steigungswinkel α.

3 Die *steilste Eisenbahnstrecke im Netz der Deutschen Bahn* muss bei Boppard am Rhein auf dem Weg in den Hunsrück hinauf überwunden werden. Auf dieser Strecke beträgt die Steigung 6,1 %. Zeichne ein Steigungsdreieck und miss den Steigungswinkel.

4 Die *steilste Straße der Welt* ist die Baldwin Street in Dunedin (Neuseeland). Vermessungen ergaben, dass sie eine Steigung von 79 % hat. Bestimme den Steigungswinkel.

5 a) Wenn man von Österreich nach Slowenien über den Loibl-Pass gelangen will, musste man früher die *steilste Strecke Europas* fahren. Zwischen Klagenfurt in Österreich und Ljubljana in Slowenien hat die Passstraße auf ihrem steilsten Abschnitt eine Steigung von 29 %. Zeichne ein Steigungsdreieck und miss den Steigungswinkel.

b) Durch eine neue Tunnelstrecke ist die Steigung inzwischen auf 17 % verringert worden. Wie groß ist jetzt der Steigungswinkel?

6 Die *steilste Ortsstraße der Bundesrepublik Deutschland* ist die Schriesheimergasse in Schönau bei Heidelberg (Baden-Württemberg). Sie hat 27 % Steigung. Bestimme den Steigungswinkel.

b) 1988 galt noch die Herrenstraße in St. Andreasberg im Harz (Niedersachsen mit 20 % Steigung als die steilste Ortsstraße

Deutschlands. Bestimme auch für diese Steigung den Steigungswinkel.

Konstruktion von Dreiecken – ssw

Konstruktion aus zwei Seiten und einem Winkel, der nicht davon eingeschlossen wird

1. Fall: Wir konstruieren das Dreieck ABC mit $b = 2{,}5$ cm, $c = 3{,}2$ cm und $\beta = 45°$.

Gegeben: $b = 2{,}5$ cm
$c = 3{,}2$ cm
$\beta = 45°$

Konstruktionsbeschreibung
1. Zeichne $c = 3{,}2$ cm.
2. Zeichne an c in B den Winkel $\beta = 45°$.
3. Zeichne um A den Kreis mit dem Radius $b = 2{,}5$ cm.
   Der Kreis schneidet den freien Schenkel von β in C_1 und C_2.
4. Verbinde A mit C_1 bzw. C_2.

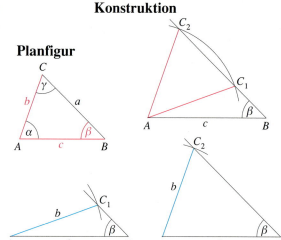

In diesem Fall entstehen zwei verschiedene Dreiecke.

2. Fall: Wir konstruieren das Dreieck ABC mit $b = 3{,}4$ cm, $c = 3{,}2$ cm und $\beta = 45°$.

Gegeben: $b = 3{,}4$ cm
$c = 3{,}2$ cm
$\beta = 45°$

Konstruktionsbeschreibung
1. Zeichne $c = 3{,}2$ cm.
2. Zeichne an c in B den Winkel $\beta = 45°$.
3. Zeichne um A den Kreis mit dem Radius $b = 3{,}4$ cm.
   Der Kreis schneidet den freien Schenkel von β in C.
4. Verbinde A mit C.

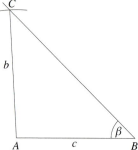

In diesem Fall ist die längere der zwei gegebenen Seiten auch diejenige, die dem gegebenen Winkel gegenüber liegt. Wir kürzen diesen Fall mit **Ssw** ab (die größere Seite liegt dem gegebenen Winkel gegenüber). Wenn diese Voraussetzung erfüllt ist, ergibt jede Konstruktion stets das gleiche Dreieck.

Übungen

1 Zeichne das Dreieck ABC.
a) $a = 3{,}8$ cm; $c = 5{,}4$ cm; $\gamma = 70°$
b) $a = 3{,}9$ cm; $b = 6{,}4$ cm; $\beta = 54°$
c) $b = 4{,}7$ cm; $c = 5{,}5$ cm; $\beta = 48°$
d) $a = 3{,}3$ cm; $c = 5{,}8$ cm; $\gamma = 67°$
e) $b = 4{,}7$ cm; $c = 4{,}2$ cm; $\gamma = 40°$
f) $a = 5{,}7$ cm; $b = 4{,}1$ cm; $\alpha = 72°$

2 Zeichne das Dreieck ABC. Gib vorher an, ob bei der Konstruktion ein Dreieck oder zwei Dreiecke entstehen.
a) $a = 3{,}7$ cm; $c = 4{,}9$ cm; $\gamma = 72°$
b) $c = 4{,}8$ cm; $b = 5{,}2$ cm; $\gamma = 55°$
c) $b = 4{,}5$ cm; $a = 3{,}7$ cm; $\beta = 68°$
d) $a = 3{,}5$ cm; $c = 5{,}6$ cm; $\alpha = 30°$
e) $b = 6{,}3$ cm; $c = 3{,}7$ cm; $\beta = 95°$
f) $c = 6{,}3$ cm; $a = 4{,}7$ cm; $\alpha = 27°$

Sonstige Dreieckskonstruktionen – *ssw* und *www*

Im Fall *sww* liegt an der gegebenen Seite nur einer der gegebenen Winkel an. Den dritten Winkel kann man mithilfe der Winkelsumme im Dreieck berechnen.

Wir konstruieren das Dreieck ABC mit $a = 3{,}2$ cm, $\alpha = 41°$ und $\beta = 73°$.

Gegeben: $a = 3{,}2$ cm
$\alpha = 41°$
$\beta = 73°$

Konstruktion

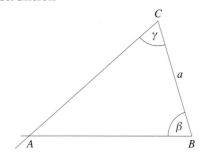

Es wird der Winkel γ berechnet.
$\gamma = 180° - (\alpha + \beta)$
$\gamma = 180° - (41° + 73°)$
$\gamma = 66°$

Somit kennt man die beiden Winkel, die an der gegebenen Seite anliegen.

> Der Fall *sww* kann auf den Fall *wsw* zurückgeführt werden. Das Dreieck wird entsprechend konstruiert.

1 Beschreibe die Konstruktion für dieses Dreieck.

Bei dem Fall *www* sind die drei Winkel des Dreiecks gegeben. Wie lang die Seiten des Dreiecks sind, ist unbekannt.

Wir konstruieren das Dreieck ABC mit $\alpha = 48°$, $\beta = 71°$ und $\gamma = 61°$.

Gegeben: $\alpha = 48°$; $\beta = 71°$; $\gamma = 61°$

Konstruktion

Für die Konstruktion des Dreiecks sind bereits zwei Winkel ausreichend.

möglicher Konstruktionsbeginn
1. Zeichne den Winkel $\alpha = 48°$.
2. Lege auf dem einen Schenkel von α den Punkt B und somit die Seite c fest.

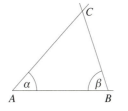 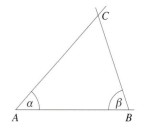

Ab dieser Stelle entspricht die Konstruktion dem Fall *wsw*.

2 Vervollständige die begonnene Konstruktionsbeschreibung.

Je nachdem, wie bei der Konstruktion zum Beispiel der Punkt B auf dem einen Schenkel von α festgelegt wird, entstehen verschiedene Dreiecke. Sie haben zwar die gleiche Form, weil sie in den drei Winkeln übereinstimmen, jedoch unterscheiden sie sich in der Größe.

Übungen

3 Zeichne das Dreieck ABC.
a) $b = 4{,}9$ cm; $\alpha = 61°$, $\beta = 46°$
b) $b = 5{,}3$ cm; $\gamma = 52°$, $\beta = 38°$
c) $c = 6{,}1$ cm; $\alpha = 106°$, $\gamma = 40°$
d) $c = 7{,}2$ cm; $\gamma = 26°$, $\beta = 132°$
e) $a = 3{,}9$ cm; $\alpha = 30°$, $\beta = 44°$
f) $a = 5{,}0$ cm; $\gamma = 51°$, $\alpha = 49°$

4 Zeichne das Dreieck ABC mit $|\overline{AB}| = 11$ cm, $\alpha = 53°$ und $\gamma = 94°$.
Wähle einen Punkt P im Dreieck und verbinde P mit A, mit B und mit C.
Zeichne in das Dreieck ABC ein Dreieck DEF, dessen Seiten zu den Seiten des Dreiecks ABC parallel sind.
Wodurch unterscheiden sich die Dreiecke ABC und DEF, was haben sie gemeinsam?

Übersicht über die Konstruktionen von Dreiecken

gegebene Seiten	mögliche Planfigur	mögliche Dreiecke
drei Seiten Fall *sss*		1 Dreieck jede Konstruktion führt zum gleichen Dreieck
zwei Seiten und der eingeschlossene Winkel Fall *sws*		1 Dreieck jede Konstruktion führt zum gleichen Dreieck
eine Seite und die zwei anliegenden Winkel Fall *wsw*		1 Dreieck jede Konstruktion führt zum gleichen Dreieck
eine Seite und zwei Winkel, wovon ein Winkel nicht anliegt Fall *sww* (führt auf den Fall *wsw*)		1 Dreieck jede Konstruktion führt zum gleichen Dreieck
zwei Seiten und ein nicht eingeschlossener Winkel Fall *ssw*		**1. Fall:** der Winkel liegt der kürzeren der zwei Seiten gegenüber (*sSw*) 2 verschiedene Dreiecke **2. Fall:** der Winkel liegt der längeren der zwei Seiten gegenüber (*Ssw*) 1 Dreieck
drei Winkel Fall *www*		beliebig viele Dreiecke sie haben die gleiche Form aber verschiedene Größe

Wenn Dreiecke die gleiche Form und die gleiche Größe haben, nennt man sie **kongruente (deckungsgleiche) Dreiecke**. Kongruente Dreiecke stimmen in allen Seiten und Winkeln überein.

Dreiecke, die aus den gleichen gegebenen Größen nach den Fällen *sss*, *sws*, *wsw* oder *Ssw* konstruiert wurden, stimmen in den Seiten und Winkeln überein. Sie sind stets kongruent.

Kongruenzsätze

Die Erkenntnisse bei der Konstruktion von Dreiecken besagen, dass von den sechs Größen, den drei Seitenlängen und den drei Winkelgrößen, nur drei ausreichen, um unter bestimmten Voraussetzungen beliebig viele kongruente Dreiecke konstruieren zu können.

Umgekehrt dienen diese Erkenntnisse, um bei Dreiecken zu prüfen, ob sie kongruent sind. Es ist ausreichend, nur drei Größen der Dreiecke miteinander zu vergleichen. Die verschiedenen Möglichkeiten wurden in den **Kongruenzsätzen** formuliert, die nun sehr vertraut klingen.

Kongruenzsatz *sss*   Stimmen zwei Dreiecke in allen drei Seiten überein, sind sie kongruent.

Kongruenzsatz *sws*   Stimmen zwei Dreiecke in zwei Seiten und dem eingeschlossenen Winkel überein, sind sie kongruent.

Kongruenzsatz *wsw*   Stimmen zwei Dreiecke in einer Seite und den beiden anliegenden Winkeln überein, sind sie kongruent.

Kongruenzsatz *Ssw*   Stimmen zwei Dreiecke in zwei Seiten und dem der größeren Seite gegenüberliegenden Winkel überein, sind sie kongruent.

Übungen

1 Welche Dreiecke sind kongruent. Gib eine Begründung an.

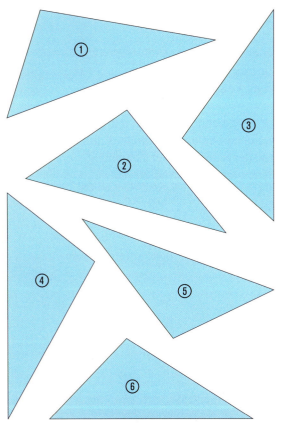

2 Suche in dieser Figur so viele Dreiecke wie möglich. Schreibe die kongruenten Dreiecke wie im Beispiel auf.

Beispiel: $\triangle ABC \cong \triangle BCD$
(Das Zeichen $\triangle$ bedeutet: „Das Dreieck …",
das Zeichen $\cong$ bedeutet: „… ist kongruent zu …".

Die Vierecke *ABCD* und *DGCE* sind Quadrate.

3 Die Geraden *g* und *h* sind parallel. Der Punkt *C* liegt genau in der Mitte zwischen *g* und *h*.
Begründe, dass die Dreiecke *ABC* und *CDE* kongruent sind.

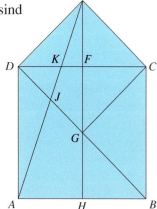

Vermischte Übungen

1 Zeichne das Dreieck ABC. Nach welchem der drei Fälle sss, sws, wsw musst du es konstruieren?
a) $a = 3$ cm; $b = 6$ cm; $c = 5$ cm
b) $c = 5{,}3$ cm; $\alpha = 43°$; $\beta = 62°$
c) $b = 2{,}9$ cm; $c = 5{,}3$ cm; $\alpha = 36°$
d) $a = 4$ cm; $b = 6$ cm; $\gamma = 47°$

2 Warum kann mit diesen Angaben kein Dreieck gezeichnet werden?
a) $c = 5$ cm; $\alpha = 111°$; $\beta = 79°$
b) $a = 1{,}5$ cm; $b = 4$ cm; $c = 6$ cm
c) $a = 2{,}7$ cm; $b = 4{,}2$ cm; $c = 1{,}2$ cm
d) $b = 5{,}3$ cm; $\beta = 87°$; $\gamma = 93°$

3 Zeichne das gleichschenklige Dreieck ABC. Berechne vor der Konstruktion den fehlenden Winkel.
a) $a = 2{,}3$ cm; $\alpha = 45°$; $a = b$
b) $a = 3{,}4$ cm; $\alpha = 56°$; $a = b$

4 Zeichne das Dreieck ABC.
a) $c = 4{,}4$ cm; $\alpha = 47°$; $b = 3{,}8$ cm
b) $a = 3$ cm; $b = 4{,}6$ cm; $c = 5{,}5$ cm
c) $a = 3{,}4$ cm; $\beta = 38°$; $\gamma = 129°$
d) $a = 2{,}7$ cm; $c = 5{,}1$ cm; $\gamma = 101°$
e) $c = 4$ cm; $\alpha = 15°$; $\beta = 138°$
f) $a = 3{,}6$ cm; $\gamma = 70°$; $b = 2$ cm
g) $b = 4{,}9$ cm; $a = 3{,}5$ cm; $\beta = 22°$
h) $a = 2{,}9$ cm; $b = 4{,}8$ cm; $c = 3{,}4$ cm

5 Zeichne das Dreieck ABC.
a) $a = 4{,}5$ cm; $b = 6$ cm; $c = 7{,}5$ cm
b) $b = 4{,}8$ cm; $c = 5{,}6$ cm; $\alpha = 90°$
c) $c = 5{,}5$ cm; $\alpha = 55°$; $\beta = 35°$
d) $a = 6{,}3$ cm; $b = 4{,}2$ cm; $\gamma = 105°$
e) $a = 2{,}7$ cm; $b = 3{,}9$ cm; $c = 3{,}4$ cm

6 Nach welchem Fall muss das Dreieck gezeichnet werden? Entstehen nur kongruente Dreiecke? Zeichne das Dreieck ABC.
a) $c = 3$ cm; $a = 4{,}2$ cm; $\alpha = 72°$
b) $c = 3{,}5$ cm; $b = 5{,}5$ cm; $\beta = 135°$
c) $b = 4{,}7$ cm; $a = 3{,}3$ cm; $\beta = 73°$
d) $b = 2{,}9$ cm; $a = 4{,}8$ cm; $\alpha = 120°$
e) $a = 3{,}9$ cm; $c = 5{,}3$ cm; $\gamma = 129°$
f) $b = 4{,}7$ cm; $c = 6{,}1$ cm; $\gamma = 114°$

7 Zeichne diese Figur, die aus acht rechtwinkligen Dreiecken besteht. Beginne mit dem kleinsten Dreieck.

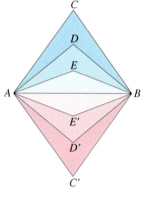

Bei genauer Konstruktion muss die längste Seite im größten Dreieck 3 cm lang sein. Prüfe, wie genau du konstruiert hast.

8 a) Im gleichseitigen Dreieck ABC ist $|\overline{AB}| = 10$ cm. Im Dreieck ABD ist $|\overline{AD}| = |\overline{BD}| = 6{,}5$ cm, im Dreieck ABE ist $|\overline{AE}| = |\overline{BE}| = 5{,}2$ cm. Zeichne diese Dreiecke und färbe sie.
b) Die Figur wurde an der Seite $\overline{AB}$ gespiegelt. Zeichne die hier abgebildete Figur vollständig.

9 a) Zeichne dieses Windrad, das aus vier gleichen Dreiecken besteht. Entnimm die Längen der Seiten aus der Zeichnung.
b) Ergänze das Windrad so, dass die unten abgebildete Figur entsteht.

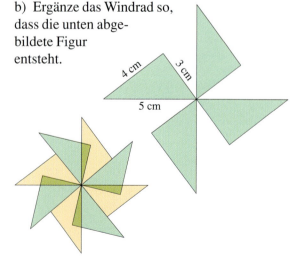

Besondere Linien im Dreieck

Wir betrachten ein gleichschenkliges Dreieck. Wir wissen, dass gleichschenklige Dreiecke symmetrisch sind.

Bei gleichschenkligen Dreiecken kann eine Symmetrieachse g angegeben werden.
Sie vereint alle möglichen Arten besonderer Linien im Dreieck.

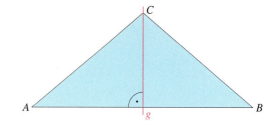

Die Symmetrieachse *halbiert den Winkel γ* an der Spitze. Sie ist eine **Winkelhalbierende**.

Die Symmetrieachse steht *senkrecht auf der Mitte* der Basis. Sie ist eine **Mittelsenkrechte**.

Auf der Symmetrieachse liegt die *senkrechte Strecke vom Eckpunkt des Dreiecks zur gegenüberliegenden Seite*. Das ist eine **Höhe** des Dreiecks.

Auf der Symmetrieachse liegt der *Strahl vom Eckpunkt des Dreiecks durch den Mittelpunkt der gegenüberliegenden Seite*. Das ist eine **Seitenhalbierende** des Dreiecks.

> In Dreiecken sind Linien festgelegt, die eine besondere Bedeutung besitzen.
>
> Die **Winkelhalbierende** ist ein Strahl vom Scheitelpunkt des Winkels aus, der den Winkel halbiert.
>
> Die **Mittelsenkrechte** ist eine Gerade, die senkrecht durch den Mittelpunkt der Strecke verläuft.
>
> Die **Höhe** ist die senkrechte Strecke vom Eckpunkt zur gegenüberliegenden Seite (oder deren Verlängerung). Das ist der **Abstand** des Eckpunkts von der gegenüberliegenden Seite (oder deren Verlängerung).
>
> Die **Seitenhalbierende** ist der Strahl vom Eckpunkt durch den Mittelpunkt der gegenüberliegenden Seite.

Übungen

1 In welcher Zeichnung wurde keine Winkelhalbierende gezeichnet?

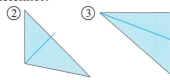

2 In welcher Zeichnung wurde keine Mittelsenkrechte gezeichnet?

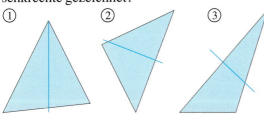

3 Was für eine Linie des Dreiecks wurde gezeichnet?

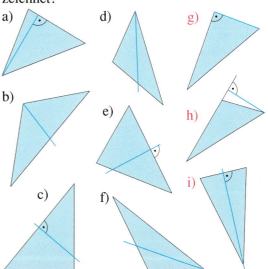

144 Konstruktion der Winkelhalbierenden

Um eine Winkelhalbierende zu zeichnen, kannst du den Winkel messen, die Hälfte berechnen und diesen Winkel dann mithilfe des Geodreiecks entsprechend zeichnen. Diese Methode ist meist ungenau.

Mithilfe von Zirkel und Lineal kannst du die **Grundkonstruktion** für die Winkelhalbierende sehr genau durchführen. So konstruierst du die Winkelhalbierende des Winkels α.

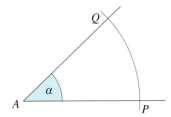 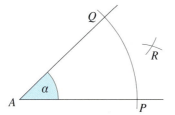 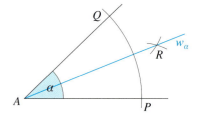

Zeichne einen Kreis um den Scheitelpunkt A des Winkels α. Die Schnittpunkte des Kreises mit den Schenkeln bezeichnen wir mit P und Q.

Zeichne um diese Schnittpunkte jeweils Kreisbögen. Beide Kreise müssen gleiche Radien haben. Deren Schnittpunkt innerhalb des Winkels bezeichnen wir mit R.

Zeichne den Strahl vom Scheitelpunkt A durch den Schnittpunkt R. Diese Winkelhalbierende des Winkels α wird mit w_α beschriftet.

Übungen

1 Zeichne zwei spitze und zwei stumpfe Winkel und halbiere sie mit Zirkel und Lineal. Miss nach, wie genau du gezeichnet hast.

2 Zeichne den Winkel und konstruiere die Winkelhalbierende.
a) 45°   c) 87°   e) 51°   g) 77°
b) 71°   d) 23°   f) 103° h) 95°

3 Zeichne die Figur und halbiere alle Winkel.

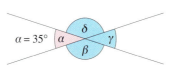

4 In der Zeichnung wurde ein Winkel in vier gleich große Winkel geteilt.

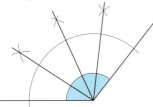

a) Beschreibe wie vorgegangen wurde.
b) Teile die in Aufgabe 2 gegebenen Winkel mit Zirkel und Lineal in vier gleiche Teile.

5 Verdopple mit Zirkel und Lineal den Winkel $\alpha = 33°$, $\beta = 56°$ und $\gamma = 81°$.

6 Übertrage das Dreieck in dein Heft und konstruiere die Winkelhalbierende des markierten Winkels.

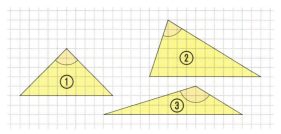

7 Jemand behauptet: Die Winkelhalbierende halbiert immer die gegenüberliegende Seite. Zeige, dass dies nur in Sonderfällen gilt.

8 Zeichne ein beliebiges Dreieck. Konstruiere nacheinander alle drei Winkelhalbierenden. Vergleiche mit deinen Nachbarn.

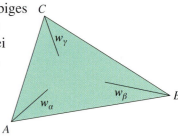

Konstruktion der Mittelsenkrechten

145

Um eine Mittelsenkrechte einer Strecke zu zeichnen, kannst du die Länge der Strecke messen, die Hälfte berechnen und den Mittelpunkt markieren. Mithilfe des Geodreiecks lässt sich die Senkrechte sehr einfach zeichnen. Diese Methode führt auch oft zu ungenauen Ergebnissen.

Mithilfe von Zirkel und Lineal kannst du die **Grundkonstruktion** für die Mittelsenkrechte sehr genau durchführen. So konstruierst du die Mittelsenkrechte der Strecke $\overline{AB}$.
Für eine bessere Übersichtlichkeit werden keine vollständigen Kreise gezeichnet. Nur in dem Bereich, wo wichtige Schnittpunkte entstehen können, werden Kreisbögen gezeichnet.

 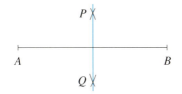 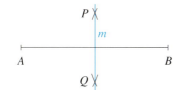

Zeichne Kreisbögen um den Endpunkt A der Strecke. Der Radius des Kreises muss nach Augenmaß größer als die Hälfte der Strecke sein.

Zeichne um den Endpunkt B der Strecke Kreisbögen mit dem **gleichen** Radius wie der Kreis um A. Die Schnittpunkte beider Kreisbögen bezeichnen wir mit P und Q.

Zeichne die Gerade durch die Punkte P und Q. Diese Mittelsenkrechte wird mit m beschriftet. Ist dies die Mittelsenkrechte der Dreiecksseite c, wird sie mit m_c beschriftet.

Den **Mittelpunkt einer Strecke** bestimmen wir also mithilfe der Grundkonstruktion für die Mittelsenkrechte. Im letzten Schritt markieren wir nur den kurzen Strich für den Mittelpunkt.

Eine Ableitung dieser Grundkonstruktion ist die Konstruktion des **Lotes** von einem Punkt auf eine gerade Linie. Im Dreieck ist die entsprechende Strecke eine **Höhe**.
So konstruierst du eine senkrechte Linie von einem Punkt C auf eine gerade Linie.

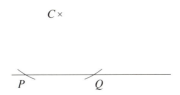 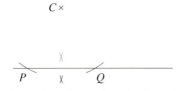 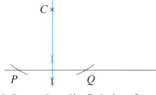

Zeichne Kreisbögen um den Punkt C. Die Schnittpunkte mit der Geraden bezeichnen wir mit P und Q.

Ausgehend von den Punkten P und Q werden die Schritte für die Konstruktion der Mittelsenkrechten durchgeführt.

Übungen

1 Zeichne die Strecke $\overline{AB}$ mit der gegebenen Länge und konstruiere die Mittelsenkrechte.
a) 3,9 cm b) 5,7 cm c) 4,5 cm d) 8,1 cm

2 Zeichne ein Koordinatensystem. Die Punkte $A(4|3), B(9|2), C(0|0), D(3|4), E(2|5), F(7|7)$ sind die Endpunkte der Strecken $\overline{AB}$, $\overline{CD}$ und $\overline{EF}$. Zeichne die Strecken ins Koordinatensystem und konstruiere deren Mittelsenkrechten.

3 a) Übertrage das Dreieck. Konstruiere die Mittelsenkrechten der blau markierten Seiten.
b) Konstruiere die Höhe vom rot markierten Eckpunkt auf die gegenüberliegende Seite.

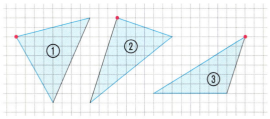

146 Der Inkreis des Dreiecks

Der **Inkreis** des Dreiecks ist ein Kreis, der innerhalb des Dreiecks liegt und jede Dreiecksseite berührt.

1 Versuche, mit dem Zirkel so einen Kreis in ein Dreieck zu zeichnen. Wem ist es in deiner Klasse gelungen?

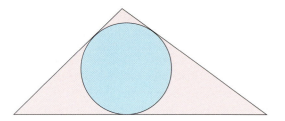

Einfacher wird es, wenn wir einen Kreis zeichnen wollen, der zwei Seiten berührt. Wir müssen dabei beachten, dass der Mittelpunkt eines solchen Kreises zu den Seiten den gleichen Abstand hat. Das ist erfüllt, wenn wir ihn auf der entsprechenden Winkelhalbierenden markieren.
Der senkrechte Abstand vom Mittelpunkt zur Dreiecksseite ist der Radius.
Die Mittelpunkte der blauen Kreise liegen auf der Winkelhalbierenden w_β.
Die Mittelpunkte der roten Kreise liegen auf der Winkelhalbierenden w_α.

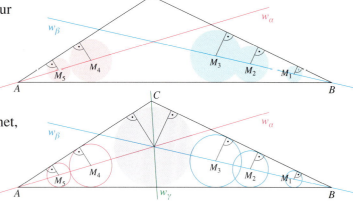

Wird die Winkelhalbierende w_γ eingezeichnet, verläuft sie genau durch den Schnittpunkt der Winkelhalbierenden w_α und w_β. Dort liegt schließlich der Mittelpunkt des Inkreises.

> Die Winkelhalbierenden des Dreiecks schneiden sich genau in einem Punkt, dem Mittelpunkt des Inkreises. Der Inkreis berührt jede Seite des Dreiecks in einem Punkt.
> Der Abstand des Schnittpunkts der Winkelhalbierenden zu einer Dreiecksseite ist der Radius des Inkreises.

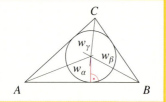

Übungen

2 Übertrage ins Heft. Konstruiere die Winkelhalbierenden und zeichne den Inkreis.

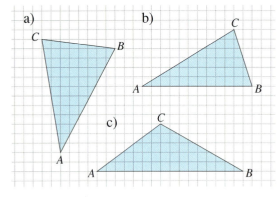

3 Zeichne das Dreieck in ein Koordinatensystem. Konstruiere die Winkelhalbierenden und zeichne den Inkreis.
a) $A(3|2); B(7|2); C(5|9)$
b) $A(0|0); B(6|2); C(2|8)$
c) $A(1|2); B(9|4); C(5|7)$
d) $A(0|6); B(6|0); C(5|5)$

4 a) Konstruiere das Dreieck ABC. Gib jeweils den Kongruenzsatz an, der zur Konstruktion verwendet wird.
① $a = 4{,}8$ cm; $b = 3{,}5$ cm; $c = 5{,}9$ cm
② $a = 4{,}5$ cm; $\beta = 70°$; $\gamma = 55°$
③ $b = 5{,}3$ cm; $c = 3{,}7$ cm; $\beta = 64°$
b) Konstruiere den Inkreis des Dreiecks.

Der Umkreis des Dreiecks

Info

Im Mittelalter beschäftigten sich Alchemisten mit den Stoffen in der Natur. Sie suchten den „Stein der Weisen", um aus anderen Stoffen, wie zum Beispiel Blei, Gold herstellen zu können. Diese Versuche reizten besonders die Herrscher. Sie nahmen Alchemisten in ihren Dienst und hofften, mit deren Hilfe reicher zu werden. Die Goldherstellung gelang den Alchemisten jedoch nicht. So nahmen sie an, dies sei nur bei bestimmten Positionen der Sterne möglich. Um das vorhersagen zu können, beschäftigten sie sich auch mit mathematischen Berechnungen und Konstruktionen.

Im Kupferstich zeichnet ein Alchemist einen Kreis. Es scheint, als würde er den Kreis suchen, der durch alle drei Eckpunkte des Dreiecks geht. Der Mittelpunkt dieses Kreises liegt auf der Mittelsenkrechten der Seite $\overline{AB}$. Jeder Punkt dieser Mittelsenkrechten ist gleich weit von A und B entfernt.

Der Kreis der durch alle Eckpunkte des Dreiecks geht, heißt **Umkreis**.

Werden alle Mittelsenkrechten des Dreiecks gezeichnet, schneiden sie sich ein einem Punkt. Dieser Punkt ist der Mittelpunkt des Umkreises. Alle Eckpunkte haben zum Mittelpunkt des Umkreises den gleichen Abstand.

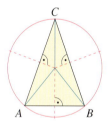

> Die Mittelsenkrechten des Dreiecks schneiden sich genau in einem Punkt, dem Mittelpunkt des Umkreises. Der Umkreis geht durch jeden Eckpunkt des Dreiecks.
> Jeder Abstand des Schnittpunkts der Mittelsenkrechten zu einem Eckpunkt des Dreiecks ist ein Radius des Umkreises.

Übungen

1 Übertrage das Dreieck ins Heft. Konstruiere die Mittelsenkrechten und zeichne den Umkreis des Dreiecks.

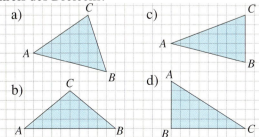

2 Zeichne das Dreieck in ein Koordinatensystem und zeichne den Umkreis.
a) $A(3|4);\ B(9|1);\ C(6|9)$
b) $A(3|3);\ B(7|0);\ C(7|6)$
c) $A(0|0);\ B(9|0);\ C(5|7)$
d) $A(2|3);\ B(10|3);\ C(10|8)$

3 a) Übertrage und zeichne den Umkreis von jedem Dreieck.
b) Was stellst du fest? Formuliere eine allgemeine Vermutung.

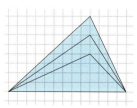

Schwerpunkt von Scheiben

Wenn man eine Scheibe in ihrem **Schwerpunkt** unterstützt, ist der Körper im Gleichgewicht.

Den Schwerpunkt einer beliebigen Scheibe kann man durch einen Versuch bestimmen. Die Lage des Schwerpunkts wird ermittelt, indem man die Scheibe wie dargestellt an einem Faden hängt. Der Schwerpunkt liegt dann irgendwo auf der **Schwergeraden.**
Man zeichnet diese Linie auf die Scheibe. Nun ändert man die Aufhängung der Scheibe und zeichnet wieder die Schwergerade ein.
Im Schnittpunkt der Schwergeraden liegt der Schwerpunkt der Scheibe.

Bei einigen einfachen geometrischen Formen von Scheiben lässt sich der Schwerpunkt auch durch Konstruktion ermitteln.

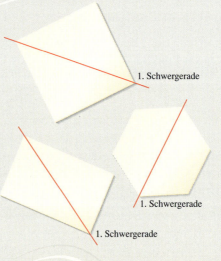

1. Schwergerade

Einen solchen Kreisel kann man auch basteln, wenn man den Mittelpunkt der Kreisscheibe nicht kennt.

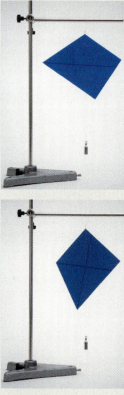

Bei dreieckigen Scheiben sind die Schwergeraden die **Seitenhalbierenden** des Dreiecks.
Diese Linien verlaufen jeweils vom Eckpunkt des Dreiecks durch den Mittelpunkt der gegenüberliegenden Seite.

Seitenhalbierende s_b

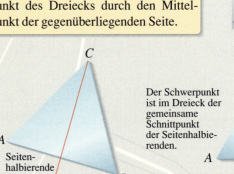

Seitenhalbierende s_a

Seitenhalbierende s_c

Der Schwerpunkt ist im Dreieck der gemeinsame Schnittpunkt der Seitenhalbierenden.

Schwerpunkt

Flächeninhalt des Dreiecks

Um anschaulich verständlich zu machen, wie wir den Flächeninhalt eines Dreiecks berechnen können, nehmen wir eine kleine Faltübung zu Hilfe. Wir formen dann das Dreieck durch Zerlegen und Ergänzen in ein flächengleiches Rechteck um, dessen Flächeninhalt wir berechnen können.

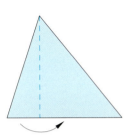 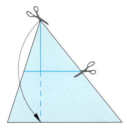 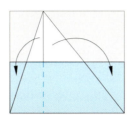 

Wir falten zunächst so, dass die erste Faltlinie eine Höhe ist. Dann falten wir den Eckpunkt auf den gegenüberliegenden Höhenfußpunkt. Dadurch wird die Höhe halbiert.

Wir formen das Dreieck in ein Rechteck um, das halb so breit wie das Rechteck aus der Dreiecksseite und der zugehörigen Höhe ist.

Der Flächeninhalt des Dreiecks ist halb so groß wie der Flächeninhalt des Rechtecks aus einer Dreiecksseite und der zugehörigen Höhe. Benennen wir dazu die Dreiecksseite, von der wir ausgehen, als Grundseite g, folgt aus $A = g \cdot h$ für das große Rechteck die Formel für den Flächeninhalt des Dreiecks:

$$A = \frac{g \cdot h}{2}$$

Für den Flächeninhalt des Dreiecks gilt allgemein: $A = \frac{g \cdot h}{2}$ g ist die Grundseite.

Speziell gilt auf die entsprechende Dreiecksseite bezogen: $A = \frac{a \cdot h_a}{2}$; $A = \frac{b \cdot h_b}{2}$; $A = \frac{c \cdot h_c}{2}$

Übungen

1 Berechne den Flächeninhalt des Dreiecks. Achte darauf, dass die Längen gleiche Einheiten haben müssen, bevor du rechnest.

	Grundseite g	Höhe h
a)	6 cm	11 cm
b)	12 mm	25 mm
c)	3 m	0,8 m
d)	3,8 dm	2,4 dm
e)	250 mm	165 mm
f)	7,9 cm	6,6 cm
g)	1,2 km	0,55 km
h)	67 cm	3,4 dm
i)	270 cm	1,5 dm
j)	4,9 m	190 cm
k)	0,76 km	563 m

2 a) Berechne die Flächeninhalte der Dreiecke jeweils mit der geeigneten Formel.
b) Welche Linie des Dreiecks kann aus dem Flächeninhalt und der zusätzlich gegebenen Länge berechnet werden? Rechne aus.

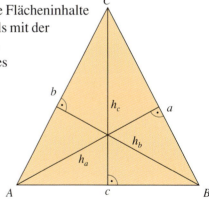

① $c = 4$ cm, $h_a = 3$ cm, $h_c = 6$ cm
② $a = 2$ cm, $b = 2,4$ cm, $h_a = 3,6$ cm
③ $a = 4,2$ dm, $h_a = 3,5$ dm, $h_b = 2,8$ cm
④ $b = 6$ dm, $c = 0,75$ m, $h_b = 0,25$ m
⑤ $a = 3,6$ cm, $c = 48$ mm, $h_c = 6,9$ cm
⑥ $b = 54$ mm, $h_b = 3,2$ cm, $h_c = 48$ mm

1 Berechne die fehlenden Winkel.

a) b)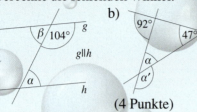

(4 Punkte)

2 Berechne alle möglichen Winkel des Dreiecks.
a) $\alpha = 20°$; $\gamma = 116°$ b) $\beta = 74°$; $\gamma' = 130°$
(8 Punkte)

3 Konstruiere das Dreieck mithilfe einer Planfigur.
a) $a = 6{,}3$ cm; $b = 4{,}5$ cm; $\gamma = 84°$
b) $a = 4{,}8$ cm; $\alpha = 24°$; $\gamma = 120°$
c) $a = 5{,}1$ cm; $b = 5{,}5$ cm; $c = 3{,}4$ cm
(9 Punkte)

4 a) Fertige aus der Skizze eine Zeichnung im Maßstab 1:1000.
b) Wie lang ist die Strecke $\overline{BC}$ in Wirklichkeit?
c) Ermittle den Umfang des Dreiecks
(6 Punkte)

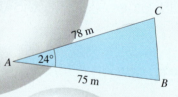

5 Berechne den Flächeninhalt des Dreiecks.
a) $g = 13{,}2$ cm; $h = 7{,}5$ cm
b) $a = 24$ dm; $h_a = 9{,}9$ dm
c) $c = 122$ mm; $h_b = 87$ mm; $h_c = 91$ mm
d) $b = 31$ cm; $h_b = 43$ mm
(6 Punkte)

152 Zuordnungen

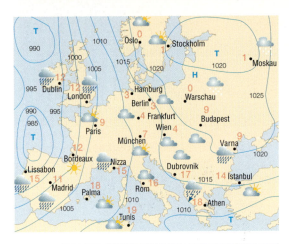

Stadt	Moskau	Athen	Wien	Dublin
Temperatur in °C	1	18	4	12

Wetterlage: Bei erneut nur geringen Luftdruckgegensätzen über Mitteleuropa hält das ruhige Novemberwetter weiterhin an.

Vorhersage: Heute ist es teils heiter teils wolkig und allgemein niederschlagsfrei. Tageshöchsttemperatur 4 bis 8 Grad. Es weht ein mäßiger Wind aus südöstlichen Richtungen.

Die Aussichten: Am Mittwoch Durchzug von Wolken, aber niederschlagsfrei. Am Donnerstag wieder vielfach trüb und stark bewölkt. Am Freitag strichweise etwas Nieselregen.

Aus der Wetterkarte lesen wir für europäische Städte Temperaturangaben in Grad Celsius (°C) ab. In einer Tabelle können wir das übersichtlich eintragen.

Wir sagen: Jeder europäischen Großstadt ist eine Temperatur **zugeordnet**. Solche **Zuordnungen** werden meist in einem Säulendiagramm dargestellt.

Übungen

1 Übertrage das Säulendiagramm in dein Heft und vervollständige es nach den Werten in der oben angegebenen Tabelle.

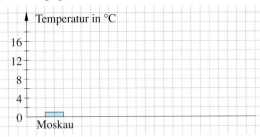

2 a) Erstelle eine Tabelle für die Zuordnung von deutschen Städten und den vorhergesagten Temperaturen.
b) Zeichne für die Zuordnung von deutschen Städten und den vorhergesagten Temperaturen ein Säulendiagramm.

3 Erstelle aus der Wetterkarte mithilfe des Atlas eine Tabelle für die Städte und die zugeordneten Temperaturen.
a) alle Städte südlich des 50. Breitengrades
b) alle Städte nördlich des 50. Breitengrades

4 Vervollständige im Heft nach der Wetterkarte das Säulendiagramm für alle Städte, denen
a) eine Temperatur niedriger als 10 °C,
b) eine Temperatur höher als 10 °C
zugeordnet werden kann.

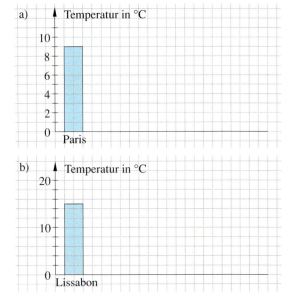

5 Welcher Stadt aus der Wetterkarte kann die höchste Temperatur zugeordnet werden, welcher Stadt die niedrigste Temperatur?

Temperaturverläufe untersuchen

Mit diesem Gerät werden in Wetterwarten derzeit noch Temperatur und Luftfeuchtigkeit gemessen. Der *Registrierstreifen* wird auf der Aufzeichnungsrolle befestigt. Die Tintenfedern übertragen die Messwerte im Zeitraum einer Woche.

Der *Thermohygrograph* der Flugwetterwarte des Flughafens Berlin Tegel zeichnete in einer Woche diese Temperaturkurve auf.

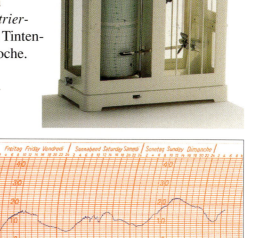

1 Welche Größen werden in diesem Diagramm einander zugeordnet?

2 Woran erkennt man in dem Diagramm, dass am 9. Mai zwischen 4 Uhr und 9 Uhr die Temperatur relativ schnell und hoch gestiegen ist?

3 An welchem Tag und in welchem Zeitraum hat sich die Temperatur kaum geändert? Woran ist das zu erkennen?

4 Beschreibe, wie sich die Temperatur in den ersten 5 Mittwochstunden verändert hat.

Übungen

5 Das Stabdiagramm wurde aus den Tageshöchsttemperaturen der zweiten Augustwoche im Rheintal bei Bonn gezeichnet, die Endpunkte wurden miteinander verbunden. Zwischen welchen zwei Tagen ergab sich danach ein Temperaturanstieg (der stärkste Temperaturanstieg, keine Temperaturänderung, der stärkste Temperaturabfall)?

6 Die zweistündigen Temperaturmessungen von einem Frühlingstag in der Oberrheinebene bei Offenburg zeigt das Diagramm.
a) Zeichne die Tabelle in dein Heft, fülle sie aus.

Uhrzeit (Uhr)	0	2	18	20	22	24
Temperatur in °C						

b) Zwischen welchen zwei Messungen ergab sich der größte Temperaturanstieg (keine Temperaturänderung, der größte Temperaturabfall)?

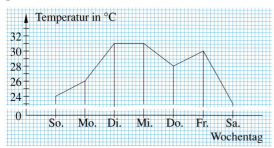

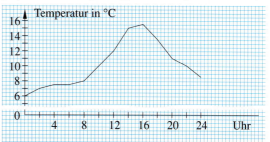

154 Fahrpläne lesen

In einem Fahrplan sind unter anderem Züge mit Zugnummern, Orten, Entfernungen und Zeiten einander zugeordnet.

km		Zug	IR 2217	D 1621	SE 2525	IC 715	SE 3325	SE 7331	EC 29	EC 29	SE 7331	IR 2536	SE 3529	IC 613	SE 3529
		von	Nordd/Emden	Dortmund	W-Oberbarmen	Dortmund	W-Oberbarmen		Hamburg	Leipzig	Köln	Cuxhaven	W-Oberbarmen	Münster	W-Oberbarmen
0	Köln-Deutz				11 06			11 27					12 06		
1	Köln-Hbf		11 10		11 13	11 27		11 33	11 54	12 00		12 10	12 13	12 27	
4	Köln West				11 17			11 37					12 17		
6	Köln Süd				11 20			11 40					12 20		
12	Hürth-Kalscheuren							11 44							
17	Brühl				11 27			11 49					12 27		
22	Sechten				11 31			11 53					12 31		
28	Roisdorf							11 57							
35	Bonn-Hbf	475	11 28		11 38	11 45		12 01	12 12	12 18		12 28	12 38	12 45	
35	Bonn-Hbf		11 30		11 40	11 47		12 02	12 14	12 20		12 30	12 40	12 47	
42	Bonn-Bad Godesberg				11 46			12 08					12 46		
44	Bonn-Mehlem							12 11							
49	Rolandseck							12 15							
51	Oberwinter				11 52			12 18					12 52		
55	Remagen	477	11 42		11 56			12 21				12 42	12 56		
	Remagen		11 43		12 02	12 35					12 35	12 43	13 02		13 02
59	Sinzig (Rhein)				12 05	→					12 38		→		13 05
65	Bad Breisig				12 10						12 43				13 10
68	Brohl	12426			12 13										13 13
72	Namedy				12 16										13 16
76	Andernach	478	11 54		12 20						12 49	12 54			13 20
	Andernach		11 55		12 21						12 50	12 55			13 21
80	Weißenthurm				12 24										13 24
84	Urmitz				12 28										13 28
92	Koblenz-Lützel				12 35										13 35
94	**Koblenz** Hbf		12 09	12 15	12 21	12 39		12 47	12 54	13 04	13 10		12 21	13 39
		nach	Seebrugg	Trier	Koblenz	Oberstdorf		Koblenz	Wien	Brig	Saarbrücken	Koblenz		München	
	Koblenz Hbf	471	12 09			12 23			12 49	12 56			13 23		
	Mainz Hbf		13 04			13 12			13 37	13 44			14 12		

Zum Beispiel fährt der Intercity mit der Zugnummer 715 um 11:27 Uhr im Hauptbahnhof Köln ab, kommt um 11:45 Uhr in Bonn Hbf an und fährt dort um 11:47 Uhr nach Koblenz Hbf weiter, wo er 12:21 Uhr ankommt. Er hat dann von Köln Hbf aus eine Strecke von 93 km zurückgelegt.

In einer solchen Übersicht lassen sich die Fahrplaneintragungen darstellen.

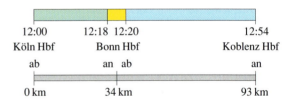

1 a) Welche Zugnummer gehört zu der dargestellten Übersicht?
b) Welche Aussagen kannst du ablesen?

2 a) Wie viel Kilometer hat der IR 2217 um 11:28 Uhr (11:54 Uhr, 12:09 Uhr) zurückgelegt?
b) In welcher Stadt ist der Zug um 11:55 Uhr?
c) Wie lang ist die Strecke von Köln Hbf nach Bonn Hbf (Bonn Hbf nach Koblenz Hbf)?

3 a) Wie lange fährt der IC 613 von Köln Hbf bis Bonn Hbf (von Bonn Hbf bis Koblenz Hbf)?
b) Wie lange hält er in Bonn Hbf?
c) Wie lange fährt der IC 613 von Köln Hbf nach Koblenz Hbf?

Übungen

4 a) Welche Zugnummer gehört zu der Übersicht? Vervollständige sie im Heft.

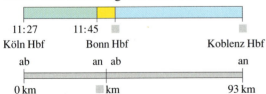

b) Was kannst du alles ablesen?

5 a) Vervollständige die Tabelle im Heft.

	Fahrzeit in min	
	EC 29	IR 2536
Köln – Bonn		
Bonn – Koblenz		
Köln – Koblenz		

b) Welcher Zug war auf den einzelnen Teilstrecken von Köln nach Koblenz schneller?
c) Welcher Zug fuhr am schnellsten von Köln nach Koblenz?

Geschwindigkeiten

Auch Fahrpläne lassen sich im Diagramm darstellen. Daraus können dann viele Informationen abgelesen und leicht Vergleiche hergestellt werden. Im Diagramm sind alle Züge dargestellt, die Köln Hbf zwischen 8 Uhr und 8:30 Uhr in Richtung Koblenz Hbf verlassen.

1 a) Wann kommt der EC 5 in Bonn an, wie lange hat er dort Aufenthalt?
b) Wann fährt der IR 2538 von Köln ab, wann kommt er in Koblenz an und an welchen Bahnhöfen hält er?
c) Wie lange fährt der EC 5 von Köln nach Koblenz, wie lange der IR 2538? Welcher Zug kommt schneller von Köln nach Koblenz?

2 a) Ist der EC 5 auf der Strecke von Köln nach Bonn schneller als der IR 2538?
b) Woran erkennt man im Diagramm, welcher Zug diese Teilstrecke schneller zurücklegt?

3 Lies ohne zu rechnen aus dem Diagramm ab, ob der SE 3513 die Strecke von Köln nach Bonn schneller als der EC 5 zurücklegt?

4 Ist der EC 5 oder der IC 119 die Strecke von Bonn nach Koblenz mit der höheren Geschwindigkeit gefahren? Begründe.

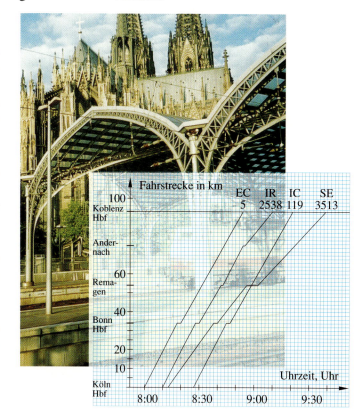

Übungen

5 Züge von Remagen nach Koblenz:

km	Bahnhof	IR 2434		SE 7313		IR 2213	
		an	ab	an	ab	an	ab
0	Remagen	–	6:43	–	7:35	–	7:43
4	Sinzig	–	–	–	7:38	–	–
10	Bad Breisig	–	–	–	7:43	–	–
21	Andernach	6:54	6:55	7:49	7:50	7:54	7:55
39	Koblenz Hbf	7:08	–	8:01	–	8:05	–

a) Welche Aussagen kannst du über den IR 2434 ablesen?
b) Was kannst du zum SE 7313 berichten?
c) Welcher Zug fährt am schnellsten von Remagen nach Koblenz?
d) Übertrage die Tabelle in ein Diagramm.
e) Welcher Zug fährt die Strecke zwischen Andernach und Koblenz am schnellsten?

6 Züge von Mainz nach Koblenz:

km	Bahnhof	SE 3366		EC 18		IR 2214	
		an	ab	an	ab	an	ab
0	Mainz Hbf	–	14:25	–	14:47	–	14:53
29	Bingen Stadt	14:56	15:03	–	–	–	–
30	Bingen Hbf	15:06	15:13	–	–	15:08	15:09
72	Boppard	15:49	15:50	–	–	15:38	15:39
91	Koblenz Hbf	16:02	–	15:39	–	15:50	–

a) Übertrage die Tabelle in ein Diagramm.
b) In welchem Bahnhof überholt der EC 18 den SE 3366 und wie lange muss dieser Zug warten?
c) Welcher Zug muss an einem Bahnhof am längsten stehen bleiben?
d) Untersuche, ob der SE 3366 auf der Strecke Bingen Hbf nach Boppard schneller ist als der IR 2214.
e) Welcher Zug fährt die Strecke von Mainz nach Koblenz am schnellsten?

Bundesjugendspiele

Bei den Leichtathletik-Bundesjugendspielen der 11- bis 12-jährigen Mädchen und Jungen wird ein Dreikampf aus dem 50-m-Lauf, dem Weitsprung und dem Schlagball-Wurf (80 g) durchgeführt. Jede Disziplin wird mit Punkten bewertet, die zu der Gesamtpunktzahl zusammengefasst werden.

Ausschnitt aus den Wettkampflisten:

50-m-Lauf

Zeit in s	10,0	9,9	9,8	9,7	9,6	9,5	9,4	9,3	9,2	9,1	9,0	8,9	8,8	8,7	8,6	8,5
Mädchen	268	281	294	309	325	342	359	376	394	412	430	449	468	488	508	529
Jungen	325	340	356	373	390	407	424	442	460	479	498	518	538	558	579	600

Weitsprung

Weite in m	3,01	3,11	3,21	3,31	3,41	3,51	3,61	3,71	3,81	3,91	4,01	4,11	4,21	4,31	4,41	4,51
Mädchen	438	469	499	529	558	587	615	643	671	698	725	752	779	805	830	856
Jungen	427	458	488	518	548	577	603	632	660	688	716	743	769	796	822	848

Schlagballwurf

Weite in m	20,0	21,0	22,0	23,0	24,0	25,0	26,0	27,0	28,0	29,0	30,0	31,0	32,0	33,0	34,0	35,0
Mädchen	440	460	480	499	518	536	554	572	589	606	623	639	655	671	687	702
Jungen	304	324	343	362	381	400	418	435	453	470	486	503	519	535	551	566

Übungen

1 Wie viele Punkte bekommt das Mädchen bzw. der Junge?
a) Mareike ist 50 m in 8,9 s gelaufen.
b) Jens sprang im Weitsprung 3,81 m weit.
c) Ivanka warf den Schlagball 31,0 m weit.

2 Wie viele Punkte insgesamt bekam das Mädchen bzw. der Junge?
a) Meltem: 50 m 9,1 s
Weitsprung 3,61 m
Schlagball 29,0 m
b) Deniz: 50 m 9,7 s
Weitsprung 3,31 m
Schlagball 35,0 m

3 Für die Gesamtleistung gibt es eine Siegerurkunde oder eine Ehrenurkunde. Diese Mindestpunktzahlen müssen erreicht werden:

	Jungen		Mädchen	
Alter	Siegerurk.	Ehrenurk.	Siegerurk.	Ehrenurk.
11	1300	1700	1050	1450
12	1400	1850	1200	1600

Erhalten Meltem und Deniz mit ihrer Gesamtleistung (Aufgabe 2) eine Urkunde? Wenn ja, welche der Urkunden bekommen sie?

4 Wer erhält welche Urkunde?

	Uwe	Sina	Anne	Ymet
Alter	11	11	12	12
50 m	9,5 s	10,0 s	9,7 s	9,0 s
Weitsprung	4,41 m	3,81 m	3,71 m	3,01 m
Schlagball	24 m	32 m	22 m	35 m

5 Punktzahlen für Leistungen, die nicht in der Tabelle aufgeführt sind:

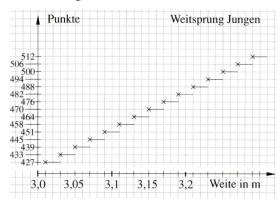

a) Wie viele Punkte erhält David für einen Weitsprung von 3,27 m?
b) In der Anleitung für die Punktbewertung steht: „Zwischenleistungen immer nach unten abrunden." Wie viele Punkte erhält Bernd für die Sprungweite 3,20 m?

Vermischte Übungen

1 Am Sonntag, dem 29. Juni 1997 entstand am Flughafen Berlin-Tegel diese Temperaturkurve:

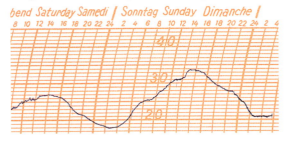

a) Zeichne die Tabelle ab und fülle sie mit den abgelesenen Werten aus der Kurve aus.

Uhrzeit (Uhr)	2	4	6	8	≈	22	24
Temperatur in °C							

b) Um wie viel Uhr wurde an dem Tag die niedrigste Temperatur gemessen?
c) Welche Tageshöchsttemperatur wurde in der Flugwetterwarte an dem Tag gemessen?

2 Auch die relative Luftfeuchtigkeit wird gemessen. Die Kurve der Luftfeuchtigkeit, die in Prozent abgegeben wird, sah in Berlin-Tegel an dem 29. Juni 1997 so aus:

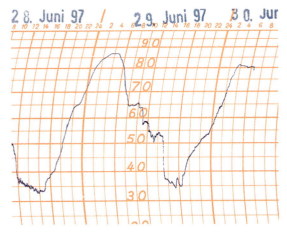

a) Zeichne die Tabelle ab und fülle sie mit den abgelesenen Werten aus der Kurve aus.

Uhrzeit (Uhr)	2	4	6	≈	22	24
Luftfeuchtigkeit in %						

b) Um wie viel Uhr war an dem Tag die relative Luftfeuchtigkeit am niedrigsten?
c) Welche höchste relative Luftfeuchtigkeit hat die Flugwetterwarte an dem Tag gemessen?

3 Frau Sidlows Zugfahrt von Aachen Hbf nach Dresden Hbf ist in der Tabelle aufgelistet.

Hbf	Entfernung	an	ab	Zug-Nr.
Aachen	0 km		5:44	IR 2447
Köln	70 km	6:42	7:16	ICE 845
Magdeburg	541 km	11:35	12:03	IR 2633
Leipzig	670 km	13:19	13:24	IC 653
Dresden	790 km	14:42		

a) Wie oft muss Frau Sidlow umsteigen?
b) In welchem Bahnhof hatte sie den längsten Aufenthalt? Wie lange war das?
c) Zeichne das Diagramm, wie es in dem Bild begonnen wurde, und vervollständige es.

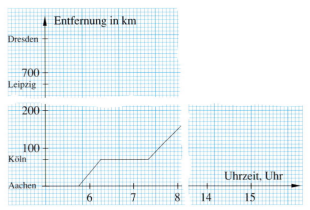

4 Eine andere Möglichkeit, mit dem Zug von Aachen nach Dresden zu fahren:

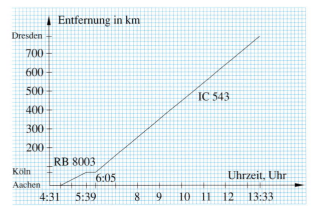

a) Wo muss umgestiegen werden und wie lange dauert der Aufenthalt?
b) Wie lange dauert diese Reise?
c) Vergleiche diese Verbindung mit der Reiseverbindung von Frau Sidlow (Aufgabe 3).

Verkehrsmittel Auto

Aus einem Schaubild können verschiedene Aussagen abgelesen werden. Eine Umfrage, was für Autokäufer wichtig ist, wurde veranschaulicht.

Kriterien auf einer Skala von 1 (wichtig) bis 4 (unwichtig)

Zuverlässigkeit	1,3
Anschaffungspreis	1,6
Kraftstoffverbrauch	1,7
Aussehen	1,8
Serienausstattung	1,8
Reparatur- und Wartungskosten	1,8
Kundendienstnetz	1,9
Wiederverkaufswert	2,0
Lieferzeit	2,2
Günstige Inzahlungnahme	2,2
Prestigewert	2,7

Sofort ist erkennbar, dass die Zuverlässigkeit beim Autokauf an erster Stelle steht. Es können weitere Aussagen entnommen werden.

Aus Tabellen können Schaubilder erstellt werden.

	Hubraum in Liter	Leistung in kW	Verbrauch in l pro 100 km	Kosten in € pro 10000 km Kraftstoff	Werkstatt
Citroën ZX	1,4	55	7,6 S	668	127
Citroën ZX	1,9 D	50	6,0 D	387	121
Citroën ZX	1,9 TD	66	6,7 D	432	173
Ford Escort	1,4	52/55	8,6 S	756	109
Ford Escort	1,6	65/66	8,5 S	748	118
Ford Escort	1,8 D	44	6,2 D	399	156
Ford Escort	1,8 TD	66	7,0 D	451	148
Honda Civic/CRX	1,3	55	7,2 N		125
Honda Civic/CRX	1,4	66	7,3 N	615	75
Honda Civic/CRX	1,5	66	7,3 N	623	140
Honda Civic/CRX	1,5	74	7,4 N	623	131
Honda Civic/CRX	1,6 ESi	92	8,1 S	632	133
Hyundai Lantra	1,5	63	7,9 N	712	135
Hyundai Lantra	1,6	84	8,6 N	674	132
Mazda 323	1,4	54	7,9 N		155
Mazda 323	1,5	65	8,0 N	674	104
Mazda 323	1,6	65	8,0 N	683	130
Nissan Almera	1,4	55	7,3 S	683	100
Nissan Almera	1,6	66	8,2 S	642	119
Nissan Sunny	1,4	55	7,4 N	721	117
Nissan Sunny	1,6	66	7,9 S	632	137
Nissan Sunny	2,0 D	55	6,4 D	695	118
Opel Astra	1,4	44	7,6 S	412	133
Opel Astra	1,6	52–55	7,6 S	668	142
Opel Astra	1,6	74	8,2 S	668	133
Opel Astra	1,7 TD	50	6,4 D	721	126
Opel Astra	1,7 TDS	60	6,4 D	412	141
Opel Astra	1,8	85	8,4 S	412	94
Peugeot 306	1,4	55	7,7 S	739	
Peugeot 306	1,6	65	8,2 S	677	122
Peugeot 306	1,9 D	50	6,4 D	721	102
Peugeot 306	1,9 DT	66	7,0 D	413	110
Renault 19	1,4	55	7,2 S	451	138
Renault 19	1,8	54	8,1 N	633	277
Renault 19	1,8	65–66	9,0 S	692	155
Renault 19	1,9 DT	66	6,4 D	791	162
Renault Mégane	1,6	55	7,5 S	412	192
Renault Mégane	1,6 e	66	7,7 S	660	86
Seat Toledo	1,6	52/55	7,8 N	677	107
Seat Toledo	1,8	65/66	8,4 N	666	96
Seat Toledo	2,0	85	8,8 N	717	122
Seat Toledo	1,9 TDI	66	5,7 D	774	127
Toyota Corolla	1,4	55	7,5 S	367	97
Toyota Corolla	1,4	65	7,3 S	660	99
Toyota Corolla	2,0 D	53	6,5 D	642	103
VW Golf/Vento	1,4	44	7,6 S	419	131
VW Golf/Vento	1,6	55	7,8 S	668	92
VW Golf/Vento	1,8	55	8,4 N	686	128
VW Golf/Vento	1,8	66	8,4 S	717	125
VW Golf/Vento	2,0	85	9,0 S	739	130
VW Golf/Vento	1,9 D/SDI	47	5,8 D	791	132
VW Golf/Vento	1,9 TD	55	6,5 D	373	80
VW Golf/Vento	1,9 TDI	66	5,6 D	419	177
				361	130

N = Normal, S = Super, D = Diesel

auf 10000 km bezogen

	Pannen	Reparaturen	Mängel
Citroën ZX Benzin	0,09	0,31	0,42
Citroën ZX Diesel	0,02	0,10	0,15
Ford Escort Benzin	0,08	0,53	0,51
Ford Escort Diesel	0,07	0,32	0,39
Honda Civic/CRX	0,02	0,12	0,17
Hyundai Lantra	0,03	0,28	0,32
Mazda 323 Benzin	0,01	0,12	0,16
Nissan Almera Benzin	0,01	0,24	0,24
Nissan Sunny Benzin	0,03	0,13	0,19
Nissan Sunny Diesel	0,02	0,07	0,14
Opel Astra Benzin	0,08	0,57	0,64
Opel Astra Diesel	0,07	0,31	0,40
Peugeot 306 Benzin	0,06	0,39	0,44
Peugeot 306 Diesel	0,05	0,16	0,19
Renault Mégane Benzin	0,11	0,50	0,63
Renault 19 Benzin	0,08	0,25	0,32
Renault 19 Diesel	0,04	0,10	0,17
Seat Toledo Benzin	0,04	0,24	0,31
Seat Toledo Diesel	0,02	0,48	0,42
Toyota Corolla Benzin	0,01	0,09	0,13
Toyota Corolla Diesel	0,02	0,07	0,08
VW Golf/Vento Benzin	0,06	0,33	0,41
VW Golf/Vento Diesel	0,03	0,30	0,32

offene Seiten

Zu einem möglichen Vergleich können die Daten und die Messwerte von diesen Autos in Tabellen zusammengestellt werden.

Testverbrauch (Liter auf 100 km)		Höchstgeschwindigkeit:	195 km/h
Stadt	10,4	Umweltverhalten: +	2,3
Land	7,0		
Autobahn	9,3	Preis:	16873 €

Testverbrauch (Liter auf 100 km)		Höchstgeschwindigkeit:	182 km/h
Stadt	8,6	Umweltverhalten: +	2,1
Land	5,3		
Autobahn	8,1	Preis:	16581 €

Testverbrauch (Liter auf 100 km)		Höchstgeschwindigkeit:	188 km/h
Stadt	9,6	Umweltverhalten: +	2,3
Land	6,8		
Autobahn	9,8	Preis:	17645 €

Testverbrauch (Liter auf 100 km)		Höchstgeschwindigkeit:	185 km/h
Stadt	11,6	Umweltverhalten: O	3,2
Land	8,8		
Autobahn	13,1	Preis:	19046 €

Das **Elektroauto** ist emissionsfrei. Das bedeutet, das Auto belastet die Luft nicht mit Schadstoffen. Das Elektrizitätswerk liefert den Strom, ist jedoch nicht emissionsfrei. Das Elektroauto ist noch verhältnismäßig teuer.
Ein Citroën Saxo electrique kostete 1997 umgerechnet 23 264 €, ein Fiat Cinquecento elettra 17 895 €.

Testnoten des „Elektro-Fiat"	
Karosserie	O
Verarbeitung	+
Funktionalität	O
Ausstattung	O
Kofferraum	–
Größe	–
Zugänglichkeit	O
Variabilität	–
Innenraum	O
Platzangebot	O
Funktionalität	O
Ausstattung	–
Fahrerplatz	+
Bedienung	+
Instrumente	+
Sichtverhältnisse	O
Sicherheit	O
Außen	+
Innen	O
Kinder	O
Antrieb	+
Motor	O
Getriebe	n.v.
Fahrleistungen	O
Umweltverhalten	++
Verbrauch	++
Abgase	++
Außengeräusch Motor	++
Fahrverhalten	+
Straßenlage	+
Lenkung	O
Bremse	O
Fahrkomfort	O
Federung	+
Sitze	–
Innengeräusch	++
Heizung, Lüftung	O
Regulierbarkeit	O
Wirksamkeit	O
Aufheizung	+

++ sehr gut, + gut, O zufriedenstellend, – mangelhaft, – – sehr mangelhaft

In diesem Fall werden verschiedene Daten in einer Tabelle zusammengestellt, die auch in Grafiken veranschaulicht werden können.

Diese Grafik entstand aus Tabellen mit verschiedenen Daten.

18- bis 25-Jährige hatten 1995 nur 8 % Anteil an der Bevölkerung. Ihr Anteil am Fehlverhalten bei schweren Unfällen lag bei 28 %.

Steigende Zuordnungen

Info

Bereits um das Jahr 1511 fertigte Peter Henlein die ersten Taschenuhren, die berühmten **Nürnberger Eier**.
Allerdings versuchte man schon lange vor dieser Erfindung im Altertum, die Zeit in den „Griff" zu bekommen.
Zu den ersten Uhren zählten Wasseruhren, bei denen die Zeit am Wasserstand abgelesen wird.

Eine einfache Wasseruhr kannst du aus einem mit Wasser gefüllten Tropfbecher herstellen. Die auslaufenden Tropfen werden in einem Gefäß aufgefangen.

Beachte, dass das Wasser am Anfang schneller ausfließt als am Schluss, da am Anfang auch mehr Wasser auf die Öffnung drückt.

Das Diagramm zeigt den Zusammenhang zwischen Wasserstand und „verflossener" Zeit. Wie du dem Diagramm entnimmst, gilt:

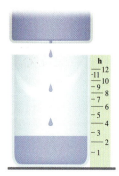
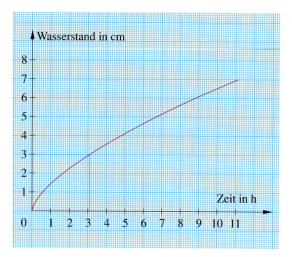

Je höher der Wasserstand ist, **desto mehr** Zeit ist „verflossen".

Je mehr Zeit „verflossen" ist, **desto höher** ist der Wasserstand.

1 a) Um wie viel cm steigt der Wasserstand in der 1. Stunde?
b) Um wie viel cm steigt der Wasserstand von der 3. zur 4. Stunde?
c) Um wie viel cm steigt der Wasserstand von der 6. zur 7. Stunde?

2 Wie hoch steht das Wasser nach 3 Stunden in dem Auffanggefäß?

3 Welche Zeit ist „verflossen", wenn das Wasser im oben abgebildeten Auffanggefäß 7 cm hoch steht?

4 Ergänze die Tabelle in deinem Heft.

Wasserstand in cm	1	2	3	4	5	6
Zeit in h			3,1			

5 Ergänze die Tabelle in deinem Heft.

Zeit in h	1	2	3	4	5	6
Wasserstand in cm	1,5					

Übungen

6 Für einen Haushaltsmessbecher ist der Zusammenhang zwischen Füllhöhe und Volumen im Diagramm dargestellt.

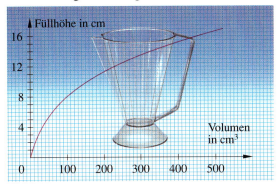

Übertrage die Tabelle in dein Heft und ergänze die fehlenden Werte.

Füllhöhe in cm	6	8	10	12	14
Volumen in cm³		100			

7 Um kleine Flüssigkeitsmengen bis 200 cm³ abzumessen, gibt es Messbeutel aus Papier.

Fertige mit Hilfe des Diagramms eine Tabelle an, in die Füllhöhe und Volumen eingetragen werden. Notiere das Volumen, wenn die Füllhöhe immer um 2 cm wächst.

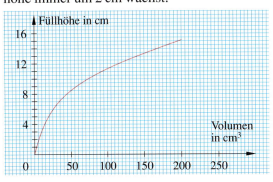

8 Das Diagramm zeigt den Zusammenhang zwischen Füllhöhe und Volumen für ein bestimmtes Gefäß.

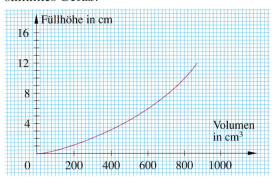

Übertrage die Tabelle in dein Heft und ergänze die fehlenden Werte.

Füllhöhe in cm	2	4	6	8	10	12
Volumen in cm³			600		800	

9 Eine einfache „Feueruhr" kannst du dir mit einer Geburtstagskerze herstellen.

Wenn du nach jeder Minute abliest, wie viel Millimeter des Kerzenstücks abgebrannt sind, erhältst du ein ähnliches Diagramm.

a) Wie lange brennt die Kerze?
b) Welche Länge hat die Kerze, wenn $3\frac{1}{2}$ Minuten vergangen sind?

Proportionale Zuordnungen

Ein undichter Wasserhahn tropft so gleichmäßig wie das Ticken einer Uhr. Fangen wir diese Tropfen in einem Gefäß auf, so ergibt sich ein anderer Zusammenhang zwischen Wasserstand und Zeit.

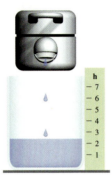

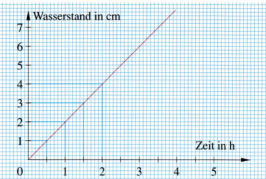

1 Ergänze die Tabelle in deinem Heft.

Wasserstand in cm	1	2	3	4	5	6	7
Zeit in h	0,5	1	1,5	2			

2 a) Um wie viel cm steigt der Wasserstand in der ersten Stunde?
b) Um wie viel cm steigt das Wasser von Stunde zu Stunde?

Auch bei der Wasseruhr mit gleichbleibendem Wasserdruck gilt, je höher der Wasserstand ist, desto mehr Zeit ist „verflossen" und umgekehrt.
Allerdings steigt in diesem Beispiel der Wasserstand **gleichmäßig** mit der Zeit an.

Es gilt:

doppelte Wasserhöhe – **doppelte** Zeit
dreifache Wasserhöhe – **dreifache** Zeit
vierfache Wasserhöhe – **vierfache** Zeit

Wir sagen, der Wasserstand steigt **proportional** zu der Zeit. Im Diagramm liegen die zu den Zahlenpaaren gehörenden Punkte auf einer Geraden durch den Nullpunkt.

Übungen

3 Für einen Messzylinder liefert das Diagramm die Zuordnung zwischen Füllhöhe und Volumen.

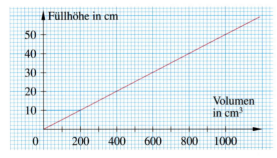

Übertrage die Tabelle in dein Heft und ergänze die fehlenden Werte.

Füllhöhe in cm	10	20	30	40	50
Volumen in cm³	200				

4 Zeit und Wasserstand sind proportional. Ergänze die Tabelle in deinem Heft.

Zeit in h	1	2	3	4	5	6
Wasserstand in cm	4					

Quotientengleichheit

Segelflugzeuge haben besonders gute Gleiteigenschaften. Die Gleiteigenschaft eines Flugzeugtyps wird durch sein Gleitverhältnis beschrieben.

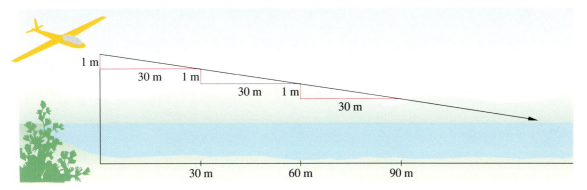

Dieses Flugzeug hat das Gleitverhältnis $\frac{1}{30}$, das bedeutet: Bei einem Meter Höhenverlust überfliegt es eine Bodenstrecke von 30 m.

Wie viel m Bodenstrecke werden überflogen, wenn dieses Flugzeug 6 m an Höhe verliert? Wir lesen an der Zeichnung ab:

Höhenverlust in m	1	2	3	4	5	6
Bodenstrecke in m	30	60	90	120	150	180

$$\frac{1}{30} = \frac{2}{60} = \frac{3}{90} = \frac{4}{120} = \frac{5}{150} = \frac{6}{180}$$

Jedes Zahlenpaar der Tabelle liefert den gleichen Bruch. Diese Quotienten sind gleich. Wir nennen die Zahlenpaare **quotientengleich**.

1 Ergänze die Tabelle für ein Flugzeug mit dem Gleitverhältnis $\frac{1}{40}$.

Höhenverlust in m	1	3	7	8	13	26
Bodenstrecke in m	40	120				

2 Ergänze so, dass die Zahlenpaare quotientengleich werden.

Höhenverlust in m	1	5		14		20
Bodenstrecke in m		25	75		200	

Eine proportionale Zuordnung liegt vor,

wenn die einander zugeordneten Größen sich im gleichen Verhältnis ändern.

zum Beispiel:
ein Viertel – *ein Viertel*
ein Drittel – *ein Drittel*
die Hälfte – *die Hälfte*
das Doppelte – *das Doppelte*
das Dreifache – *das Dreifache*
das Vierfache – *das Vierfache*

wenn die einander zugeordneten Werte **quotientengleich** sind.

zum Beispiel:

1	2	4	8	12
5	10	20	40	60

$$\frac{1}{5} = \frac{2}{10} = \frac{4}{20} = \frac{8}{40} = \frac{12}{60}$$

Die Quotienten haben alle den Wert $\frac{1}{5}$.

Übungen

3 Übertrage die Tabellen in dein Heft und trage die fehlenden Größen der proportionalen Zuordnung ein.

a) Gewicht in kg – Preis in €

in kg	1	2	3	4	5	6
in €	1,90					

b) Preis in € – Anzahl

in €	1	2	3	4	5	6
Anzahl	3					

c) Anzahl – Preis in €

Anzahl	1	2	3	6	10	12
in €	1,80					

d) Füllmenge in l – Preis in €

in l	10	5	1	20	30	17
in €	13,20					

e) Preis in € – Gewicht in kg

in €	4	6	8	10	14	25
in kg	2					

f) Volumen in m³ – Gewicht in kg

in m³	0,2	0,6	1,8	3,2	2,2	2,5
in kg	0,5					

g) Zeit in h – Wegstrecke in km

in h	5	10		2	4	
in km	400		80			200

h) Arbeitszeit in h – Arbeitslohn in €

in h	8	4		7		15
in €		64	18		320	

i) Weg in km – Verbrauch in l

in km	300		100	1000		
in l	24	48			12	16

j) Zeit in h – Weg in km

in h	5	10		6,5	4	
in km	250		50			125

4 In einem Schülercafé zahlen Jennifer und Ayshe für zwei Gläser Limonade 1,20 €. Wie viel € nimmt der Kassierer ein, wenn 3 (5, 6, 9, 10, 12) Gläser Limonade zu zahlen sind?

5 In einem Schülercafé kosten 0,2 l frisch gepresster Orangensaft 0,90 €. Wie viel € kosten dann 0,4 l (0,8 l; 0,5 l; 0,3 l; 1 l) von dem Orangensaft?

6 In einem Supermarkt gibt es verschiedene Sorten Äpfel zu kaufen.

a) Maren kauft 3 kg der Sorte „Golden Delicious" und bezahlt dafür 5,97 €. Wie viel € kosten 1 kg (2 kg; 4 kg; 6 kg) dieser Sorte?

b) Für 2,98 € erhält Herr Schulze 2 kg der Sorte „Boscoop". Wie viel kg Äpfel dieser Sorte erhält man für 1,49 € (5,96 €; 7,45 €; 10,43 €)?

Prüfzahlen für die Aufgaben 4 bis 6:
1; 1,44; 1,80; 1,92; 1,99; 2,40; 3; 3,60; 3,84; 3,98; 4; 4,80; 5; 5,40; 6; 7; 7,20; 7,96; 11,94

7 Übertrage die Tabelle in dein Heft, bestimme das Gleitverhältnis der Flugzeuge und ergänze alle Werte.

a)
Höhenverlust in m	1	2	3	4	5
Bodenstrecke in m					125

b)
Höhenverlust in m	1	2	3	4	5
Bodenstrecke in m					300

8 Bestimme jeweils das Gleitverhältnis des Flugzeugs.

	Höhenverlust in m	Bodenstrecke in m
a)	10	180
b)	25	375
c)	12	360
d)	24	720
e)	50	950

9 Ein Papiergleiter überfliegt aus 60 cm Höhe eine Strecke von 140 cm.

Welche Strecken wären unter gleichen Bedingungen aus anderen Höhen möglich? Übertrage die Tabelle in dein Heft und ergänze alle fehlenden Werte.

Höhe in cm	60	120	30	180
Bodenstrecke in cm	140			

10 Um wie viel m sinkt eine Segelflugzeug mit dem Gleitverhältnis $\frac{1}{35}$, wenn folgende Bodenstrecken überflogen werden?
a) 70 m   b) 140 m   c) 245 m   d) 315 m.
Löse mithilfe einer Tabelle.

11 Ein Drachenflieger verliert 5 m an Höhe über einer Bodenstrecke von 60 m.
a) Bestimme das Gleitverhältnis.
b) Welche Strecke überfliegt er, wenn er von einem 23 m hohen Berg startet?

12 In einem Kopierladen kostet eine Fotokopie 4 Cent.
a) Ergänze die Tabelle.

Anzahl	10	20	40	50	70	100
Preis in Cent						

b) Ab 1000 Kopien wird dieser Preis pro Kopie um 1 Cent billiger.
Ergänze die Tabelle entsprechend.

Anzahl	1000	1500	2000	3500	5000
Preis in Cent					

13 Im Baumarkt kauft Familie Nagel Bretter für eine Wandverkleidung. Ein Brett hat eine Breite von 10,5 cm.
a) Welche Wandlänge könnte mit 35 Brettern verkleidet werden?
b) Wie viele Bretter müssten für eine Wandlänge von 3 m mindestens eingekauft werden?

14 Für ein Surfbrett werden neue Bezüge der Fußschlaufen benötigt. Ein neuer Bezug kostet 15 €. Wie viel € müssen für alle sieben Schlaufen ausgegeben werden?

15 Bei Modellautos wird häufig auf der Unterseite der Autos angegeben, in welchem Maße sie verkleinert wurden.

Der Maßstab 1 : 60 (gelesen 1 zu 60) bedeutet, dass 1 cm am Modell in Wirklichkeit 60 cm beträgt. Bestimme die tatsächlichen Längen der Autos, wenn die Modelle die folgenden Längen haben.
a) 7 cm   b) 6,5 cm   c) 7,4 cm   d) 6,6 cm

16 Von einem Rettungshubschrauber soll ein Modell im Maßstab 1 : 7,4 hergestellt werden. Am Original beträgt die Rotorlänge 11 860 mm und die Rumpflänge 8810 mm. Berechne die Längen im Modell.

17 Bei der Vorbereitung einer Fahrradtour wird die zu fahrende Strecke in einer Karte mit Maßstab 1 : 20 000 ausgemessen. Wie lang ist die Fahrstrecke in Wirklichkeit, wenn in der Karte 56 cm gemessen werden?

18 Der Maßstab des Kartenausschnitts beträgt 1 : 4 000 000.

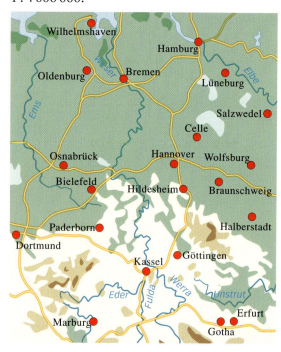

Miss die Abstände zwischen den folgenden Städten und gib die Entfernungen (Luftlinie) in km an.
a) Dortmund – Erfurt
b) Wilhelmshaven – Hannover
c) Osnabrück – Halberstadt
d) Bremen – Salzwedel
e) Kassel – Gotha
f) Oldenburg – Hamburg

19 Bei Vermessungsarbeiten wird ein Eisenbahntunnel mit 55 m vermessen. Welche Länge hat er in einer Wanderkarte im Maßstab 1 : 25 000?

20 Für eine Maßstabszeichnung wird ein Gebäude mit 36 m vermessen. Welche Länge hat das Gebäude in der Zeichnung beim Maßstab 1 : 200?

Dreisatz bei proportionaler Zuordnung

Bei Autos wird der Benzinverbrauch auf einer Fahrstrecke von 100 km angegeben.

Welchen Verbrauch hat ein Fahrzeug, das eine Strecke von 150 km fährt und dabei 9 l Benzin verbraucht?

Bei einer proportionalen Zuordnung lösen wir die Aufgabe in drei Schritten.

Strecke in km	Verbrauch in l	
150	9	1. einander zugeordnete Größen
1	$\frac{9}{150} = 0{,}06$	2. Schluss auf die Einheit
100	$\frac{9 \cdot 100}{150} = 6$	3. Schluss auf die gesuchte Größe

1. Auf 150 km verbrauchte der Wagen 9 l.
2. Auf 1 km verbrauchte der Wagen 0,06 l.
3. Auf 100 km verbrauchte der Wagen 6 l.

Der Verbrauch auf 100 km Fahrstrecke beträgt 6 l Benzin.

Das angewendete Verfahren nennen wir **Dreisatz** oder **Schlussrechnung**.

Beispiel

Frau Barchet tankt 30 Liter Benzin und bezahlt an der Kasse 24 €.

a) Herr Lutz tankt an der gleichen Zapfsäule 36 l. Wie viel € bezahlt er?

Herr Lutz zahlt an der Kasse 28,80 €.

Zugeordnete Größen:

30 l kosten 24 €.

1 l kostet 0,80 €.

36 l kosten 28,80 €.

Menge in l	Preis in €
30	24
1	$\frac{24}{30} = 0{,}8$
36	$\frac{24 \cdot 36}{30} = 28{,}8$

b) Frau Kirchhof tankt an der gleichen Zapfsäule für 28 €. Wie viel l Benzin hat sie getankt?

Frau Kirchhof hat 35 l getankt.

Zugeordnete Größen:

Für 24 € erhält sie 30 l.

Für 1 € erhält sie 1,25 l.

Für 28 € erhält sie 35 l.

Preis in €	Menge in l
24	30
1	$\frac{30}{24} = 1{,}25$
56	$\frac{30 \cdot 28}{24} = 35$

Übungen

1 Übertrage die Tabellen in dein Heft und vervollständige sie. Die Zuordnungen sind proportional.

a)
Gewicht in kg	Preis in €
1	3,50
3	

b)
Anzahl	Preis in €
28	6,44
1	

c)
Länge in m	Preis in €
3	24
1	
5	

d)
Fahrstrecke in km	Verbrauch in l
100	8
1	
750	

e)
Anzahl	Gewicht in kg
8	120
1	
5	

2 a) Ein Heft kostet 0,56 €. Wie viel € kosten 8 Hefte?
b) Eine Tube Klebstoff kostet 1,53 €. Wie viel € kosten 3 Tuben?
c) Eine Packung Bleistifte kostet 2,53 €. Wie viel € kosten 3 Packungen?

3 Zum Belegen einer Wegfläche von 4 m² benötigt ein Fliesenleger 20 Platten. Wie viele Platten benötigt er für 25 m²?

4 In einer Stunde geht ein Wanderer 4,5 km. Wie weit geht er in 12 Minuten?

5 Ein Bauplatz von 625 m² kostet 101 250 €. Wie teuer wäre ein Bauplatz von 725 m² bei gleichem Quadratmeterpreis?

6 Eine Studentin hat in einem Werk während der Semesterferien drei Monate hindurch gearbeitet und 2985 € erhalten. Wie viel Geld bekam sie monatlich?

7 In einer Maßstabszeichnung ist eine Strecke 64 mm lang. In Wirklichkeit ist die Strecke 320 m lang. Eine andere Strecke ist in der Zeichnung 175 mm lang. Wie lang ist sie in Wirklichkeit?

8 Ein Mieter muss für 20 m³ Wasser einschließlich Nebenkosten 42,20 € bezahlen. Wie viel zahlt ein anderer Hausbewohner für 22 m³ Wasser?

9 Ein Hausbesitzer musste für den Bezug von 4967 kWh Strom im Jahr 645,71 € bezahlen. Im nächsten Jahr hatte er einen Verbrauch von 5638 kWh. Wie viel Geld musste er jetzt bezahlen?

10 Der Schall legt in 3 Sekunden etwa 1 km zurück. Wie weit ist ein Gewitter entfernt, wenn man 14 Sekunden nach dem Aufleuchten des Blitzes den Donner hört?

11 Messing besteht aus Kupfer und Zink. Wie viel Kupfer und Zink sind zur Herstellung von 66,5 kg Messing erforderlich, wenn für 100 kg der gleichen Messingsorte 60 kg Kupfer gebraucht werden?

12 Herr Kaltenhof hat 16 m² Wandfläche in seinem Bad gekachelt und dafür insgesamt 720 Kacheln benötigt. In der Küche möchte er auf einer insgesamt 2,4 m² großen Wandfläche die gleiche Kachelsorte verwenden.

Wie viele Kacheln benötigt er noch?

Prüfzahlen für die Aufgaben 1 bis 12:
0,08; 0,23; 0,9; 4,48; 4,59; $4\frac{2}{3}$; 7,59; 8; 10,50; 15; 26,6; 39,9; 40; 46,42; 60; 75; 108; 125; 732,94; 875; 995; 117 450

Währungen umrechnen

169

Hier ist unser neues Geld abgebildet.
1 Euro hat 100 Euro-Cent.

Hier ist das Geld der USA abgebildet.
1 US-Dollar hat 100 US-Cent.

1 € = 0,9310 US $		1 US $ = 1,0741 €	
€	US $	US $	€
0,10	0,09	0,10	0,11
0,50	0,47	0,50	0,54
1,00	0,93	1,00	1,07
2,00	1,86	2,00	2,15
3,00	2,79	3,00	3,22
4,00	3,72	4,00	4,30
5,00	4,66	5,00	5,37
6,00	5,59	6,00	6,44
7,00	6,52	7,00	7,52
8,00	7,45	8,00	8,59
9,00	8,38	9,00	9,67
10,00	9,31	10,00	10,74
20,00	18,62	20,00	21,48
30,00	27,93	30,00	32,22
40,00	37,24	40,00	42,96
50,00	46,55	50,00	53,71
100,00	93,10	100,00	107,41
150,00	139,65	150,00	161,12
200,00	186,20	200,00	214,82
300,00	279,30	300,00	322,23
500,00	465,50	500,00	537,06

Mithilfe dieser Umrechnungstabelle können Euro-Beträge in US-Dollar und umgekehrt angegeben werden. (Stand: 22.01.2001)

Banknoten-Gestaltungsentwurf
© Europäisches Währungsinstitut 1997/
Europäische Zentralbank 1998

Übungen

1 Gib die €-Beträge in US $ an.
a) 40 €   d) 500 €   g) 850 €
b) 30 €   e) 550 €   h) 1000 €
c) 150 €   f) 625 €   i) 1200 €

2 Gib die US $-Beträge in € an.
a) 60 US $ d) 41 US $ g) 420 US $
b) 20 US $ e) 89 US $ h) 250 US $
c) 25 US $ f) 120 US $ i) 1200 US $

3 Erstelle eine Umrechnungstabelle wie oben für Euro (€) in Australische Dollar (A $).
1 € entsprach 1,8372 A $. (Stand 26.01.1999)

4 a) In den USA kosten Jeans 39 US $. Gib mithilfe der Umrechnungstabelle den Preis der Hosen in € an.
b) Gib für die verschiedenen Jeans-Preise mithilfe der Umrechnungstabelle die Preise in US $ an.

Fallende Zuordnungen

Der Lottogewinn von Tippgemeinschaften wird gleichmäßig an alle Mitglieder verteilt. Das Diagramm und die Tabelle zeigen, wie der Gewinn von 18 000 € an die Mitglieder von Tippgemeinschaften von einer bis zu 6 Personen verteilt wird.

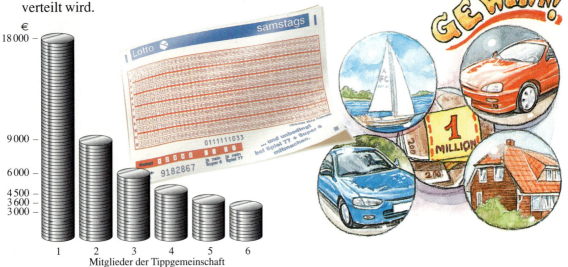

Aus dem Diagramm kannst du erkennen:
Je mehr Mitglieder,
desto weniger Gewinn pro Mitglied.

Je weniger Mitglieder,
desto mehr Gewinn pro Mitglied.

Gewinnsumme 18 000 €

Anzahl der Mitglieder	1	2	3	4	5	6
Gewinn pro Mitglied in €	18000	9000	6000	4500	3600	3000

Übungen

1 Übertrage die Tabelle in dein Heft und ergänze die fehlenden Werte.
Gewinnsumme 6000 €

Anzahl der Mitglieder	1	2	3	4	5	6
Gewinn pro Mitglied in €	6000					

2 Übertrage die Tabelle in dein Heft und ergänze die fehlenden Werte.
Gewinnsumme 3600 €

Anzahl der Mitglieder	1	2	3	4	5	6
Gewinn pro Mitglied in €	3600					

3 Übertrage die folgende Tabelle in dein Heft und berechne den Gewinn, den jedes Mitglied erhält, wenn die Gewinnsumme gerecht geteilt wird.
Gewinnsumme ■ €

Anzahl der Mitglieder	1	2	3	4	5	6
Gewinn pro Mitglied in €		3600				

4 Übertrage die Tabelle in dein Heft und berechne den Gewinn pro Mitglied.
Gewinnsumme ■ €

Anzahl der Mitglieder	1	2	3	4	5	6
Gewinn pro Mitglied in €						800

Umgekehrt proportionale Zuordnungen

In vielen Betrieben werden Industrieroboter eingesetzt. Sie arbeiten nach einem vorgeschriebenen Programm, das die Bewegungsabläufe steuert.

Die benötigte Zeit zur Fertigung eines Werkstücks kann somit genau ermittelt werden. Aus der folgenden Tabelle kann man die Zeit ablesen, die der Industrieroboter zur Fertigung der Werkstücke $W1$, $W2$ und $W3$ benötigt:

Werkstück	$W1$	$W2$	$W3$
Minuten pro Stück	3	12	15

Es werden 100 Werkstücke $W1$

von **1** Industrieroboter   in **300** min gefertigt,
von **2** Industrierobotern in **150** min gefertigt,
von **3** Industrierobotern in **100** min gefertigt,
von **4** Industrierobotern in   **75** min gefertigt.

Beim Vergleich der Zeiten stellst du fest, dass mit dem Anstieg der Anzahl der Industrieroboter die benötigte Zeit zur Fertigung aller Werkstücke gleichmäßig abnimmt.

Es gilt: **doppelte** Anzahl Roboter – **die Hälfte** der Zeit
             dreifache Anzahl Roboter – **ein Drittel** der Zeit
             vierfache Anzahl Roboter – **ein Viertel** der Zeit

Wir sagen, die benötigte Zeit zur Fertigung aller Werkstücke ist **umgekehrt proportional** zur Anzahl der eingesetzten Roboter.

Übungen

1 Übertrage jeweils die Tabelle in dein Heft und berechne die fehlenden Zeitangaben.

a) 100 Werkstücke $W2$

Anzahl der Roboter	1	2	3	4	5	6
Minuten	1200					

b) 100 Werkstücke $W3$

Anzahl der Roboter	1	2	3	4	5	6
Minuten	1500					

2 Übertrage jeweils die Tabelle in dein Heft und berechne die fehlenden Anzahlen der benötigten Roboter. Fülle mit diesen Werten die Tabelle aus.

a) 100 Werkstücke $W1$

Minuten	300	60	30	25	20	15
Anzahl der Roboter	1					

b) 100 Werkstücke $W2$

Minuten	1200	400	240	150	120	80
Anzahl der Roboter	1					

Produktgleichheit

Höhere Geschwindigkeiten der modernen Züge ermöglichen immer kürzere Reisezeiten. Eine Dampflokomotive mit einer durchschnittlichen Geschwindigkeit von 60 $\frac{km}{h}$ benötigte für eine 360 km lange Strecke 6 Stunden. Heute legt eine E-Lok bei einer durchschnittlichen Geschwindigkeit von 180 $\frac{km}{h}$ diese Strecke in 2 Stunden zurück.

Reisestrecke 360 km

Geschwindigkeit in $\frac{km}{h}$	60	80	120	180
Reisezeit in h	6	4,5	3	2
	60 · 6 =	80 · 4,5 =	120 · 3 =	180 · 2

Berechnen wir den Wert der Produkte der einzelnen Zahlenpaare, so stellen wir fest:
Alle Produkte haben den Wert 360. Wir nennen die Zahlenpaare **produktgleich**.

1 Ergänze die Tabelle in deinem Heft.
Reisestrecke 360 km

Geschwindigkeit in $\frac{km}{h}$	10	40	80	180	240
Reisezeit in h	36				

2 Ergänze die Tabelle in deinem Heft.
Reisestrecke 120 km

Geschwindigkeit in $\frac{km}{h}$	120	60	40	30	24	20
Reisezeit in h	1					

Eine **umgekehrt proportionale** Zuordnung liegt vor, wenn sich die einander zugeordneten Größen im umgekehrten Verhältnis ändern.

zum Beispiel:
das Vierfache – ein Viertel
das Dreifache – ein Drittel
das Doppelte – die Hälfte
die Hälfte – das Doppelte
ein Drittel – das Dreifache
ein Viertel – das Vierfache

Eine **umgekehrt proportionale** Zuordnung liegt vor, wenn die einander zugeordneten Werte **produktgleich** sind.

zum Beispiel:

1	2	4	8	10
5	2,5	1,25	0,625	0,5

1 · 5 = 2 · 2,5 = 4 · 1,25 = 8 · 0,625 = 10 · 0,5

Die Produkte haben alle den Wert 5.

Zuordnungen

Beispiel

Je schneller man mit dem Auto fährt, desto höher ist der Benzinverbrauch. Überprüfe nach der Tabelle, ob die Zuordnung umgekehrt proportional ist.

Tankfüllung 42 l

Verbrauch pro 100 km in l	5	6	7	8	10
Fahrstrecke in km	840	700	600	525	420

Produkte der Zahlenpaare:

$5 \cdot 840 = 4200$ $8 \cdot 525 = 4200$
$6 \cdot 700 = 4200$ $10 \cdot 420 = 4200$
$7 \cdot 600 = 4200$

Die Zahlenpaare sind produktgleich, die Zuordnung ist umgekehrt proportional.

Übertragen wir die Zahlenpaare aus dem Beispiel in ein Koordinatensystem, dann sehen wir, dass diese Punkte auf einer Kurve liegen.

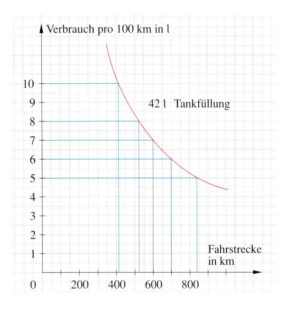

Bei einer umgekehrt proportionalen Zuordnung liegen die zu den Zahlenpaaren gehörenden Punkte auf einer Kurve, die man **Hyperbel** nennt.

Übungen

3 Ergänze die folgende Tabelle. Sie gibt an, welche Fahrstrecke mit einer Tankfüllung bei unterschiedlichem Verbrauch zurückgelegt werden kann.

a) Tankfüllung 45 l

Verbrauch pro 100 km in l	5	1	6	8	10
Fahrstrecke in km	900				

b) Tankfüllung 70 l

Verbrauch pro 100 km in l	5	1	7	8	10
Fahrstrecke in km	1400				

4 Übertrage die nachstehenden Tabellen nacheinander in dein Heft und ergänze dabei alle fehlenden Zahlen so, dass jede Zuordnung umgekehrt proportional ist.

a)
8	2	4	6	3	1	12
			32			

b)
6	9	2	4	3	1	8
	24					

c)
12	6	4	3	1	2	9
		243				

d)
10	2	1	4	8	5	3
12,5						

5 Übertrage die Tabelle in dein Heft und ergänze sie so, dass die Zuordnung umgekehrt proportional ist.

a)
18	9	3	1	6	7	21	54
21							

b)
5	1	4	8	10	16	20	25
32							

c)
15	1		5	10	20		25
8		1				30	

d)
1	2	3			9	15	18
			6	3	12		

e)
	60	15		12		20	
1		2	6		4		120

f)
24		3				15	
	6	32	8	1	30		60

6 Vervollständige im Heft die Tabelle so, dass die Zuordnung umgekehrt proportional ist.

a) Anzahl der Arbeiter – Zeit in h

Anzahl	4	1	2	5	6	8
in h	6					

b) Anzahl der Teilnehmer – Preis pro Teilnehmer in €

Anzahl	2	3		5		12
in €	480		240		48	

c) Geschwindigkeit in $\frac{km}{h}$ – Fahrzeit in h

in $\frac{km}{h}$	80		120		96		150
in h	6	4,8		8		3	

7 Peter überlegt, wie er sein Taschengeld für eine Radtour so einteilen kann, dass er jeden Tag den gleichen Betrag zur Verfügung hat. Ist er 12 Tage unterwegs, kann er 8 € pro Tag ausgeben.
a) Wie viel Taschengeld hat Peter?
b) Vervollständige die Tabelle im Heft.

Anzahl der Reisetage	12	10	15	6	8	16
Geld pro Tag in €	11					

8 Ein Flughafen wird ausgebaut und erweitert. Bei der Planung der Arbeiten an den Flugzeuglandebahnen wird davon ausgegangen, dass beim Einsatz von 6 Walzen die erforderlichen Arbeiten in 30 Tagen abgeschlossen sein können.

Wie viele Tage werden 3 (2, 1, 5 oder 4) Walzen benötigen?
Ergänze die Tabelle im Heft.

Anzahl der Walzen	6	3	2	1	5	4
Anzahl der Tage	30					

9 Der Schotter für den Grund eines Teilstücks der Startbahn wurde mit 4 Lkws angefahren. Dazu mussten sie insgesamt 24-mal fahren. Wie oft hätte insgesamt gefahren werden müssen, wenn eine andere Anzahl von Lkws zur Verfügung gestanden hätte? Vervollständige dazu die Tabelle im Heft.

Anzahl der Lkws	4	2	1	3	6	8
Anzahl der Fahrten	24					

10 In der Baugrube für die neue Eingangshalle hat sich Sickerwasser angesammelt. Vier Pumpen mit gleicher Leistung leeren die Baugrube in drei Stunden. Vervollständige die Tabelle im Heft.

a)
Anzahl der Pumpen	1	2	4	6	8
Zeit in h			3		

b)
Zeit in h	1	2	3	4	6
Anzahl der Pumpen				4	

Dreisatz bei umgekehrt proportionaler Zuordnung

Tanklöschfahrzeuge der Feuerwehr werden eingesetzt, solange noch kein direkter Anschluss an das Wassernetz zum Löschen hergestellt ist.

Beim Anschluss eines C-Rohres reicht das Löschwasser eines Fahrzeugs für 24 min, wenn pro Minute 100 l Wasser ausströmen. Wie lange reicht der Wasservorrat, wenn die Spritzdüse so eingestellt ist, dass 150 l pro Minute ausfließen?

Auch die umgekehrt proportionale Zuordnung lösen wir mit dem **Dreisatz**.

1. Bei 100 l Ausfluss pro Minute reicht das Löschwasser 24 min.
2. Bei 1 l Ausfluss pro Minute reicht das Löschwasser 2400 min.
3. Bei 150 l Ausfluss pro Minute reicht das Löschwasser 16 min.

Ausfluss pro min in l	Zeit in min
100	24
1	$24 \cdot 100 = 2400$
150	$\dfrac{24 \cdot 100}{150} = 16$

1. einander zugeordnete Größen
2. Schluss auf die Einheit
3. Schluss auf die gesuchte Größe

Der Wasservorrat reicht für eine Löschzeit von 16 min.

Beispiel

Bei der Feuerwehr wird das größte Stahlrohr B-Rohr genannt. Fließen durch dieses Rohr 400 Liter Wasser pro Minute, so reicht der Wasservorrat eines Großtanklöschfahrzeugs für 12,5 Minuten.
Berechne die Löschzeit, wenn 500 Liter Wasser pro Minute ausströmen.

zugeordnete Größen:

1. Bei 400 l Ausfluss pro Minute reicht es 12,5 min.
2. Bei 1 l Ausfluss pro Minute reicht es 600 min.
3. Bei 500 l Ausfluss pro Minute reicht es 1,2 min.
   1,2 min = 1 min 12 s

Ausfluss pro min in l	Zeit in min
400	12,5
1	$12,5 \cdot 400 = 600$
500	$\dfrac{12,5 \cdot 400}{500} = 1,2$

Der Wasservorrat reicht 1,2 Minuten.

Übungen

1 Vervollständige die Tabellen in deinem Heft. Die Zuordnungen sind umgekehrt proportional.

a)
Zahl der Lkws	Zeit in h
1	220
4	

b)
Zeit in h	Zahl der Lkws
4	3
1	

c)
Geschwindigkeit in $\frac{km}{h}$	Zeit in h
96	6
1	
40	

d)
Zeit in h	Geschwindigkeit in $\frac{km}{h}$
8	80
1	
5	

2 Ein Landwirt überschlägt den Futtervorrat für seine Hühner. Nach den Angaben des Herstellers reicht der Sack Futter für 20 Hühner 11 Tage. Der Landwirt hat 55 Hühner. Wie lange kommt er mit dem Vorrat aus?

3 Der Fußboden eines Zimmers soll mit Teppichboden belegt werden. Wählt man Teppichboden von 2 m Breite, braucht man 22,5 m. Wie viel m braucht man, wenn der Teppichboden nur 1,5 m breit ist?

4 Frau Tass will eine Wand mit Holz verkleiden. Dazu benötigt sie 28 Bretter mit 15 cm Breite. Im Baumarkt erhält sie 21 cm breite Bretter. Wie viele benötigt sie davon?

5 Um Bauschutt von einer Baustelle abzufahren müssen 8 Lkws 5-mal fahren. Wie oft müssen 5 Lkws fahren?

6 Zum Auslegen der 6 m langen und 4,8 m breiten Terrasse mit Steinfliesen stehen 30 cm und 40 cm lange quadratische Fliesen zur Auswahl. Werden die 30 cm langen Fliesen gewählt, müssen davon 320 verlegt werden. Wie viele 40 cm lange Fliesen sind dazu nötig?

7 Bauunternehmer Reichel hat für den Ausbau einer Straße die Arbeitszeit berechnet: 18 Arbeiter brauchen für den Bau 30 Tage. Nun braucht Herr Reichel zu Beginn der Arbeit 3 Arbeiter für eine andere Baustelle. Wie lange brauchen die Arbeiter nun, um die Straße fertigzustellen?

8 Die Vogelfluglinie ist die kürzeste Verkehrsverbindung zwischen Kopenhagen und Hamburg. Sie wurde benannt nach dem Flug der Zugvögel und verläuft über die Inseln Fehmarn, Lolland und Falster.

Zwischen Puttgarden und Rødby Havn verkehren Fähren, die neben Pkws auch ganze Eisenbahnzüge transportieren. Eine Fähre braucht bei einer durchschnittlichen Geschwindigkeit von 20 $\frac{km}{h}$ für eine Überfahrt 55 Minuten. Wie lange braucht eine Fähre mit einer Geschwindigkeit von 25 (22) $\frac{km}{h}$?

Vermischte Übungen

1 a) 5 Flaschen Saft kosten 3,95 €. Wie viel kostet 1 Flasche Saft?
b) 1,5 kg Äpfel kosten 2,97 €. Wie viel kostet 1 kg Äpfel?
c) 2,5 m Stoff kosten 12,45 €. Wie viel kostet 1 m Stoff?

2 Uwe kauft 40 Briefmarken zu je 0,55 €.
a) Wie viele Briefmarken zu je 0,40 € kann er zum selben Gesamtpreis erhalten?
b) Welche Briefmarken bekommt Uwe, wenn er für den Gesamtpreis 20 Marken gleicher Sorte kauft?

3 3 kg Weintrauben kosten 7,77 €. Wie viel kosten 2 kg (1,4 kg; 1,2 kg) Trauben derselben Sorte? Runde, wenn nötig.

4 Herr Zimmer benötigt für seine Einbauküche zwei verschiedene Arbeitsplatten von je 60 cm Tiefe aus dem gleichen Material.

Für eine Platte von 2,70 m Länge bezahlt er im Baumarkt 79,65 €. Was kostet die 1,30 m lange Platte?

Prüfzahlen für die Aufgaben 1 bis 4:
0,79; 1,10; 1,98; 3,11; 3,63; 4,98; 5,18; 38,35; ·55
---

5 Welches Angebot ist günstiger?
a) 150 g Salzstangen zu 0,93 €, 250 g Salzstangen zu 1,15 €
b) 3 kg Waschpulver zu 11,94 €, 1,5 kg Waschpulver zu 6,72 €
c) 3 × 170 g Kondensmilch zu 1,63 €, 340 g Kondensmilch zu 0,69 €

6 Tippgemeinschaften erhalten ihren Lottogewinn gemeinsam ausbezahlt. Ergänze die Tabelle in deinem Heft.
Gewinnsumme 18 144 €

Anzahl der Mitglieder	4	7	9	15
Gewinn pro Mitglied				

7 Die Sonne ist rund 150 Mio. km von der Erde entfernt. Ein Lichtstrahl benötigt für diese Entfernung 8 min 20 s.
a) Zum Planeten Mars braucht ein Lichtstrahl von der Sonne bereits etwa 12 min 40 s. Wie viel Kilometer ist der Mars von der Sonne entfernt?
b) Zum Jupiter, dem größten Planeten in unserem Sonnensystem, benötigt das Sonnenlicht etwa 43 min 13 s. Wie groß ist seine Entfernung von der Sonne?

8 Familie Meier plant ihren Jahresurlaub. Die dreiköpfige Familie setzt 1500 € für Unterkunft und Verpflegung ein. Einem Katalog entnehmen sie die folgenden Preise für eine Person pro Tag.

Hotel / Pension	Verpflegung	€ pro Tag
Gasthaus „Zum Wanderer"	Vollpension	31,00
Pension „Müllerin"	Vollpension	37,00
Hotel „Zum Bären"	Vollpension	84,00

a) Wie viel müsste diese Familie pro Tag in den von ihnen ausgesuchten drei Unterkünften jeweils bezahlen?
b) Wie viele Tage könnte diese Familie jeweils in den ausgesuchten Unterkünften Urlaub machen, wenn das eingeplante Urlaubsgeld nicht überschritten werden soll?

9 Die Umrechnungskurse für Währungen schwanken täglich. Am 23. Januar 2001 lag der Wechselkurs so, dass man für 30 US-Dollar 32,10 € erhielt. Wie viel US-Dollar erhielt man für 63,43 € (101,48 €)?

1 In einer Woche wurden von einer Wetterwarte diese Tagestemperaturen gemessen:

Wochentag	Mo.	Di.	Mi.	Do.	Fr.	Sa.	So.
Temperatur in °C	20	16	17	21	21	27	34

a) Zeichne ein Diagramm und verbinde die Punkte nacheinander (1 mm entspricht 1 °C).
b) Zwischen welchen Tagen stieg die Temperatur an?
c) Zwischen welchen Tagen fiel die Temperatur ab?
d) Zwischen welchen Tagen blieb die Temperatur gleich?

(7 Punkte)

2 Übertrage die Tabelle in dein Heft und ergänze so, dass die Zuordnung proportional ist.

Anzahl	1	2	3	4	6	10	12
Preis in €			6,75				

(6 Punkte)

3 Übertrage die Tabelle ins Heft und ergänze so, dass die Zuordnung umgekehrt proportional ist.

Personenzahl	1	2	4	5	7	12	14
Gewinn pro Person in €						525	

(6 Punkte)

4 Wie viel Euro kosten 12 Eier, wenn 20 Eier 2,80 € kosten?

(5 Punkte)

5 Ein Futtervorrat reicht 6 Wochen für 26 Kühe. Wie lange würden bei gleicher Fütterung 39 Kühe damit auskommen?

(5 Punkte)

6 Wie viel Euro kosten 264 Taschenrechner, wenn 250 Taschenrechner 2722,50 € kosten?

(5 Punkte)

180 Wir starten eine

Die Schülerinnen und Schüler einer fünften Klasse haben gemeinsam mit ihrer Mathematiklehrerin beschlossen einen Steckbrief zu erstellen. Es gibt verschiedene Vorschläge, welche Daten erhoben werden sollen.

Wir machen ein Steckbriefalbum der ganzen Klasse, damit wir uns kennenlernen.

Da hat sie Recht Datenschutz.

Aber mein Gewicht und mein Taschengeld geht keinen was an.

Nach einzelnen Diskussionen einigen sie sich schließlich auf den abgebildeten **Fragebogen**.

Persönliche Daten

Vorname _____

Geschlecht (bitte ankreuzen) ☐ Junge ☐ Mädchen

Alter _____

Körpergröße _____

Körpergewicht _____

Anzahl der Geschwister _____

Taschengeld im Monat _____

Lieblingstier _____

Wie lange brauchst du für den Weg zur Schule? _____

Wie kommst du meistens zur Schule? (bitte ankreuzen)

☐ zu Fuß ☐ Fahrrad ☐ Bus
☐ Straßenbahn ☐ Zug ☐ Auto

Vielen Dank für deine Mitarbeit!

Da einige Schülerinnen und Schüler ihr genaues Körpergewicht nicht wissen, wird im Klassenraum eine Waage aufgestellt. Um die Körpergröße zu ermitteln, messen sich die Schülerinnen und Schüler gegenseitig mit einem Zollstock.

Umfrage

offene Seiten

Brauchst du ja nicht anzugeben, ist alles freiwillig.

Nr.	Vorname	Geschlecht	Alter (Jahre)	Größe (cm)	Gewicht (kg)	Anzahl der Geschwister	Taschengeld im Monat (€)	Lieblingstier	Zeit für den Weg zur Schule (min)	womit die Schule erreicht wird
1	Nadine	M	12	154	43	2	12	Pferd	20	Fahrrad
2	Anna	M	10	157	49	1	5	Hund	20	Fahrrad
3	Bea	M	10	145	37	1	15	Hund	10	Fahrrad
4	Dina	M	11	161	45	1	50	Katze	15	Fahrrad
5	Björn	J	11	150	32	2	10	Hamster	30	Bus
6	Florian	J	11	150	32	3	50	Hund	30	Bus
7	Thomas	J	12	151	35	2	15	Pferd	15	Fahrrad
8	Sarah	M	10	162	50	1	10	Wal	15	Fahrrad
9	Stephan	J	10	159	50	0	20	Hamster	15	Fahrrad
10	Timo	J	11	157	47	0	15	Katze	15	Fahrrad
11	Seric	J	10	146	32	1	12	alle	20	Auto
12	Danny	J	11	148	33	2	16	Hund	30	Bus
13	Christian	J	11	157	39	1	16	Vogel	30	Bus
14	Serkan	J	10	140	35	1	20	Hund	20	Fahrrad
15	Claudia	M	10	145	40	1		Pferd	30	Bus
16	Jennifer	M	11	137	28	1	13	viele	15	Fahrrad
17	Nicole	M	11	152	31	2	10	Löwe	15	Auto
18	Nikolina	M	11	150	40	2	10	Wellensittich	25	Fahrrad
19	Romina	M	11	154	37	1	12	Pferd	25	Bus
20	Damian	J	10	148	29	2	0	Meerschwein	15	Bus
21	Christoph	J	10	150	39	2	13	Meerschwein	10	Fahrrad
22	Kai	J	10	126	35	1	120	Wellensittich	10	Fahrrad
23	Marcel	J	10	159	40	1	20	Meerschwein	10	Fahrrad
24	Bianco	J	10	155	48	0	15	Schäferhund	30	Fahrrad
25	Indra	M	12	149		1	30	Vogel	20	Auto
26	Zeliha	M	10	151	33	0	15	Wellensittich	15	Fahrrad

Nachdem alle Schülerinnen und Schüler ihren Fragebogen ausgefüllt haben, werden die Daten gemeinsam in einem **Auswertungsbogen** zusammengestellt, den jeder erhält.

Strichliste

Die Klasse 5c beginnt die Ergebnisse der Umfrage für das Steckbriefalbum auszuwerten. Als Grundlage dient der Auswertungsbogen (Seite 181), in dem alle Antworten aus den Fragebögen gesammelt sind.
Die Frage nach der Anzahl der Jungen und Mädchen in der Klasse lässt sich noch einfach durch Abzählen beantworten.
Zur Auswertung der Altersangaben wird eine **Strichliste** mit **Häufigkeitstabelle** angelegt. Fünf Nennungen werden günstig zu einem „Päckchen gebündelt".

13 Schülerinnen und Schüler der Klasse 5c sind 10 Jahre alt, 10 sind 11 Jahre und 3 sind sogar schon 12 Jahre alt. Zusammen sind es 26.

Alter	Strichliste	Anzahl
10	ӀӀӀӀ ӀӀӀӀ ӀӀӀ	13
11	ӀӀӀӀ ӀӀӀӀ	10
12	ӀӀӀ	3
		26

Die Auswertung der Angaben zur Körpergröße ist schon etwas schwieriger, da viele verschiedene Körpergrößen auftreten. Deshalb ist es günstiger, bestimmte Körpergrößen, zum Beispiel 120 cm bis 129 cm, zusammenzufassen.

Für eine solche Zusammenfassung gibt es keine Regel. Man muss überlegen, welche Einteilung für die Auswertung sinnvoll ist.
Die Klasse 5c entscheidet sich für diese Einteilung.

Körpergröße in cm	Strichliste	Anzahl
120 – 129	Ӏ	1
130 – 139	Ӏ	1
140 – 149	ӀӀӀӀ ӀӀ	7
150 – 159	ӀӀӀӀ ӀӀӀӀ ӀӀӀӀ	15
160 – 169	ӀӀ	2
		26

1 Erläutere die von der Klasse 5c angefertigte Häufigkeitstabelle zu den Körpergrößen.

Übungen

2 Fertige nach den Ergebnissen der Umfrage eine Strichliste für
a) die Anzahl der Geschwister,
b) die Zeit für den Schulweg,
c) das Taschengeld im Monat an.

3 Fertige nach den Ergebnissen der Umfrage eine Strichliste für die Lieblingstiere in der Klasse 5c an.

4 a) Finde für die Auswertung der Körpergewichte der Schülerinnen und Schüler in der 5c eine sinnvolle Einteilung.
b) Erstelle nach deiner Einteilung eine entsprechende Strichliste.
c) Erläutere die Ergebnisse.

5 Führt in eurer Klasse eine ähnliche Befragung durch. Benutzt bei der Auswertung Strichlisten. Achtet auf mögliche Einteilungen.

6 In der Tabelle wurden einige Angaben über Kinder aus der Klasse 5d zusammengestellt.

Name	Geburtstag	Körpergröße	Gewicht
Martin	18.05.92	139 cm	42 kg
Jens	15.06.92	141 cm	39 kg
Thomas	12.03.91	131 cm	40 kg
Silke	22.02.92	134 cm	28 kg
Inna	27.09.91	128 cm	27 kg
Anna	24.11.92	132 cm	34 kg

Ordne die Kinder
a) nach dem Alphabet,   c) nach dem Gewicht,
b) nach der Körpergröße, d) nach dem Alter.

Minimum und Maximum

In vielen Fällen ist für die Beschreibung von Daten die Angabe des größten Werts und des kleinsten Werts besonders aussagekräftig.

Die Wettervorhersage für einen Tag im Mai sagte für das Gebiet zwischen Meppen und Celle eine *Höchsttemperatur* von 26 °C und eine *Tiefsttemperatur* von 10 °C voraus.

1 Suche den größten und den kleinsten Wert von allen in der Wetterkarte angegebenen Temperaturen.

Bei Daten nennt man den größten Wert das **Maximum**. Der kleinste Wert heißt **Minimum**.

Übungen

2 Bestimme das Maximum und das Minimum der vorhergesagten Temperaturen.

AUSSICHTEN FÜR DIE NÄCHSTEN TAGE

3 Werte die Daten auf der Seite 181 aus.
a) Welches ist das kleinste Kind der Klasse, welches das größte?
b) Bestimme das schwerste Mädchen und den leichtesten Jungen.
c) Wie groß ist das größte Mädchen, wie groß ist der kleinste Junge?

4 Eine fast unerschöpfliche Fundgrube aller möglichen Höchst- und Tiefstwerte ist das „Guinness-Buch der Rekorde". Sucht Beispiele heraus.

5 Die Tabelle der Fußball-Bundesliga vom 24. April 2000 wurde durcheinander gebracht. Bringe die Mannschaften in die gewohnte Reihenfolge. Kläre dabei, welche Mannschaft die meisten Tore schoss und welche die wenigsten. Welche Mannschaft erhielt die meisten Gegentore, welche die wenigsten?

	Spiele	Punkte	Tore
TSV 1860 München	31	48	50:44
Eintracht Frankfurt	31	35	35:39
MSV Duisburg	31	21	36:63
Bayern München	31	64	63:26
SSV Ulm	31	32	31:54
1. FC Kaiserslautern	31	46	46:54
Schalke 04	31	37	39:39
Arminia Bielefeld	31	26	34:55
Bayer 04 Leverkusen	31	67	68:33
Hansa Rostock	31	35	40:52
Hamburger SV	31	55	59:36
VfL Wolfsburg	31	46	49:51
VfB Stuttgart	31	44	36:41
SC Freiburg	31	36	42:47
SpVgg Unterhaching	31	38	37:39
Borussia Dortmund	31	33	35:36
Werder Bremen	31	44	60:48
Hertha BSC Berlin	31	49	38:41

184 Spannweite

Ein wichtiges Merkmal zur Beschreibung des Klimas ist der Unterschied zwischen der höchsten und der niedrigsten Temperatur, die an einem Tag oder in einem Monat oder auch innerhalb eines Jahres gemessen wurden. Der Unterschied gibt an, ob die Temperaturen stark oder schwach schwankten.

Mit einem Minimum-Maximum-Thermometer, wie es im Foto abgebildet ist, kann das geprüft werden. Das Thermometer auf dem Foto zeigt die Tiefsttemperatur 3 °C und die Höchsttemperatur 16 °C an. Der *Temperaturunterschied* wird aus der Differenz 16 °C – 3 °C = 13 °C berechnet.
Dieser Wert der Differenz heißt **Spannweite**.

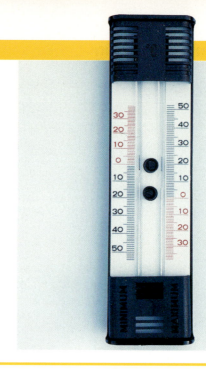

> Bei der Untersuchung von Daten kennzeichnet die Spannweite den Unterschied zwischen dem größten und dem kleinsten Wert. Die Spannweite ist der Wert der Differenz aus dem Maximum und dem Minimum.

Übungen

1 Werte die Daten auf der Seite 181 aus.
a) Bestimme die Spannweite der Körpergröße aller Schülerinnen und Schüler.
b) Bestimme die Spannweite der Körpergröße der Mädchen und der Jungen.
c) Welche Spannweite ergibt sich in der Klasse beim Taschengeld?

2 An einem Tag im März wurden in europäischen Großstädten die in der Tabelle zusammengestellten Temperaturen gemessen.

Amsterdam	7 °C
Athen	14 °C
Berlin	6 °C
Brüssel	7 °C
Dresden	3 °C
Düsseldorf	7 °C
Frankfurt	6 °C
Hamburg	1 °C
Kopenhagen	3 °C
Las Palmas	21 °C
London	12 °C
Madrid	18 °C
Mallorca	18 °C
München	6 °C
Paris	11 °C
Rom	15 °C
Rostock	4 °C
Zürich	7 °C

a) Bestimme das Maximum und das Minimum der Temperaturen.
b) Berechne die Spannweite der Temperaturen in Europa.
c) Berechne die Spannweite der Temperaturen in den deutschen Städten.

Zentralwert

Wie viel Taschengeld bekommen die Schülerinnen und Schüler der Klasse 5c im Monat?

Bei den Schülerinnen und Schülern dieser Klasse liegt der Wert zwischen 0 € und 120 €. Mit dem Minimum, dem Maximum und der Spannweite lässt sich keine zufriedenstellende Antwort finden. Auch Strichliste und Häufigkeitstabelle helfen nicht weiter. Gesucht ist ein **Mittelwert**.

Eine geeignete Methode dafür ist die Bestimmung des **Zentralwerts** (auch **Median** genannt).

Zuerst werden alle Daten der Größe nach geordnet. Nach der Tabelle auf der Seite 7 erhalten wir für die Taschengeldbeträge die folgenden 25 Werte:

0 5 10 10 10 10 12 12 12 13 13 15 **15** 15 15 15 16 16 20 20 20 30 50 50 120

Als Zentralwert wird *der Wert* bestimmt, der *in der Mitte* dieser geordneten Liste liegt. In der Klasse 5c bekommen die Schülerinnen und Schüler im Mittel 15 € Taschengeld im Monat.

Bei der Bestimmung des Zentralwerts der Zeit für den Schulweg ergeben sich folgende 26 geordneten Werte:

10 10 10 10 15 15 15 15 15 15 15 15 15 20 20 20 20 20 25 25 30 30 30 30 30 30

                                16 17 18 19

                                   17,5

Die Schülerinnen und Schüler der Klasse 5c brauchen im Mittel 17,5 Minuten für den Weg zur Schule.

> Der Zentralwert (Median) ist der mittlere Wert in der nach der Größe geordneten Datenliste.
>
> Bei *ungerader* Anzahl stehen vor und hinter dem Zentralwert gleich viele Werte. Bei *gerader* Anzahl wird der Zentralwert als mittlerer Wert der beiden in der Mitte stehenden Werte bestimmt.

Beispiel

> In einer Klasse werden die 8 Kinder, die von den Eltern mit dem Pkw zur Schule gefahren werden, nach der Entfernung der Wohnung zur Schule befragt. Wie viel Kilometer werden diese Kinder im Mittel von zu Hause bis zur Schule gefahren?
>
> ungeordnete Werte in km: 4 2 3 7 2 11 6 6   geordnete Werte in km: 2 2 3 4 6 6 7 11
>   Zentralwert: 5
>
> Diese Kinder der Klasse werden im Mittel 5 Kilometer von zu Hause zur Schule gefahren.

Übungen

1 Bestimme aus dem Auswertungsbogen von Seite 181 jeweils den Zentralwert für das Alter der Mädchen und für das Alter der Jungen in der Klasse 5c.

2 Bestimme aus dem Auswertungsbogen von Seite 181 den Zentralwert für
a) die Körpergröße der Mädchen, der Jungen und aller Kinder der Klasse,
b) das Gewicht der Mädchen, der Jungen und aller Kinder der Klasse.

Mittelwert – Durchschnitt

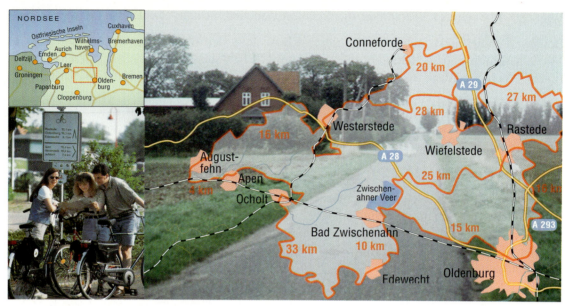

Familie Dierks aus Magdeburg plant eine Radtour durch das Ammerland. Ausgangspunkt soll Edewecht sein. Von Edewecht planen sie eine Rundtour über Apen, Augustfehn, Westerstede, Conneforde, Wiefelstede, Rastede, Oldenburg, Bad Zwischenahn und zurück nach Edewecht.

Folgende Tagesrouten sind vorgesehen:

1. Tag	Edewecht – Augustfehn	37 km
	Augustfehn – Westerstede	16 km
2. Tag	Westerstede – Wiefelstede	28 km
	Wiefelstede – Rastede	27 km
3. Tag	Rastede – Bad Zwischenahn	31 km
	Bad Zwischenahn – Edewecht	10 km

Familie Dierks möchte, dass die Belastung an jedem Tag in etwa gleich ist, sie also an jedem Tag ungefähr gleich weit fahren. Eine Möglichkeit ist der Vergleich der täglichen Fahrstrecke.

Wir berechnen zuest die Streckenlängen, die pro Tag zurückgelegt werden sollen.

1. Tag	2. Tag	3. Tag
37 km + 16 km = 53 km	28 km + 27 km = 55 km	31 km + 10 km = 41 km

Der Vergleich der Strecken ergibt einen größeren Unterschied bei den Strecken am 2. und 3. Tag.

Eine noch bessere Vergleichsmöglichkeit erhalten wir, wenn wir den **Durchschnitt** der Streckenlängen berechnen. Damit wird die Gesamtstrecke in gleich lange Teilstrecken aufgeteilt.

Wir bilden die Summe der Strecken aller drei Tagestouren: 53 km + 55 km + 41 km = 149 km
Diese Gesamtstrecke muss auf drei Tage verteilt werden: 149 km : 3 ≈ 49,7 km
Durchschnittlich werden pro Tag fast 50 km zurückgelegt.
Die Abweichungen von diesem Durchschnitt sind nicht so groß. Die täglichen Belastungen sind etwa gleich.

Der **Durchschnitt** ist ein **Mittelwert**. Er wird auch als **arithmetisches Mittel** bezeichnet.

1. Die Summe aller Werte wird gebildet.
2. Die Summe wird durch die Anzahl aller Werte geteilt.

$$\text{Durchschnitt} = \frac{\text{Summe aller Werte}}{\text{Anzahl aller Werte}}$$

Daten auswerten

Übungen

1 Der Tabelle kannst du die Ergebnisse der Mathematikarbeiten von Silke, Martina und Thorsten entnehmen. Berechne den Durchschnitt.

Arbeit	1	2	3	4	5	6
Silke	3	4	4	2	4	3
Martina	2	1	2	2	1	2
Thorsten	3	2	4	2	3	3

2 Die 22 Schülerinnen und Schüler einer siebten Klasse wurden nach ihrem Alter befragt. Berechne das Durchschnittsalter.
13, 14, 15, 13, 14, 15, 14, 13, 14, 13, 14, 16, 14, 14, 15, 14, 13, 13, 15, 13, 14, 14

3 Welches Durchschnittsalter haben die Schülerinnen und Schüler deiner Klasse?

4 Für Hausaufgaben sollen im Durchschnitt nicht mehr als 50 Minuten gebraucht werden. Bernd hat die Zeiten für Montag, Dienstag, Mittwoch und Donnerstag notiert. Berechne den Durchschnitt.
22 min, 47 min, 62 min, 43 min

5 Frau Bernig ist für eine große Firma im Beratungsgeschäft tätig. Sie muss mit ihrem Pkw täglich viel fahren. Wie viel km fährt sie im Durchschnitt jeden Tag?

Montag	212 km	Mittwoch	98 km
Dienstag	175 km	Donnerstag	124 km

6 Berechne den Mittelwert.
a) 4,80 m; 2,34 m; 7,10 m; 5,10 m; 4,50 m
b) 13,2 kg; 7,8 kg; 0,7 kg; 4,5 kg; 7,8 kg
c) 2,30 €; 4,50 €; 12,00 €; 9,80 €; 8,10 €
d) 17,5 °C; 19,4 °C; 20,4 °C; 24,5 °C; 26,2 °C; 28,4 °C

7 Während eines Sommertags wurde ab 4 Uhr alle 4 Stunden die Lufttemperatur gemessen und notiert.
12 °C; 15 °C; 24 °C; 26 °C; 22 °C; 18 °C
Welche Lufttemperatur kann durchschnittlich für den Tag angegeben werden?

8 Eine Stadt hatte folgende monatlichen Niederschläge (in mm der Auffanggefäßgröße).

Januar	119	Juli	44
Februar	70	August	80
März	58	September	87
April	51	Oktober	27
Mai	79	November	32
Juni	30	Dezember	39

Wie viel Niederschlag fiel auf das Jahr bezogen monatlich?

9 Berechne den Durchschnittspreis und die Preisunterschiede zum Durchschnittspreis.

10 Berechne das Durchschnittsgewicht, die Durchschnittsgröße und das Durchschnittsalter dieser vier Formel-1-Fahrer.

Michael Schuhmacher
Geburtsdatum: 3.1.1967
Nationalität: Deutscher
Größe: 1,74 m
Gewicht: 74,5 kg

David Coulthard
Geburtsdatum: 27.3.1971
Nationalität: Brite
Größe: 1,82 m
Gewicht: 75 kg

Mika Häkkinen
Geburtsdatum: 28.9.1968
Nationalität: Finne
Größe: 1,79 m
Gewicht: 70 kg

Heinz-Harald Frentzen
Geburtsdatum: 18.5.1967
Nationalität: Deutscher
Größe: 1,78 m
Gewicht: 64,5 kg

1 Bestimme das Maximum, das Minimum, die Spannweite und den Zentralwert der vorhergesagten Temperaturen.

(5 Punkte)

2 In einer verregneten Woche wurden diese täglichen Niederschlagsmengen als die Höhe des Wasserstands in dem entsprechenden Auffanggefäß gemessen.
21 mm; 18 mm; 17 mm; 20 mm; 26 mm; 24 mm; 28 mm
a) Bestimme das Maximum, das Minimum und die Spannweite.
b) Bestimme den Zentralwert für die Niederschläge pro Tag.
c) Berechne den Durchschnitt für die tägliche Niederschlagsmenge.
d) Zeichne ein Diagramm für die täglichen Niederschläge. Zeichne auch die Linien für den Zentralwert und den Durchschnitt ein.

(12 Punkte)

3 Aus einer Umfrage nach der grob geschätzten Zeit, die Schülerinnen und Schüler einer sechsten Klasse zu Hause vorm Fernseher verbringen, stammen folgende Zeitangaben.
2 h; 3 h; 1 h; 6 h; 9 h; 3 h; 2 h; 4 h; 5 h; 5 h; 3 h; 2 h; 3 h; 3 h; 4 h; 5 h; 2 h; 3 h; 6 h; 8 h; 4 h; 3 h; 7 h; 3 h; 5 h; 3 h
a) Bestimme den Zentralwert.
b) Berechne den Durchschnitt.

(5 Punkte)

Training

Teilbarkeit

1 Bestimme alle Teiler.
a) 16 c) 19 e) 27 g) 85
b) 18 d) 20 f) 49 h) 99

2 Gib die ersten 6 Vielfachen an.
a) 7   c) 13 e) 21 g) 27
b) 12 d) 17 f) 24 h) 31

3 Ergänze im Heft die Teilermenge.
a) $T_9 = \{1, 3, \blacksquare\}$ c) $\blacksquare = \{\blacksquare, 3, 7, \blacksquare\}$
b) $\blacksquare = \{\blacksquare, 2, 5, \blacksquare\}$ d) $\blacksquare = \{\blacksquare, 5, \blacksquare\}$

4 Vervollständige im Heft die Lücken.
a) $V_4 = \{\blacksquare, 8, \blacksquare, 16, \blacksquare, 24, ...\}$
b) $\blacksquare = \{\blacksquare, \blacksquare, 33, 44, \blacksquare, \blacksquare, ...\}$
c) $\blacksquare = \{\blacksquare, 6, \blacksquare, 12, \blacksquare, 18, ...\}$
▶d) $\blacksquare = \{\blacksquare, \blacksquare, 39, 52, \blacksquare, \blacksquare, ...\}$

5 Ist die Zahl durch 2, 4, 5 oder 25 teilbar.
a) 624   c) 632   e) 4625   g) 8238
b) 736   d) 975   f) 5428   h) 9735

6 Untersuche die Teilbarkeit durch 3 und 9.
a) 328   c) 15 176   e) 60 039
b) 6141   d) 53 128   f) 7 686 432

7 Eine der fünf Zahlen ist eine Primzahl.
a) 6234; 7495; 1597; 2577; 4390
b) 4362; 1583; 5727; 9475; 8320
▶c) 7347; 7543; 7643; 7799; 7803

8 Die Märchenzahl 1001 lässt sich in ein Produkt aus Primzahlen zerlegen.

9 Bestimme den ggT der Zahlen.
a) ggT (17; 51)   e) ggT (28; 42)
b) ggT (27; 72)   f) ggT (36; 96)
c) ggT (52; 91)   g) ggT (57; 67)
d) ggT (20; 33)   h) ggT (22; 132)

10 Bestimme das kgV der Zahlen.
a) kgV (7; 11)   e) kgV (6; 30)
b) kgV (7; 14)   f) kgV (21; 28)
c) kgV (11; 14)   g) kgV (36; 84)
d) kgV (14; 24)   h) kgV (64; 160)

Brüche – Addition und Subtraktion

1 Zeichne einen Zeichenstrahl und lege die Einheit 1 beim achten Kästchen fest.

a) Markiere die Lage folgender gebrochenen Zahlen.
$\frac{3}{4}, \frac{5}{4}, \frac{1}{4}, \frac{1}{2}, \frac{1}{8}, \frac{14}{8}, \frac{3}{3}, \frac{6}{3}$

b) Schreibe die gebrochenen Zahlen der Größe nach auf. Verwende das Zeichen <.

2 Bestimme x im Zähler bzw. Nenner.
a) $\frac{x}{4} = 2$ e) $\frac{x}{11} = 7$ i) $\frac{32}{x} = 4$
b) $\frac{x}{5} = 2$ f) $\frac{x}{10} = 10$ j) $\frac{24}{x} = 4$
c) $\frac{x}{3} = 7$ g) $\frac{12}{x} = 4$ k) $\frac{112}{x} = 7$
d) $\frac{x}{9} = 5$ h) $\frac{54}{x} = 6$ l) $\frac{108}{x} = 9$

3 Bestimme die Kürzungszahl.
a) $\frac{36}{48} = \frac{3}{4}$ d) $\frac{65}{78} = \frac{5}{6}$ g) $\frac{68}{120} = \frac{17}{30}$
b) $\frac{84}{120} = \frac{7}{10}$ e) $\frac{27}{18} = \frac{3}{2}$ h) $\frac{75}{250} = \frac{3}{10}$
c) $\frac{99}{44} = \frac{9}{4}$ f) $\frac{16}{112} = \frac{1}{7}$ i) $\frac{94}{141} = \frac{2}{3}$

4 Gib die größte Kürzungszahl an und kürze.
a) $\frac{4}{10}$ d) $\frac{28}{49}$ g) $\frac{10}{24}$ j) $\frac{27}{72}$
b) $\frac{28}{35}$ e) $\frac{12}{20}$ h) $\frac{27}{45}$ k) $\frac{35}{95}$
c) $\frac{5}{15}$ f) $\frac{36}{63}$ i) $\frac{24}{42}$ l) $\frac{68}{76}$

5 Kürze bis Zähler und Nenner teilerfremd sind.
a) $\frac{144}{180}$ d) $\frac{24}{264}$ g) $\frac{128}{144}$ j) $\frac{275}{440}$
b) $\frac{28}{70}$ e) $\frac{96}{120}$ h) $\frac{525}{600}$ k) $\frac{378}{546}$
c) $\frac{180}{480}$ f) $\frac{88}{120}$ i) $\frac{171}{279}$ l) $\frac{225}{405}$

6 Kürze mit dem ggT von Zähler und Nenner.
a) $\frac{40}{90}$ c) $\frac{40}{86}$ e) $\frac{36}{360}$ g) $\frac{225}{750}$
b) $\frac{48}{72}$ d) $\frac{54}{81}$ f) $\frac{124}{144}$ h) $\frac{214}{856}$

7 Bestimme x.
a) $\frac{5}{6} = \frac{x}{48}$ d) $\frac{7}{12} = \frac{x}{132}$ g) $\frac{x}{28} = \frac{98}{196}$
b) $\frac{14}{15} = \frac{x}{105}$ e) $\frac{11}{14} = \frac{x}{84}$ h) $\frac{15}{x} = \frac{90}{174}$
c) $\frac{59}{64} = \frac{x}{512}$ f) $\frac{48}{53} = \frac{x}{371}$ i) $\frac{x}{34} = \frac{161}{238}$

8 Ordne die Brüche der Größe nach.
a) $\frac{2}{3}; \frac{1}{2}; \frac{4}{5}; \frac{3}{10}; \frac{5}{6}$
b) $\frac{16}{35}; \frac{3}{7}; \frac{4}{5}; \frac{6}{15}; \frac{4}{21}; \frac{11}{14}$

9 Mache gleichnamig und vergleiche.

a) $\frac{1}{2} \square \frac{1}{3}$ e) $\frac{3}{5} \square \frac{4}{7}$ i) $\frac{10}{16} \square \frac{18}{20}$

b) $\frac{4}{5} \square \frac{3}{4}$ f) $\frac{11}{12} \square \frac{2}{5}$ j) $\frac{14}{35} \square \frac{3}{7}$

c) $\frac{3}{4} \square \frac{6}{7}$ g) $\frac{8}{15} \square \frac{7}{25}$ k) $\frac{52}{64} \square \frac{5}{8}$

d) $\frac{5}{9} \square \frac{7}{12}$ h) $\frac{16}{20} \square \frac{20}{24}$ l) $\frac{46}{54} \square \frac{23}{28}$

10 Vergleiche die zwei Brüche.

a) $\frac{3}{4}; \frac{5}{6}$ d) $\frac{3}{10}; \frac{4}{15}$ g) $\frac{9}{16}; \frac{3}{20}$

b) $\frac{4}{9}; \frac{5}{12}$ e) $\frac{4}{9}; \frac{5}{6}$ h) $\frac{4}{15}; \frac{7}{12}$

c) $\frac{5}{6}; \frac{7}{10}$ f) $\frac{4}{15}; \frac{7}{9}$ i) $\frac{9}{20}; \frac{5}{8}$

11 Addiere oder subtrahiere.

a) $\frac{5}{8} + \frac{3}{5}$ d) $\frac{5}{7} - \frac{1}{2}$ g) $\frac{6}{25} - \frac{1}{5}$

b) $\frac{1}{2} - \frac{3}{10}$ e) $\frac{11}{12} - \frac{5}{6}$ h) $\frac{4}{5} + \frac{3}{4}$

c) $\frac{5}{9} + \frac{5}{6}$ f) $\frac{8}{9} + \frac{5}{8}$ i) $\frac{7}{8} - \frac{1}{2}$

12 Berechne.

a) $5\frac{3}{4} + \frac{2}{3}$ e) $6\frac{4}{7} - \frac{1}{4}$

b) $6\frac{7}{12} + 5\frac{5}{8}$ f) $9\frac{4}{5} - 3\frac{7}{10}$

c) $13\frac{6}{7} + 14\frac{2}{3}$ g) $4\frac{2}{3} - 2\frac{5}{6}$

d) $3\frac{9}{16} + 2\frac{9}{14}$ h) $8\frac{7}{12} - 4\frac{5}{14}$

13 Rechne aus.

a) $\frac{1}{2} + \frac{1}{4} + \frac{1}{8}$ d) $\frac{7}{5} - \frac{3}{10} - \frac{15}{100}$

b) $\frac{3}{4} + \frac{2}{5} + \frac{1}{20}$ e) $8\frac{1}{5} - 2\frac{1}{2} - 3\frac{7}{10}$

c) $50\frac{1}{3} - 18\frac{1}{8} - 8\frac{2}{9}$ f) $7\frac{5}{12} + 1\frac{1}{3} - 2\frac{3}{4}$

14 Bilde die Summe.

a) $(\frac{1}{4} + \frac{1}{5}) + \frac{1}{2}$ c) $(\frac{7}{3} + \frac{4}{9}) + \frac{11}{6}$

b) $(2\frac{1}{2} + 3\frac{1}{2}) + \frac{5}{6}$ d) $(4\frac{1}{8} + 10\frac{1}{2}) + \frac{5}{16}$

15 Berechne das Ergebnis.

a) $(\frac{3}{4} + \frac{2}{3}) - \frac{5}{6}$ d) $(\frac{5}{12} - \frac{1}{3}) + \frac{1}{2}$

b) $\frac{3}{8} + (\frac{2}{5} - \frac{7}{20})$ e) $(\frac{4}{7} - \frac{3}{14}) + \frac{1}{2}$

c) $(\frac{7}{9} + \frac{5}{6}) - \frac{7}{12}$ f) $\frac{15}{22} + (\frac{3}{11} - \frac{3}{22})$

16 Vervollständige das magische Quadrat im Heft.

a)   b)

Berechnungen an Flächen und Körpern

1 Rechne in die nächsthöhere Einheit um.

a) $900\,cm^2$ d) $7000\,dm^2$ g) $300\,dm^2$

b) $7800\,cm^2$ e) $800\,mm^2$ h) $400\,cm^2$

c) $200\,dm^2$ f) $4100\,cm^2$ i) $22\,500\,mm^2$

2 Schreibe in der nächstkleineren Einheit.

a) $3\,m^2$ e) $6\,cm^2$ i) $20\,dm^2$

b) $29\,m^2$ f) $65\,cm^2$ j) $9\,dm^2$

c) $80\,m^2$ g) $97\,cm^2$ k) $44\,dm^2$

d) $240\,m^2$ h) $230\,cm^2$ l) $208\,dm^2$

3 Schreibe in zwei Einheiten.

Beispiel: $480\,cm^2 = 4\,dm^2\,80\,cm^2$

a) $670\,cm^2$; $2080\,cm^2$; $9006\,cm^2$; $5430\,cm^2$

b) $7500\,dm^2$; $678\,dm^2$; $2340\,dm^2$; $2600\,dm^2$

c) $380\,mm^2$; $115\,mm^2$; $908\,mm^2$; $577\,mm^2$

4 Schreibe in zwei Einheiten.

a) $345\,mm^2$ d) $821\,mm^2$ g) $80\,dm^2$

b) $471\,cm^2$ e) $2314\,dm^2$ h) $1456\,cm^2$

c) $609\,dm^2$ f) $715\,mm^2$ i) $5511\,mm^2$

5 Überspringe eine Einheit.

Beispiel: $20\,000\,cm^2 = 2\,m^2$

a) $40\,000\,cm^2$ c) $90\,000\,mm^2$

b) $300\,000\,cm^2$ d) $230\,000\,mm^2$

6 Schreibe in der in Klammern gegebenen kleineren Nachbareinheit.

a) $3\,km^2$ (ha)   d) $98\,a$ (m^2)   g) $800\,ha$ (a)

b) $21\,ha$ (a)   e) $60\,ha$ (a)   h) $56\,km^2$ (ha)

c) $45\,a$ (m^2) f) $56\,a$ (m^2)   i) $37\,ha$ (a)

7 Schreibe in zwei Einheiten.

Beispiel: $456\,ha = 4\,km^2\,56\,ha$

a) $890\,ha$ d) $489\,a$ g) $532\,m^2$

b) $210\,ha$ e) $530\,a$ h) $854\,m^2$

c) $670\,ha$ f) $621\,a$ i) $760\,m^2$

8 Übertrage und setze das Zeichen <, > oder = richtig ein.

a) $2\,ha \square 2000\,m^2$ c) $3\,km^2 \square 3000\,a$

b) $5\,ha \square 50\,000\,m^2$ d) $6\,km^2 \square 60\,000\,a$

9 Schreibe in der in Klammern vorgegebenen Einheit.
a) 1567 mm² (cm²)
b) 3 cm² (mm²)
c) 136 dm² (m²)
d) 4 dm² (cm²)
e) 70 m² (dm²)
f) 104 cm² (mm²)
g) 2605 mm² (cm²)
h) 15 100 dm² (m²)
i) 732 m² (dm²)
j) 266 cm² (dm²)

10 Berechne den Flächeninhalt des Rechtecks.
a) $a = 18$ cm; $b = 25$ cm
b) $a = 71$ dm; $b = 34$ dm
c) $a = 3,2$ m; $b = 2,8$ m
d) $a = 3,4$ dm; $b = 6,1$ dm

11 Skizze eines Gartengrundstücks:

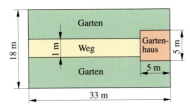

a) Berechne die Grundstücksfläche.
b) Wie viel Quadratmeter gehen durch das Gartenhaus und den Weg für eine Gartennutzung verloren?
c) Berechne die verbleibende Gartenfläche.

12 In einer Küche mit den Maßen 3,5 m und 2,5 m sollen Bodenfliesen verlegt werden. Es wurden quadratische Fliesen ausgewählt, die 20 cm Länge haben. Wie viele Fliesen werden gekauft?

13 Berechne den Umfang des Rechtecks.
a) $a = 11$ cm; $b = 7$ cm
b) $a = 23$ mm; $b = 48$ mm
c) $a = 16,8$ cm; $b = 8,7$ cm
d) $a = 3,2$ m; $b = 98$ cm

14 Der Umfang eines Quadrats ist gegeben. Wie lang ist das Quadrat?
a) $u = 36$ cm b) $u = 324$ mm c) $u = 24$ m 8 dm

15 Ein Wohnzimmer ist 4,5 m lang, 3,4 m breit und 2,5 m hoch. Wie viel Quadratmeter Tapete sind wenigstens nötig, wenn für Fenster und Türen zusammen 7,6 m² Fläche abzurechnen sind?

16 Ein quaderförmiger Blechbehälter ist 32 cm lang, 15 cm breit und 41 cm hoch. Wie viel m² Blech wurden für den oben offenen Behälter benötigt?

17 Berechne das Volumen des Würfels.
a) $a = 5$ cm
b) $a = 14$ dm
c) $a = 34$ dm
d) $a = 2$ m
e) $a = 87$ mm
f) $a = 115$ cm

18 Schreibe in der Einheit, die in den Klammern steht.
a) 4 dm³ (cm³)
b) 17 m³ (dm³)
c) 8 cm³ (mm³)
d) 30 m³ (dm³)
e) 45 cm³ (mm³)
f) 163 dm³ (cm³)
g) 8000 mm³ (cm³)
h) 7000 dm³ (m³)

19 Schreibe in der angegebenen Einheit.
a) 30 000 dm³ (m³)
b) 90 000 mm³ (cm³)
c) 200 000 mm³ (dm³)
d) 800 000 cm³ (m³)
e) 2 l (dm³)
f) 3 l (ml)
g) 15 l (ml)
h) 28 hl (l)

20 Achte auf die Einheiten. Berechne das Volumen des Quaders.
a) $a = 15$ cm; $b = 0,8$ dm; $c = 0,5$ dm
b) $a = 4,2$ m; $b = 60$ cm; $c = 1,2$ m
c) $a = 24$ dm; $b = 120$ mm; $c = 0,07$ m
d) $a = 1,2$ m; $b = 12$ cm; $c = 12$ dm
e) $a = 35$ cm; $b = 2,5$ m; $c = 47$ dm
f) $a = 47$ mm; $b = 1,1$ dm; $c = 2,3$ cm

21 Wie viel Liter enthält das Aquarium, wenn es vollständig mit Wasser gefüllt ist?

	Länge	Breite	Höhe
a)	60 cm	4 dm	3 dm
b)	0,8 m	60 cm	5 dm
c)	1,20 m	55 cm	7 dm

22 Berechne das fehlende Maß des Quaders.

	Länge	Breite	Höhe	Volumen
a)	9 cm		4 cm	72 cm³
b)		5 cm	3 cm	105 cm³
c)		1,5 dm	9 cm	4,185 dm³
d)	3,5 m	150 cm		6,3 m³
e)	2,4 dm		17 cm	17,136 l

Multiplikation und Division von Brüchen und Dezimalbrüchen

1 Bestimme die Bruchteile.
a) $\frac{3}{4}$ von 28 €
b) $\frac{2}{5}$ von 15 l
c) $\frac{5}{8}$ von 24 kg
d) $\frac{6}{7}$ von 91 cm
e) $\frac{3}{10}$ von 70 t
f) $\frac{2}{3}$ von 15 m²
g) $\frac{5}{6}$ von 96 m
h) $\frac{7}{12}$ von 156 mg

2 Berechne die Produkte.
a) $\frac{3}{4} \cdot 7$
b) $\frac{2}{3} \cdot 2$
c) $\frac{5}{9} \cdot 5$
d) $\frac{3}{7} \cdot 4$
e) $\frac{5}{6} \cdot 9$
f) $\frac{7}{16} \cdot 50$
g) $\frac{13}{16} \cdot 32$
h) $\frac{16}{27} \cdot 6$
i) $20 \cdot \frac{5}{12}$
j) $40 \cdot \frac{3}{10}$
k) $6 \cdot \frac{7}{18}$
l) $70 \cdot \frac{27}{28}$

3 Berechne. Wenn möglich, kürze vor dem Ausrechnen.
a) $\frac{2}{3} \cdot \frac{4}{7}$
b) $\frac{4}{5} \cdot \frac{3}{8}$
c) $\frac{2}{7} \cdot \frac{3}{4}$
d) $\frac{3}{4} \cdot \frac{2}{9}$
e) $\frac{3}{4} \cdot \frac{8}{11}$
f) $\frac{4}{7} \cdot \frac{3}{8}$
g) $\frac{1}{2} \cdot \frac{5}{3}$
h) $\frac{4}{7} \cdot \frac{3}{5}$
i) $\frac{3}{5} \cdot \frac{3}{4}$
j) $\frac{4}{3} \cdot \frac{8}{9}$
k) $\frac{8}{9} \cdot \frac{3}{4}$
l) $\frac{5}{6} \cdot \frac{12}{7}$
m) $\frac{2}{7} \cdot \frac{7}{2}$
n) $\frac{3}{6} \cdot \frac{3}{6}$
o) $\frac{4}{7} \cdot \frac{8}{9}$
p) $\frac{3}{10} \cdot \frac{5}{3}$

4 Aus 1 kg Himbeeren erhält man $\frac{5}{8}$ kg Saft. Wie viel Saft kann man aus
a) 17 kg, b) 38 kg, c) 42 kg
Himbeeren auspressen?

5 Ein Erwachsener macht in einer Minute durchschnittlich 21 Atemzüge. Er atmet jedesmal etwa $\frac{3}{5}$ l Luft ein. Wie viel Luft atmet er in
a) 1 Minute, b) 1 Stunde ein?

6 Berechne. Kürze, wenn möglich, vor dem Ausrechnen.
a) $\frac{1}{2} : \frac{3}{5}$
b) $\frac{3}{4} : \frac{5}{6}$
c) $\frac{1}{4} : \frac{2}{3}$
d) $\frac{2}{3} : \frac{4}{5}$
e) $\frac{9}{10} : \frac{3}{10}$
f) $\frac{4}{5} : \frac{2}{5}$
g) $\frac{3}{11} : \frac{15}{7}$
h) $\frac{3}{2} : \frac{5}{4}$
i) $\frac{4}{7} : \frac{4}{5}$
j) $\frac{7}{18} : \frac{28}{9}$
k) $\frac{10}{3} : \frac{5}{9}$
l) $\frac{6}{5} : \frac{3}{10}$

7 Kürze, wenn das möglich ist, vor dem Ausrechnen.
a) $\frac{4}{3} : \frac{2}{9}$
b) $\frac{7}{9} : \frac{8}{3}$
c) $\frac{25}{32} : \frac{5}{8}$
d) $\frac{63}{15} : \frac{7}{3}$
e) $\frac{20}{9} : \frac{3}{7}$
f) $2\frac{1}{2} : 3\frac{1}{8}$
g) $7\frac{1}{3} : 1\frac{1}{2}$
h) $7\frac{6}{12} : 4\frac{1}{3}$

8 Rechne im Kopf
a) 0,6 · 3
b) 0,7 · 9
c) 0,8 · 8
d) 0,5 · 9
e) 0,7 · 8
f) 0,16 · 7
g) 0,19 · 8
h) 0,2 · 17
i) 0,8 · 25

9 Multipliziere.
a) 0,062 · 9
b) 4,978 · 7
c) 307,208 · 4
d) 4,439 · 36
e) 9,201 · 54
f) 40,007 · 508

10 Überschlage vorher das Ergebnis.
a) 2,1 · 0,8
b) 0,23 · 0,6
c) 2,25 · 0,8
d) 2,45 · 0,6
e) 3,95 · 0,7
f) 0,123 · 0,9
g) 0,0394 · 0,5
h) 14,1 · 0,3

11 Runde das Ergebnis auf Zehntel.
a) 1,53 · 0,7
b) 2,1 · 6,4
c) 4,05 · 2,62
d) 2,61 · 8,3
e) 15,4 · 2,6
f) 7,09 · 4,33
g) 3,85 · 7,92
h) 2,12 · 9,83
i) 16,2 · 12,9

12 Runde das Ergebnis auf 2 Dezimalstellen.
a) 1,543 · 3,4
b) 8,09 · 9,5
c) 2,84 · 1,4
d) 0,017 · 3,003
e) 8,25 · 1,51
f) 7,59 · 4,09
g) 6,844 · 0,805
h) 2,36 · 6,32

13 Die Entfernung des Mondes von der Erde ist 60,35-mal so groß wie der Erdradius. Wie viel Kilometer beträgt die Entfernung, wenn der Erdradius 6370 km lang ist?

14 Berechne.
a) 3,2 · (2,5 + 4,7)
b) 0,7 · (0,4 + 1,4)
c) 4,8 · (2,5 − 0,74)
d) (4,32 − 1,76) · 2,5
e) 6,4 + 3,7 · 2,8 − 5,5
f) (2,7 − 1,3 + 5,5) · 1,3
g) 16,8 − 3,4 · 2,8 + 1,2
h) 5,5 + 2,2 · 3 − 1,6
i) 36,8 + 15,4 · (5,1 − 3,6)

15 a) Multipliziere die Differenz aus 50 und 46,729 mit der Differenz aus 43,2 und 29,03.
b) Multipliziere die Summe aus 12,35 und 28,9 mit der Differenz aus 137,8 und 67,904.

16 Berechne.
a) 19 : 10   c) 60,2 : 1000   e) 0,3 : 100
b) 519,1 : 100 d) 603 : 10   f) 5,397 : 1000

17 Rechne im Kopf.
a) 0,9 : 3   d) 0,06 : 2   g) 16,8 : 8
b) 0,16 : 4   e) 2,4 : 4   h) 4,08 : 6
c) 11,2 : 7   f) 0,54 : 9   i) 15,3 : 9

18 Überschlage vorher das Ergebnis.
a) 1,554 : 3   c) 31,27 : 59   e) 17,93 : 163
b) 303,03 : 9 d) 1,711 : 29   f) 0,3197 : 139

19 Dividiere im Kopf.
a) 0,9 : 0,3   d) 8,1 : 0,9   g) 13,3 : 1,9
b) 3,6 : 0,9   e) 7,7 : 1,1   h) 4 : 0,5
c) 4,2 : 0,6   f) 10,5 : 1,5 i) 6 : 0,4

20 Berechne und überschlage vorher das Ergebnis.
a) 95,2 : 0,7   e) 14,17 : 1,09
b) 14,43 : 0,13   f) 769,23 : 25,9
c) 3703,7 : 0,077   g) 11,111 : 2,71
d) 33,97 : 0,0079   h) 0,013 : 5,2

21 Ein Auto fährt in 2,5 Stunden von Köln nach Frankfurt am Main. Das sind 190 km. Berechne die Geschwindigkeit pro Stunde.

22 Wie weit kann man mit einem Liter Benzin fahren, wenn der Pkw einen Verbrauch von 6,25 l auf 100 km hat? Wie weit reicht eine Tankfüllung von 47,5 l Benzin?

23 Berechne.
a) 0,013 + 0,3684 + 0,015
b) 2,24 · 6,3 − 2,85 : 1,5
c) 600,5 : 5 − 22,44 : 0,4
d) (1,878 + 8,23) : 0,28
e) (3,10 + 0,93) : (0,9 + 0,4)
f) (15 + 1,17) : (5 + 2,7)
g) (5,38 + 32,06) : (8,02 + 0,3)
h) (30 − 2,45) : (3 − 0,1)

24 Schreibe als Dezimalbruch.
a) $\frac{1}{3}$ c) $\frac{2}{9}$ e) $\frac{5}{21}$ g) $\frac{2}{33}$
b) $\frac{5}{11}$ d) $\frac{5}{9}$ f) $\frac{5}{33}$ h) $\frac{20}{111}$

Winkel und Dreiecke

1 Berechne alle gekennzeichneten Winkel an den sich schneidenden Geraden.

a) 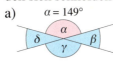   b)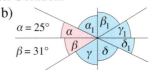

2 Berechne alle gekennzeichneten Winkel an den sich schneidenden Geraden.

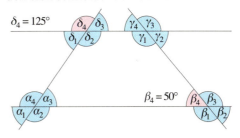

3 Berechne alle fehlenden Winkel im Parallelogramm.

4 Von einem Dreieck sind zwei Winkel gegeben. Berechne den dritten Winkel dieses Dreiecks.
a) $\alpha = 62°$; $\gamma = 69°$ d) $\beta = 105°$; $\gamma = 18°$
b) $\beta = 87°$; $\gamma = 25°$ e) $\alpha = 74°$; $\gamma = 49°$
c) $\alpha = 22°$; $\beta = 124°$ f) $\alpha = 132°$; $\gamma = 26°$

5 Berechne die fehlenden Winkel des gleichschenkligen Dreiecks.

a) $\alpha = 85°$; $|AC| = |BC|$
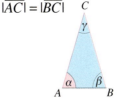

c) $\beta = 42°$; $|AB| = |BC|$
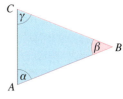

b) $\alpha = 35°$; $|AB| = |AC|$
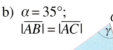

d) $|AB| = |BC| = |AC|$

Bestimme in den folgenden Aufgaben 6 bis 13 jeweils den Kongruenzsatz, nach dem das Dreieck eindeutig konstruierbar ist. Konstruiere dann.

6 a) $a = 4$ cm; $b = 3$ cm; $c = 5$ cm
b) $a = 2,5$ cm; $b = 4$ cm; $c = 3$ cm
c) $a = 6$ cm; $b = 4,5$ cm; $c = 6,5$ cm
d) $a = 2,5$ cm; $b = 4,5$ cm; $c = 5,5$ cm

7 a) $a = 2,4$ cm; $b = 4,5$ cm; $\gamma = 75°$
b) $a = 1,9$ cm; $c = 5$ cm; $\beta = 40°$
c) $a = 6$ cm; $b = 4,3$ cm; $\gamma = 80°$
d) $b = 3,5$ cm; $c = 2,7$ cm; $\alpha = 125°$

8 a) $b = 4,5$ cm; $\alpha = 65°$; $\gamma = 75°$
b) $c = 5$ cm; $\alpha = 101°$; $\beta = 42°$
c) $a = 4,2$ cm; $\beta = 45°$; $\gamma = 81°$
d) $b = 3,2$ cm; $\beta = 23°$; $\gamma = 36°$

9 a) $b = 5,7$ cm; $c = 2,6$ cm; $\beta = 113°$
b) $a = 6,4$ cm; $b = 4,2$ cm; $\alpha = 58°$
c) $b = 5,5$ cm; $c = 3,8$ cm; $\beta = 74°$
d) $b = 3,3$ cm; $c = 4,9$ cm; $\gamma = 51°$

10 Das Dreieck ist gleichseitig.
a) $b = 2,8$ cm   b) $a = 3,4$ cm   c) $c = 4,6$ cm

11 a) $c = 5,8$ cm; $\alpha = 55°$; es gilt $a = b$
b) $a = 6,3$ cm; $\beta = 49°$; es gilt $a = b$
c) $b = 4,1$ cm; $c = 6,3$ cm; es gilt $a = b$
d) $c = 5,6$ cm; $\gamma = 76°$; es gilt $a = b$
e) $a = 5$ cm; $\alpha = 75°$; es gilt $b = c$
f) $b = 6,2$ cm; $\beta = 104°$; es gilt $a = c$

12 a) $a = 6$ cm; $b = 5$ cm; $\gamma = 90°$
b) $b = 4,7$ cm; $c = 6,1$ cm; $\gamma = 90°$
c) $c = 5,5$ cm; $\alpha = 23°$; $\gamma = 90°$
d) $a = 4,6$ cm; $\beta = 34°$; $\gamma = 90°$
e) $a = 2,9$ cm; $\beta = 90°$; $\alpha = 67°$
f) $b = 5$ cm; $\alpha = 90°$; $\gamma = 42°$

13 a) $b = 5,3$ cm; $\gamma = 90°$; es gilt $a = b$
b) $a = 2,7$ cm; $\gamma = 90°$; es gilt $a = b$
c) $c = 6,1$ cm; $\gamma = 90°$; es gilt $a = b$
d) $a = 4,9$ cm; $\beta = 90°$; es gilt $a = c$
e) $b = 4,5$ cm; $\alpha = 90°$; es gilt $b = c$
f) $c = 3,4$ cm; $\alpha = 90°$; es gilt $b = c$

14 Übertrage das Dreieck in dein Heft und konstruiere die Winkelhalbierenden.

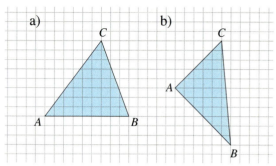

15 Konstruiere das Dreieck und den Inkreis.
a) $a = 6$ cm; $b = 5$ cm; $\gamma = 80°$
b) $a = 5,8$ cm; $c = 5$ cm; $\beta = 114°$

16 Zeichne das Dreieck in ein Koordinatensystem (1 LE = 1 cm). Konstruiere die Mittelsenkrechten und zeichne den Umkreis.
a) $A(1|1)$; $B(6|1)$; $C(4|5)$
b) $A(3|0)$; $B(8|4)$; $C(0|3)$
c) $A(1|5)$; $B(5,5|2)$; $C(4|6,5)$

17 Konstruiere das Dreieck und die Mittelsenkrechten. Zeichne den Umkreis.
a) $b = 5$ cm; $c = 7$ cm; $\alpha = 40°$
b) $b = 6$ cm; $c = 4$ cm; $\beta = 120°$

18 Berechne den Flächeninhalt des Dreiecks.
a) $g = 5$ cm; $h = 11$ cm
b) $g = 1,2$ m; $h = 7$ m
c) $g = 25$ m; $h = 4,2$ m
d) $g = 58,4$ dm; $h = 605$ cm
e) $g = 803$ cm; $h = 6,8$ m

19 Berechne den Flächeninhalt des Dreiecks.
a) $c = 4$ cm; $h_c = 6$ cm
b) $a = 2$ cm; $h_a = 1,4$ cm
c) $a = 47$ cm; $h_a = 3,5$ cm
d) $b = 60$ dm; $h_b = 0,25$ m
e) $c = 42$ mm; $h_c = 6,9$ cm
f) $b = 54$ mm; $h_b = 3,2$ cm

20 a) Berechne den Flächeninhalt des Dreiecks.
$a = 8,5$ cm; $b = 5$ cm; $c = 10,5$ cm; $h_c = 4$ cm
b) Berechne aus dem Flächeninhalt und den Seitenlängen die Längen der Höhen h_a und h_b.

Zuordnungen und Modelle

1 Übertrage die Tabellen in dein Heft und vervollständige sie.

Proportionale Zuordnungen:

a)
Stofflänge in m	Preis in €
3	29,40
1	
4,5	

b)
Zeit in h	Flugstrecke in km
$\frac{3}{4}$	720
1	
$1\frac{1}{2}$	

Umgekehrt proportionale Zuordnungen:

c)
Zeilen einer Seite Anzahl	Bogen Anzahl
36	145
1	
20	

d)
Geschwindigkeit in $\frac{km}{h}$	Zeit in h
110	4
1	
80	

2 a) Tina kauft 5 Schulhefte für 3,20 €. Daniel kauft zum gleichen Stückpreis 9 Hefte derselben Sorte. Wie viel € zahlt er?
b) Herr Deiners kauft 6 Mehrkornbrötchen für 2,58 €. Wie viel muss Stefanie dann für 8 Mehrkornbrötchen bezahlen?

3 Timos Zimmer soll mit Teppichboden ausgelegt werden. Wählt er Teppichboden von 2 m Breite, so braucht er dafür 6,3 m. Wie viel Meter braucht Timo, wenn der Teppichboden nur 1,5 m breit ist?

4 In 2 min 50 s macht ein Pendel 240 Schwingungen. Wie viele Schwingungen macht es in 1 min 25 s?

5 In 24 Stunden umkreist ein Satellit die Erde insgesamt 12-mal. Wie oft umkreist er die Erde in 18 Stunden?

6 Ein Student hat in den Semesterferien in einem Supermarkt gearbeitet. Für 5 Wochen erhielt er insgesamt 1190 € Lohn. In den nächsten Semesterferien will er in demselben Supermarkt wieder 3 Wochen arbeiten. Mit wie viel Verdienst kann er bei gleichem Stundenlohn rechnen?

7 Ein Schnellzug fuhr die Strecke von Bielefeld nach Hannover mit 100 $\frac{km}{h}$ in 66 Minuten. Wie schnell muss der Zug auf dieser Strecke fahren, um eine Verspätung von 6 Minuten aufzuholen?

8 Landwirt Gelsen erntet auf einer Anbaufläche von 2,8 ha im Jahr 70 Tonnen Kartoffeln. Wie viel ha muss er mit Kartoffeln anbauen, wenn er 85 Tonnen ernten will?

9 Welche Strecke legt Maike mit dem Fahrrad in $2\frac{1}{3}$ Stunden zurück, wenn sie $52\frac{1}{2}$ km in $3\frac{1}{2}$ Stunden schafft?

10 Der Heizölvorrat für ein Mietshaus reicht im Winter bei einem durchschnittlichen Tagesverbrauch von 150 l für 180 Tage.
a) Wie lange reicht der Ölvorrat, wenn sich durch den Einbau neuer Fenster und Heizungsthermostate der durchschnittliche Tagesverbrauch auf 120 l verringert hat.
b) Bei einem sehr kalten Winter war der Ölvorrat schon nach 144 Tagen aufgebraucht. Wie hoch war der durchschnittliche Tagesverbrauch in diesem Winter?

11 Ein Gärtner legt auf einem Gartenstück 15 Beete an, wenn er jedes Beet $1\frac{1}{2}$ m breit macht. Wie viele Beete würde er erhalten, wenn er sie $1\frac{1}{8}$ m breit macht?

12 Eine Quelle liefert in 5 Stunden 6 hl Quellwasser. Wie viel Liter Quellwasser erhält man an einem Tag?

Lösungen

Zum Training

Teilbarkeit

1 a) 1; 2; 4; 8; 16
b) 1; 2; 3; 6; 9; 18
c) 1; 19
d) 1; 2; 4; 5; 10; 20
e) 1; 3; 9; 27
f) 1; 7; 49
g) 1; 5; 17; 85
h) 1; 3; 9; 11; 33; 99

2 a) 14; 21; 28; 35; 42; 49
b) 24; 36; 48; 60; 72; 84
c) 26; 39; 52; 65; 78; 91
d) 34; 51; 68; 85; 102; 119
e) 42; 63; 84; 105; 126; 147
f) 48; 72; 96; 120; 144; 168
g) 54; 81; 108; 135; 162; 189
h) 62; 93; 124; 155; 186; 217

3 a) $T_9 = \{1; 3; 9\}$
b) $T_{10} = \{1; 2; 5; 10\}$
c) $T_{21} = \{1; 3; 7; 21\}$
d) $T_{25} = \{1; 5; 25\}$

4 a) $V_4 = \{4; 8; 12; 16; 20; 24; ...\}$
b) $V_{11} = \{11; 22; 33; 44; 55; 66; ...\}$
c) $V_3 = \{3; 6; 9; 12; 15; 18; ...\}$
d) $V_{13} = \{13; 26; 39; 52; 65; 78; ...\}$

5 teilbar durch
a) 2; 4
b) 2; 4
c) 2; 4
d) 5; 25
e) 5; 25
f) 2; 4
g) 2
h) 5

6 teilbar durch
a) keine der Zahlen
b) 3
c) keine der Zahlen
d) keine der Zahlen
e) 3; 9
f) 3; 9

7 a) **1597**, weil 6234 durch 2; 7495 durch 5; 2577 durch 3 und 4390 durch 5 teilbar sind.
b) **1583**, weil 4362 durch 2; 5727 durch 3; 9475 durch 5 und 8326 durch 2 teilbar sind.
c) **7643**, weil 7347 durch 3; 7543 durch 19; 7799 durch 11 und 7803 durch 3 teilbar sind.

8 $1001 = 7 \cdot 11 \cdot 13$

9 a) 17 b) 9 c) 13 d) 1 e) 14 f) 12 g) 1 h) 22

10 a) 77 b) 14 c) 154 d) 168 e) 30 f) 84 g) 252 h) 320

Brüche – Addition und Subtraktion

1 a) Maßstab 1:2 (Zahlenstrahl von 0 bis $\frac{8}{4}$ mit $\frac{1}{8}$, $\frac{1}{4}$, $\frac{1}{2}$, $\frac{3}{4}$, 1, $\frac{5}{4}$, $\frac{4}{4}$, $\frac{7}{4}$, $\frac{8}{4}$)
b) $\frac{1}{8} < \frac{1}{4} < \frac{1}{2} < \frac{3}{4} < \frac{4}{4} < \frac{5}{4} < \frac{7}{4} < \frac{8}{4}$

2 a) 8 b) 10 c) 21 d) 45 e) 77 f) 100

3 a) 12 b) 12 c) 11 d) 13 e) 9 f) 16 g) 4 h) 25 i) 47

4 a) [2] $\frac{2}{5}$ b) [7] $\frac{4}{5}$ c) [5] $\frac{1}{3}$ d) [7] $\frac{4}{7}$ e) [4] $\frac{3}{5}$ f) [9] $\frac{4}{7}$ g) [2] $\frac{5}{12}$ h) [9] $\frac{3}{5}$ i) [6] $\frac{4}{7}$ j) [9] $\frac{3}{8}$ k) [5] $\frac{7}{19}$ l) [4] $\frac{17}{19}$

5 a) $\frac{4}{5}$ b) $\frac{2}{5}$ c) $\frac{3}{8}$ d) $\frac{1}{11}$ e) $\frac{4}{5}$ f) $\frac{11}{15}$ g) $\frac{8}{9}$ h) $\frac{59}{93}$ i) $\frac{5}{8}$ j) $\frac{5}{8}$ k) $\frac{9}{13}$ l) $\frac{5}{9}$

6 a) $\frac{4}{9}$ b) $\frac{2}{3}$ c) $\frac{20}{43}$ d) $\frac{2}{3}$ e) $\frac{1}{10}$ f) $\frac{31}{36}$ g) $\frac{3}{10}$ h) $\frac{1}{4}$

7 a) 40 b) 98 c) 472 d) 77 e) 66 f) 336 g) 14 h) 29 i) 23

8 a) $\frac{3}{10} < \frac{1}{2} < \frac{2}{3} < \frac{4}{5} < \frac{5}{6}$
b) $\frac{4}{21} < \frac{6}{15} < \frac{3}{7} < \frac{16}{35} < \frac{11}{14} < \frac{4}{5}$

9 a) $[\frac{3}{6} =] \frac{1}{2} > \frac{1}{3} [= \frac{2}{6}]$
b) $[\frac{16}{20} =] \frac{4}{5} > \frac{3}{4} [= \frac{15}{20}]$
c) $[\frac{21}{28} =] \frac{3}{4} < \frac{6}{7} [= \frac{24}{28}]$
d) $[\frac{20}{36} =] \frac{5}{9} < \frac{7}{12} [= \frac{21}{36}]$
e) $[\frac{21}{35} =] \frac{3}{5} > \frac{4}{7} [= \frac{20}{35}]$
f) $[\frac{55}{60} =] \frac{11}{12} > \frac{2}{5} [= \frac{24}{60}]$
g) $[\frac{80}{150} =] \frac{8}{15} > \frac{7}{25} [= \frac{42}{150}]$
h) $[\frac{24}{30} =] \frac{16}{20} < \frac{20}{24} [= \frac{25}{30}]$
i) $[\frac{25}{40} =] \frac{10}{16} < \frac{18}{20} [= \frac{36}{40}]$
j) $\frac{14}{35} < \frac{3}{7} [= \frac{15}{35}]$
k) $\frac{52}{64} > \frac{5}{8} [= \frac{40}{64}]$
l) $[\frac{644}{756} =] \frac{46}{54} > \frac{23}{28} [= \frac{621}{756}]$

10 a) $[\frac{9}{12} =] \frac{3}{4} < \frac{5}{6} [= \frac{10}{12}]$
b) $[\frac{16}{36} =] \frac{4}{9} > \frac{5}{12} [= \frac{15}{36}]$
c) $[\frac{25}{30} =] \frac{5}{6} > \frac{7}{10} [= \frac{21}{30}]$
d) $[\frac{72}{84} =] \frac{6}{7} < \frac{11}{12} [= \frac{77}{84}]$
e) $[\frac{9}{30} =] \frac{3}{10} < \frac{4}{15} [= \frac{8}{30}]$
f) $[\frac{8}{18} =] \frac{4}{9} < \frac{5}{6} [= \frac{15}{18}]$
g) $[\frac{12}{45} =] \frac{4}{15} < \frac{7}{9} [= \frac{35}{45}]$
h) $[\frac{15}{35} =] \frac{6}{14} < \frac{8}{20} [= \frac{14}{35}]$
i) $[\frac{345}{80} =] \frac{9}{16} > \frac{3}{20} [= \frac{12}{80}]$
j) $[\frac{16}{60} =] \frac{4}{15} < \frac{7}{12} [= \frac{35}{60}]$
k) $[\frac{18}{40} =] \frac{9}{20} < \frac{5}{8} [= \frac{25}{40}]$
l) $[\frac{20}{35} =] \frac{12}{21} > \frac{14}{35}$

11 a) $\frac{49}{40} = 1\frac{9}{40}$
b) $\frac{1}{5}$
c) $\frac{25}{18} = 1\frac{7}{18}$
d) $\frac{3}{14}$
e) $\frac{1}{12}$
f) $\frac{109}{72} = 1\frac{37}{72}$
g) $\frac{1}{25}$
h) $\frac{31}{20} = 1\frac{11}{20}$
i) $\frac{3}{8}$

12 a) $6\frac{5}{12}$ b) $12\frac{5}{24}$ c) $28\frac{11}{21}$ d) $6\frac{23}{112}$ e) $6\frac{9}{28}$ f) $6\frac{1}{10}$ g) $1\frac{5}{6}$ h) $4\frac{19}{84}$

13 a) $\frac{7}{8}$ b) $\frac{6}{5} = 1\frac{1}{5}$ c) $23\frac{71}{72}$ d) $\frac{19}{20}$ e) 2 f) 6

14 a) $\frac{19}{20}$ b) $6\frac{5}{6}$ c) $\frac{83}{18} = 4\frac{11}{18}$ d) $14\frac{15}{16}$

15 a) $\frac{7}{12}$ b) $\frac{17}{40}$ c) $\frac{37}{36} = 1\frac{1}{36}$ d) $\frac{7}{12}$ e) $\frac{6}{7}$ f) $\frac{9}{11}$

16 a)

6	$4\frac{1}{4}$	$5\frac{1}{2}$
$4\frac{3}{4}$	$5\frac{1}{4}$	$5\frac{3}{4}$
5	$6\frac{1}{4}$	$4\frac{1}{2}$

Summe: $15\frac{3}{4}$

b)

$4\frac{2}{3}$	$2\frac{1}{3}$	4
3	$3\frac{6}{9}$	$4\frac{1}{3}$
$3\frac{1}{3}$	5	$2\frac{2}{3}$

Summe: 11

Berechnungen an Flächen und Körpern

1 a) $9\,dm^2$ b) $78\,dm^2$ c) $2\,m^2$ d) $70\,m^2$ e) $8\,cm^2$ f) $41\,dm^2$ g) $3\,m^2$ h) $4\,dm^2$ i) $225\,cm^2$

2 a) $300\,cm^2$ b) $2900\,dm^2$ c) $8000\,dm^2$ d) $24\,000\,dm^2$ e) $600\,mm^2$ f) $6500\,mm^2$ g) $9700\,mm^2$ h) $23\,000\,mm^2$ i) $2000\,cm^2$ j) $900\,cm^2$ k) $4400\,cm^2$ l) $20\,800\,cm^2$

Lösungen

3 a) 6 dm² 70 cm²; 20 dm² 80 cm²; 90 dm² 6 cm²; 54 dm² 30 cm²
   b) 75 m² 0 dm²; 6 m² 78 dm²; 23 m² 40 dm²; 26 m² 0 dm²
   c) 3 cm² 80 mm²; 1 cm² 15 mm²; 9 cm² 8 mm²; 5 cm² 77 mm²

4 a) 3 cm² 45 mm²   d) 8 cm² 21 mm²   g) 0 m² 80 dm²
   b) 4 dm² 71 cm²   e) 23 m² 14 dm²   h) 14 dm² 56 cm²
   c) 6 m² 9 dm²   f) 7 cm² 15 mm²   i) 55 cm² 11 mm²

5 a) 2 m²   b) 30 m²   c) 9 dm²   d) 23 dm²

6 a) 300 ha   d) 9800 m²   g) 80 000 a
   b) 2100 a   e) 6000 a   h) 5600 ha
   c) 4500 m²   f) 5600 m²   i) 3700 a

7 a) 8 km² 90 ha   d) 4 ha 89 a   g) 5 a 32 m²
   b) 2 km² 10 ha   e) 5 ha 30 a   h) 8 a 54 m²
   c) 6 km² 70 ha   f) 6 ha 21 a   i) 7 a 60 m²

8 a) 2 ha > 2000 m²   c) 3 km² > 3000 a
   b) 5 ha = 50 000 m²   d) 6 km² = 60 000 a

9 a) 15,67 cm²   e) 7000 dm²   i) 73 200 dm²
   b) 300 mm²   f) 10 400 mm²   j) 2,66 dm²
   c) 1,36 m²   g) 26,05 cm²
   d) 400 cm²   h) 151 m²

10 a) 450 cm²   b) 2414 dm²   c) 8,96 m²   d) 20,74 dm²

11 a) 594 m²   b) 53 m²   c) 541 m²

12 0,75 : 0,04 = 218,75;   219 Fliesen

13 a) 36 cm   b) 142 mm   c) 51 cm   d) 8,36 m

14 a) 9 cm   b) 81 mm   c) 6,2 m

15 39,5 m² – 7,6 m² = 31,9 m²

16 Grundfläche: 480 cm²; Seitenflächen: 3854 cm²
   Blechverbrauch: 4334 cm²

17 a) 125 cm³   c) 39 304 dm³   e) 658 503 mm³
   b) 2744 dm³   d) 8 m³   f) 1 520 875 cm³

18 a) 4000 cm³   c) 8000 mm³   e) 45 000 mm³   g) 8 cm³
   b) 17 000 dm³   d) 30 000 dm³   f) 163 000 cm³   h) 7 m³

19 a) 30 m³   c) 0,2 dm³   e) 2 dm³   g) 15 000 ml
   b) 90 cm³   d) 0,8 m³   f) 3000 ml   h) 2800 l

20 a) 600 cm³   c) 20,16 dm³   e) 4112,5 dm³
   b) 3,024 m³   d) 172,8 dm³   f) 118,91 cm³

21 a) 71 l   d) 240 l   g) 462 l

22 a) 2 cm   b) 7 cm   c) 3,1 dm   d) 1,2 m   e) 4,2 dm

Multiplikation und Division von Brüchen und Dezimalbrüchen

1 a) 21 €   c) 15 kg   e) 21 t   g) 80 m
   b) 6 l   d) 78 cm   f) 10 m²   h) 91 mg

2 a) $5\frac{1}{4}$ d) $1\frac{5}{7}$ g) 26   j) 12
   b) $1\frac{1}{3}$ e) $7\frac{1}{2}$ h) $3\frac{5}{9}$ k) $2\frac{1}{3}$
   c) $2\frac{7}{9}$ f) $21\frac{7}{8}$ i) $8\frac{1}{3}$ l) $67\frac{1}{2}$

3 a) $\frac{8}{21}$ d) $\frac{1}{6}$ g) $\frac{5}{6}$ j) $\frac{32}{27} = 1\frac{5}{27}$ m) 1   o) $\frac{32}{63}$
   b) $\frac{3}{10}$ e) $\frac{6}{11}$ h) $\frac{12}{35}$ k) $\frac{2}{3}$ n) $\frac{1}{4}$ p) $\frac{1}{2}$
   c) $\frac{3}{14}$ f) $\frac{3}{14}$ i) $\frac{9}{20}$ l) $\frac{10}{7} = 1\frac{3}{7}$

4 a) $10\frac{5}{8}$ kg   b) $23\frac{3}{4}$ kg   c) $26\frac{1}{4}$ kg

5 a) $12\frac{3}{5}$ l   b) 756 l

6 a) $\frac{5}{6}$ c) $\frac{3}{8}$ e) 3   g) $\frac{7}{55}$ i) $\frac{5}{7}$ k) 6
   b) $\frac{9}{10}$ d) $\frac{5}{6}$ f) 2   h) $\frac{6}{5} = 1\frac{1}{5}$ j) $\frac{1}{8}$ l) 4

7 a) 6   c) $\frac{5}{4} = 1\frac{1}{4}$ e) $\frac{140}{27} = 5\frac{5}{27}$ g) $\frac{44}{9} = 4\frac{8}{9}$
   b) $\frac{7}{24}$ d) $\frac{9}{5} = 1\frac{4}{5}$ f) $\frac{4}{5}$ h) $\frac{45}{26} = 1\frac{19}{26}$

8 a) 1,8   c) 6,4   e) 5,6   g) 1,52   i) 20
   b) 6,3   d) 4,5   f) 1,12   h) 3,4

9 a) 0,558   c) 1228,832   e) 496,854
   b) 34,846   d) 159,804   f) 20 323,556

10 a) 1,68   c) 1,8   e) 2,765   g) 0,0197
   b) 0,138   d) 1,47   f) 0,1107   h) 4,23

11 a) 1,1   c) 10,6   e) 40,0   g) 30,5   i) 20,9
   b) 13,4   d) 21,7   f) 30,7   h) 20,9

12 a) 5,25   c) 3,98   e) 12,46   g) 5,51
   b) 76,86   d) 0,05   f) 31,04   h) 14,92

13 384 429,5 km

14 a) 3,2 · 7,2 = 23,04   f) 6,9 · 1,3 = 8,97
   b) 0,7 · 1,8 = 1,26   g) 18 – 9,52 = 8,48
   c) 4,8 · 1,76 = 8,448   h) 3,9 + 6,6 = 10,5
   d) 2,56 · 2,5 = 6,4   i) 36,8 + 23,1 = 59,9
   e) 0,9 + 10,36 = 11,26

15 a) (50 – 46,729) · (43,2 – 29,03) = 3,271 · 14,17 = 46,35007
   b) (12,35 + 28,9) · (137,8 – 67,904) = 41,25 · 69,896 = 2883,21

16 a) 1,9   c) 0,0602   e) 0,003
   b) 5,191   d) 60,3   f) 0,005397

17 a) 0,3   c) 1,6   e) 0,6   g) 2,1   i) 1,7
   b) 0,04   d) 0,03   f) 0,06   h) 0,68

18 a) 0,518   c) 0,53   e) 0,11
   b) 33,67   d) 0,059   f) 0,0023

19 a) 3   c) 7   e) 7   g) 7   i) 15
   b) 4   d) 9   f) 7   h) 8

20 a) 136   c) 48 100   e) 13   g) 4,1
   b) 111   d) 4300   f) 29,7   h) 0,0025

21 190 : 2,7 = 76;   76 km pro Stunde

22 100 km : 6,25 = 16 km   16 km mit einem Liter
   47,5 · 16 km = 760 km   Reichweite 760 km

23 a) 0,3964   e) 4,03 : 1,3 = 3,1
   b) 14,112 – 1,9 = 12,212   f) 16,17 : 7,7 = 2,1
   c) 120,1 – 56,1 = 64   g) 37,44 : 8,32 = 4,5
   d) 10,108 : 0,28 = 36,1   h) 27,55 : 2,9 = 9,5

24 a) $0,\overline{3}$ c) $0,\overline{2}$ e) $0,\overline{238095}$ g) $0,\overline{06}$
   b) $0,\overline{45}$ d) $0,\overline{5}$ f) $0,\overline{15}$ h) $0,\overline{180}$

Winkel und Dreiecke

1. a) $\beta = \delta = 31°$; $\gamma = 149°$
   b) $\alpha_1 = \delta = 65°$; $\gamma_1 = 31°$; $\beta_1 = \gamma = 59°$

2. $\alpha_2 = \alpha_4 = \delta_2 = 125°$; $\alpha_1 = \alpha_3 = \delta_1 = \delta_3 = 55°$;
   $\beta_2 = \gamma_2 = \gamma_4 = 50°$; $\beta_1 = \beta_2 = \gamma_1 = \gamma_3 = 130°$

3. $\beta = \delta = 77°$; $\gamma = 103°$

4. a) $\beta = 49°$ c) $\gamma = 34°$ e) $\beta = 57°$
   b) $\alpha = 68°$ d) $\alpha = 57°$ f) $\beta = 22°$

5. a) $\beta = 85°$; $\gamma = 10°$ c) $\alpha = \gamma = 69°$
   b) $\beta = \gamma = 72{,}5°$ d) $\alpha = \beta = \gamma = 60°$

6.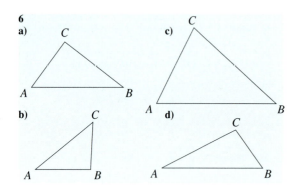

7.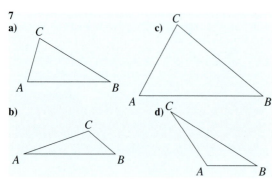

8.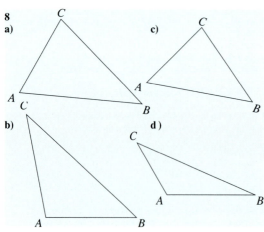

9.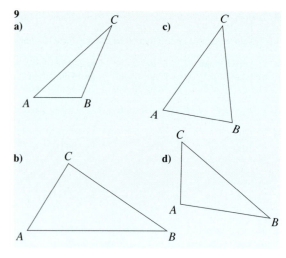

10.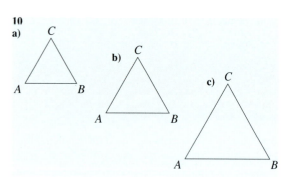

11.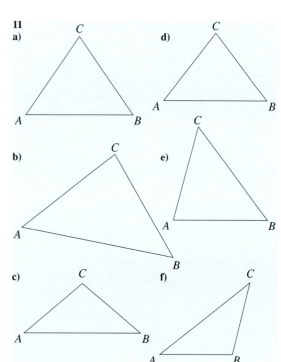

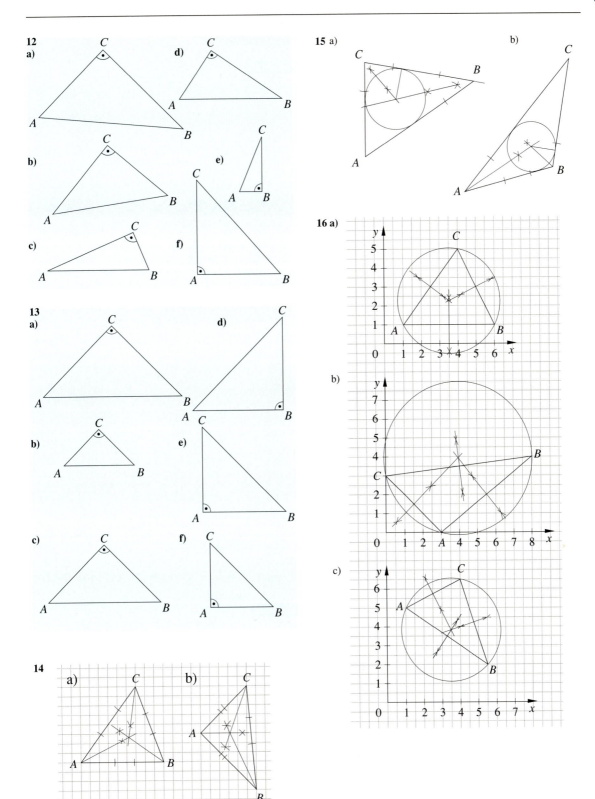

17 a)

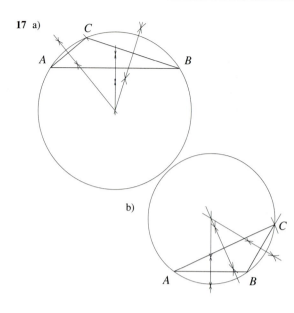

b)

Zum Checkpoint

Seite 32

1 a) 5; 25   b) 2; 4   c) 2   d) 2; 5   *(8 P.)*

2 a) 3   b) 3   c) 3   d) 3; 9   *(4 P.)*

3 a) 0; 2; 4; 6; 8   c) 1; 3; 5; 7; 9
   b) 1; 4; 7   d) 2   *(4 P.)*

4 a) 4   b) 3   c) 33   d) 84   *(4 P.)*

5

	6		21		33	
3	⑥	1	㉑	3	㉝	1
	2		7		11	
1	⑩	5	㉟	1	㊺	5
	10		35		55	

(6 P.)

6 a) 3 min; kgV (180 s; 90 s) = 180 s   *(2 P.)*
   b) 6 min; kgV (120 s; 90 s) = 360 s   *(2 P.)*
   c) 6 min; kgV (180 s; 120 s; 90 s) = 360 s   *(2 P.)*

Zuordnungen

1 a)

Stofflänge in m	Preis in €
3	29,40
1	9,80
4,5	44,10

c)

Zeilen einer Seite Anzahl	Bogen Anzahl
36	145
1	5220
20	261

b)

Zeit in h	Flugstrecke in km
$\frac{3}{4}$	720
1	960
$1\frac{1}{2}$	1440

d)

Geschwindigkeit in $\frac{km}{h}$	Zeit in h
110	4
1	440
80	5,5

2 a) 5,76 €   b) 3,44 €

3 (rein rechnerisch) 8,4 m

4 120 Schwingungen

5 9 Umkreisungen in 18 Stunden

6 238 € pro Woche; in 3 Wochen 714 €

7 Mit 110 $\frac{km}{h}$ wird die Verspätung ausgeglichen.

8 3,4 ha Anbaufläche sind nötig.

9 35 km fährt sie in $2\frac{1}{3}$ Stunden.

10 a) 225 Tage reicht das Heizöl.
    b) Täglich wurden 187,5 l Heizöl verbraucht.

11 Bei 20 Beeten ist die Breite $1\frac{1}{8}$ m.

12 28,8 hl liefert die Quelle täglich.

Seite 52

1 $\frac{2}{3} < \frac{7}{9} < \frac{4}{5} < \frac{14}{15} < \frac{17}{18}$ *(4 P.)*

2 z.B.: $\frac{7}{10}$; $\frac{2}{3}$ *(2 P.)*

3 a) $\frac{8}{7} = 1\frac{1}{7}$ b) $\frac{3}{4}$ c) $\frac{1}{5}$ d) $\frac{2}{7}$ e) $5\frac{1}{2}$ f) $2\frac{4}{9}$ *(6 P.)*

4 a) $\frac{49}{10} = 1\frac{9}{40}$ c) $\frac{163}{30} = 5\frac{13}{30}$ e) $\frac{113}{18} = 6\frac{5}{18}$
   b) $\frac{9}{20}$ d) $\frac{107}{24} = 4\frac{11}{24}$ f) $\frac{41}{12} = 3\frac{5}{12}$ *(12 P.)*

5 Ladung: $6\frac{59}{60}$; Der Transport ist möglich.   *(4 P.)*

6 Erneuerung noch auf $13\frac{3}{4}$ km   *(3 P.)*

Seite 88

1 a) 504 mm²   c) 2502 m²   e) 30 009 cm³
   b) 605 ha   d) 1 230 004 mm²   f) 120 003 mm²   *(6 P.)*

2 a) 32 m²   c) 50 m² 50 dm²   e) 1600 m²
   b) 17 m²   d) 13 m² 50 dm²   f) 13 000 m²   *(6 P.)*

3 a) u = 74 cm; A = 300 cm²
   b) u = 21,2 m; A = 24,48 m²   *(4 P.)*

4 68 m²   *(3 P.)*

5 300 m Länge   *(2 P.)*

6 V = 64 cm³; O = 96 cm²   *(4 P.)*

7 V = 210 cm³; O = 214 cm²   *(4 P.)*

8 45 · 0,5 = 22,5;   22,5 l Blut   *(2 P.)*

Seite 118

1 a) $\frac{4}{5}$ c) $\frac{165}{4} = 41\frac{1}{4}$ e) $\frac{1}{3}$
  b) $\frac{14}{9} = 1\frac{5}{9}$ d) $\frac{1}{12}$ f) $\frac{12}{5} = 2\frac{2}{5}$ *(6 P.)*

2 a) $\frac{35}{2} = 17\frac{1}{2}$ c) $\frac{30}{7} = 4\frac{2}{7}$ e) $\frac{21}{16} = 1\frac{5}{16}$
  b) 14 d) $\frac{9}{25}$ f) $\frac{7}{30}$ *(6 P.)*

3 $488\frac{1}{2}$ m : 16 = $\frac{977}{32}$ m = $30\frac{17}{32}$ m *(2 P.)*

4 a) $3\frac{1}{3} = \frac{10}{3}$; 10 Flaschen
  b) $\frac{1}{10}$ min c) $\frac{12}{10}$ min = $1\frac{1}{5}$ min *(3 P.)*

5 a) 67,32 b) 9,1 c) 8,01 d) 1155 *(4 P.)*

6 a) 371,583 b) 9356,0794 *(4 P.)*

7 10,14 · 1,777 = 18,01878 *(3 P.)*

8 a) 1,57 b) 1,264 c) 0,0165 d) 0,8 *(4 P.)*

9 8,35 *(2 P.)*

10 2,325 kg : 5 = 0,465 kg *(2 P.)*

Seite 150

1 a) $\alpha = \beta = 76°$ b) $\alpha = 45°$; $\alpha' = 135°$ *(4 P.)*

2 a) $\beta = 44°$; $\alpha' = 160°$; $\beta' = 136°$; $\gamma' = 64°$
  b) $\alpha = 56°$; $\gamma = 50°$; $\alpha' = 124°$; $\beta' = 104°$ *(8 P.)*

3 Maßstab 1 : 2

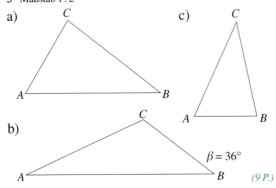

(9 P.)

4 a) Maßstab hier 1 : 2000
  b) $|\overline{BC}| \approx 32$ m
  c) $u \approx 185$ m

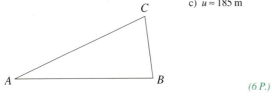

(6 P.)

5 a) 49,5 cm² c) 5551 mm²
  b) 118,8 dm² d) 66,65 cm² *(6 P.)*

Seite 178

1 a)

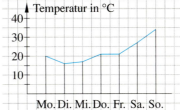

  b) zwischen Dienstag und Donnerstag und zwischen Freitag und Sonntag
  c) zwischen Montag und Dienstag
  d) zwischen Donnerstag und Freitag *(7 P.)*

2

Anzahl	1	2	3	4	6	10	12
Preis in €	2,25	4,50	6,75	9,00	13,50	22,50	27,00

(6 P.)

3

Personen-anzahl	1	2	4	5	7	12	14
Gewinn pro Person in €	6300	3150	1575	1260	900	525	450

(6 P.)

4 12 Eier kosten 1,68 €. *(5 P.)*

5 Das Futter reicht für 39 Kühe 4 Tage. *(5 P.)*

6 264 Taschenrechner kosten 2874,96 €. *(5 P.)*

Seite 188

1 Maximum: 15 °C; Minimum: 0 °C
  Spannweite: 15 Grad; Zentralwert: 5,5 °C *(5 P.)*

2 a) Maximum: 28 mm; Minimum: 17 mm;
    Spannweite: 11 mm
  b) Zentralwert: 21 mm
  c) Durchschnitt: 22 mm
  d) Diagramm *(12 P.)*

3 Zentralwert: 3 h; Durchschnitt: 4 h *(5 P.)*

Maße und Maßeinheiten

Längenmaße

$1 \text{ km} = 1000 \text{ m}$
$1 \text{ m} = 10 \text{ dm}$
$1 \text{ dm} = 10 \text{ cm}$ $100 \text{ cm} = 1 \text{ m}$
$100\,000 \text{ cm} = 1 \text{ km}$
$1 \text{ cm} = 10 \text{ mm}$ $100 \text{ mm} = 1 \text{ dm}$
$1000 \text{ mm} = 1 \text{ m}$
$1\,000\,000 \text{ mm} = 1 \text{ km}$

Massemaße

$1 \text{ Mt} = 1000 \text{ kt}$
$1 \text{ kt} = 1000 \text{ t}$
$1 \text{ t} = 1000 \text{ kg}$
$1 \text{ kg} = 1000 \text{ g}$ $1\,000\,000 \text{ g} = 1 \text{ t}$
$1 \text{ g} = 1000 \text{ mg}$ $1\,000\,000 \text{ mg} = 1 \text{ kg}$

Die im geschäftlichen Bereich weitgehend gebräuchliche Bezeichnung *Gewicht* wird für die Größe *Masse* im Sinne eines Wägergebnisses verwendet.

Zeitmaße

$1 \text{ Jahr} = 365 \text{ Tage}$
$1 \text{ Tag} = 24 \text{ h}$
$1 \text{ h} = 60 \text{ min}$ $1440 \text{ min} = 1 \text{ Tag}$
$1 \text{ min} = 60 \text{ s}$ $3600 \text{ s} = 1 \text{ h}$

Flächenmaße

$1 \text{ km}^2 = 100 \text{ ha (Hektar)}$
$1 \text{ ha} = 100 \text{ a (Ar)}$ $10\,000 \text{ a} = 1 \text{ km}^2$
$1 \text{ a} = 100 \text{ m}^2$ $10\,000 \text{ m}^2 = 1 \text{ ha}$
$1\,000\,000 \text{ m}^2 = 1 \text{ km}^2$
$1 \text{ m}^2 = 100 \text{ dm}^2$ $10\,000 \text{ dm}^2 = 1 \text{ a}$
$1\,000\,000 \text{ dm}^2 = 1 \text{ ha}$
$1 \text{ dm}^2 = 100 \text{ cm}^2$ $10\,000 \text{ cm}^2 = 1 \text{ m}^2$
$1\,000\,000 \text{ cm}^2 = 1 \text{ a}$
$100\,000\,000 \text{ cm}^2 = 1 \text{ ha}$
$1 \text{ cm}^2 = 100 \text{ mm}^2$ $10\,000 \text{ mm}^2 = 1 \text{ dm}^2$
$1\,000\,000 \text{ mm}^2 = 1 \text{ m}^2$

Raummaße

$1 \text{ m}^3 = 1000 \text{ dm}^3$
$1 \text{ dm}^3 = 1000 \text{ cm}^3$ $1\,000\,000 \text{ cm}^3 = 1 \text{ m}^3$
$1 \text{ cm}^3 = 1000 \text{ mm}^3$ $1\,000\,000 \text{ mm}^3 = 1 \text{ dm}^3$
$1\,000\,000\,000 \text{ mm}^3 = 1 \text{ m}^3$

Hohlmaße

$1 \text{ dm}^3 = 1 \text{ l}$ $1 \text{ cm}^3 = 1 \text{ ml}$
$1 \text{ hl} = 100 \text{ l}$
$1 \text{ l} = 1000 \text{ ml}$ $100\,000 \text{ ml} = 1 \text{ hl}$

Formeln

Durchschnitt arithmetisches Mittel

der Zahlen a und b
$$d = \frac{a+b}{2}$$

von n Zahlen $a_1, \ldots a_n$
$$d = \frac{a_1 + \ldots + a_n}{n}$$

Winkel

Nebenwinkel	**Scheitelwinkel**	**Stufenwinkel**
ergänzen sich zu 180°.	sind gleich groß.	sind gleich groß.
$\alpha + \beta = 180°$	$\alpha = \beta;\ \gamma = \delta$	$\alpha = \beta;\ \gamma = \delta$

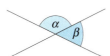 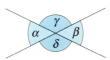 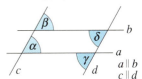

Winkelsumme im Dreieck $\alpha + \beta + \gamma = 180°$

Dreieck

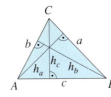

$u = a + b + c$

$$A = \frac{g \cdot h}{2}$$

$$A = \frac{a \cdot h_a}{2} = \frac{b \cdot h_b}{2} = \frac{c \cdot h_c}{2}$$

Umfang u
Flächeninhalt A
Grundseite g Höhe h
zugehörige Höhe h_a, h_b, h_c

rechtwinkliges Dreieck

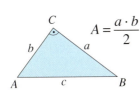 $A = \dfrac{a \cdot b}{2}$ 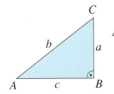 $A = \dfrac{a \cdot c}{2}$ 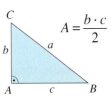 $A = \dfrac{b \cdot c}{2}$

Quadrat

$u = 4 \cdot a$
$A = a \cdot a$
$A = a^2$

Rechteck

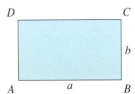

$u = 2 \cdot a + 2 \cdot b$
$u = 2 \cdot (a + b)$
$A = a \cdot b$

Länge a
Breite b

Würfel

$O = 6 \cdot a \cdot a$ Oberfläche O
$O = 6 \cdot a^2$

$V = a \cdot a \cdot a$
$V = a^3$

Rauminhalt V
(Volumen)

Quader

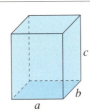

$O = 2 \cdot a \cdot b + 2 \cdot a \cdot c + 2 \cdot b \cdot c$
$O = 2 \cdot (a \cdot b + a \cdot c + b \cdot c)$

$V = a \cdot b \cdot c$

Stichwortverzeichnis

A
abbrechender Dezimalbruch 112
Abstand 143, 146 f.
Abwicklung 74
arithmetisches Mittel 186
Assoziativgesetz 44, 94
Außenwinkel 132
Außenwinkelsatz 132
Auswertungsbogen 181

B
Basis 126
Basiswinkel 126
besondere Dreieckslinien 143
Beweis 130
Brüche addieren 40
Brüche dividieren 95, 97
Brüche multiplizieren 90, 92
Brüche subtrahieren 45
Brüche vergleichen 35
Bruchteil 34

D
Deckfläche 75
deckungsgleich 140
Dezimalbrüche dividieren 104 f., 107
Dezimalbrüche multiplizieren 101
Dimetrie 77
Distributivgesetz 94
Doppelbruch 98
Dreieck 122, 126 ff.
Dreieckskonstruktion 133 ff.
Dreiecksungleichung 128
Dreisatz 167, 175
Durchschnitt 186

E
Eratosthenes 24
erweitern 35
Euklid 23

F
Flächeninhalt 56, 58 ff., 75, 149
Formel 66, 78
Fragebogen 180

G
gemeinsame Teiler 26
gemeinsame Vielfache 27
gemischte Zahl 46
gerade Zahl 14
gleichnamig 35
gleichschenkliges Dreieck 126
gleichseitiges Dreieck 126
größter gemeinsamer Teiler 26
Grundfläche 75
Grundkonstruktion 144
Grundseite 149

H
Häufigkeitstabelle 182
Hauptnenner 35
Höhe 143, 145, 149
Hohlmaß 83

I
Inkreis 146
Innenwinkel 130
Innenwinkelsatz 130
Isometrie 77

K
Karat 100
Kavalierperspektive 77
Kehrwert 95, 97
kleinstes gemeinsames Vielfaches 27, 35
Kommutativgesetz 44, 94
kongruent 140 f.
Kongruenzsätze 141

L
Lot 145

M
Maximum 183
Median 185
Minimum 183
Mittelpunkt 145
Mittelsenkrechte 143, 145, 147
Mittelwert 185 f.

N

Nebenwinkel 124
Netz 74

O

Oberfläche 75

P

Parallelen 124
Parallelogramm 122
Periode 112
periodischer Dezimalbruch 112
Perspektive 77
Primzahl 24
Primzahlzwillinge 25
produktgleich 172
proportionale Zuordnung 162 f., 167

Q

Quader 74 ff., 78
Quadrat 66, 69, 75
Quersumme 18
Quersummenregel 18 f.
quotientengleich 163

R

Rauminhalt 78
Rechteck 66, 69
rechtwinkliges Dreieck 122, 126
Rückfläche 77

S

Scheitelwinkel 124
Schenkel 126
Schlussrechnung 167
Schrägbild 77
Schwergerade 148
Schwerpunkt 148
Seitenfläche 75
Seitenhalbierende 143, 148
Seiten-Winkel-Beziehung 128
Spannweite 184
Spitze 126
spitzwinkliges Dreieck 126
Stammbrüche 42
Steigung 137
Strichliste 182

T

Stufenwinkel 124
stumpfwinkliges Dreieck 126
Summenregel 20
Symmetrieachse 127, 143

T

Tangram 120 ff.
teilbar 12
Teilbarkeit 14 ff.
Teiler 12, 22
Teilermenge 22
Trapez 122

U

Umfang 69
umgekehrt proportionale Zuordnung 171 f.
Umkreis 147
ungerade Zahl 14

V

Verbindungsgesetz 44
Vertauschungsgesetz 44, 94
Verteilungsgesetz 94
Vielfaches 12, 27
Viereck 122
Volumen 78, 80 f., 83
Vorderfläche 75, 77

W

Wechselwinkel 124, 130
Winkel 125
Winkelhalbierende 143, 144, 146
Würfel 78

Z

Zentralwert 185
Zuordnung 152 ff.

Bildnachweis

AKG, Berlin: **118**; **147** ▌ Amerikanische Botschaft, Deutschland: (Dollar-Münzen) **169** ▌ Angermayer, Holzkirchen: **115**.2, 4 ▌ Berliner Flughafen GmbH, Flughafen Berlin-Tegel: **174** ▌ Bongarts Sportfotografie, Hamburg: **14**; **63**; **187**.2 –5 ▌ © Bullik und Reinsch Foto-produktion, Düsseldorf/Dortmund: **186** ▌ Bundesministerium für Finanzen, Bonn: (Euro-Münzen) **12** ▌ Citroën Deutschland AG, Köln: **158**; **159**.2 ▌ Corbis Images, London: (Robert Dowling) **137**.1 ▌ Daimler Benz AG, Stuttgart: **159**.1 ▌ © Das Haus, LBS Systemhaus: **54/55** ▌ Depesche Vertrieb GmbH & Co., Geesthacht: **74** ▌ Deutsche Bahn AG, Berlin: **172**; **179** ▌ Deutsche Luftbild, Hamburg: **64**.1 ▌ Deutsche Lufthansa AG, Köln: **27**; **33**; **103**.1, 2, 3 ▌ Deutsche Renault AG, Direktion Öffentlichkeitsarbeit und Presse, Brühl: **159**.3 ▌ Deutscher Wetterdienst, Offenbach: (Dr. F. Krügler, Hamburg) **103**.4 ▌ Deutsches Museum, München: **160** ▌ double's, Milano (Italien): **42** ▌ dpa, Frankfurt: **155** ▌ © Falk Verlag AG, München; Kartographie Geo Data, München; Lufthansa Bordbuch 2/96: **102** ▌ Fiat Automobil AG, Frankfurt: **159**.5 ▌ Fischer, Oelixdorf: **75** ▌ Flugwetterwarte, Berlin/Tegel: **153**.2; **157** ▌ Fotoverlag Huber, Garmisch-Partenkirchen: **165**.1 ▌ Greiner + Meier, Braunschweig: (Schrempp) **115**.1 ▌ Hafen, Hamburg: **84**.1 ▌ Matthias Hamel, Berlin: **11**; **30**; **31**; **38**; **60**.2 ▌ Heide-Park, Soltau: **20** ▌ Dr. Henning Heske, Dinslaken: **53** ▌ Regina Kohl, Hagen: **41** ▌ KUKA Roboter GmbH, Augsburg: **171**.1 ▌ Janicke, München: **89** ▌ Wilhelm Lambrecht GmbH, Göttingen: **153**.1 ▌ Johannes Lieder, Ludwigsburg: **99**.3 ▌ Klaus Manzek, Berlin: **16**; **39**.1, 2; **180** ▌ Merges Verlag, Heidelberg: **83**.4 ▌ MVRDV, Rotterdam: (Rob 't Hart) **64**.2 ▌ Nature & Science AG, Vaduz: (Aribert Jung) **99**.2 ▌ Ekkehard Nitschke, Berlin: **107** ▌ Werner Otto, Oberhausen: **119** ▌ Okapia, Berlin: **91**.2 ▌ Dirk Pommert, Berlin: **39**.3 ▌ Rheinbraun AG, Köln: **85** ▌ Rhein-Ruhr-Hafen, Duisburg: **81**.1 ▌ Friedrich Sauer, Karlsfeld: **99**.1 ▌ Jens Schacht, Düsseldorf: **23**; **67**; **68**; **97**; **148**.5; **166**.1; **177** ▌ Schierz, Berlin: **175**.2 ▌ Schweiz Tourismus, Frankfurt a.M · (Giegel) **137**.2 ▌ Silvestris, Kastl: (Enrico Robba) **99**.4; (Wolfgang Willner) **115**.3 ▌ Stadtverwaltung, Schönau: **137**.4 ▌ Sven Simon, Essen: **116** ▌ Verlagsarchiv, Berlin: **90**; **126**; **137**.3; **166**.3; **182** ▌ Visum/Hafen, Hamburg: **84**.3, 4; **151** ▌ Volkswagen AG, Wolfsburg: **159**.4 ▌ Peter Wirtz, Dormagen: **169** ▌ Mathias Wosczyna, Rheinbreitbach: **12**.1, 2; **18**; **22**; **28**; **40**; **47**; **51**; **60**.1; **69**.2; **72**; **81**.2; **82**; **83**.1; **84**.2; **96**; **98**; **100**; **106**; **161**; **166**.2; **171**.2; **175**.1 ▌ Carl Zeiss, Oberkochen: **91**.1 ▌ Gerald Zörner, Berlin: **60**.3, 4; **69** 1; **80**; **83**.2, 3; **105**; **114**; **136**; **148**.1 – 4; **164**; **165**.2; (Dollar-Scheine) **169**; **184**; **187**.1

Skip G. Langkafel: *(Grafik)* Checkpoint; 170

Jochen Gebauer-Dieterle, Berlin: *(Grafik)* 86/87; 102/103

Katrin Tengler, Berlin: *(Grafik)* 5; 30/31; 34; 48/49; 54/55; 72; 73; 78; 109; 110/111; 120/121; 158/159; 160; 162; 180/81

Falko Mieth, Berlin: *(Grafik)* 38; 39; 65; 66.1; 68.1; 79; 104; 152; 166; 176; 183; 186; 188

Carin Eichholz, Krefeld: *(Illustration)* 12

Jörn Hennig, Berlin: *(Illustration)* 19; 24; 29; 43; 70; 71; 79; 93; 117; 156; 164; 167; 168; 170; 173; 176; 184

Ulrich Sengebusch, Geseke: *(Zeichnung; Grafik)* 9; 15; 18; 24; 27; 28; 29.3; 35.1; 36; 37; 40; 44; 45; 47; 50; 51; 56; 57; 58.1; 59; 61; 62; 66.2, 3; 67; 68.2, 3; 70; 71; 74 – 77; 78.1; 79; 81; 85; 88; 108; 113; 115; 117; 124.3 – 6; 125; 127.1; 131.3, 5; 133 – 136; 138; 139; 141; 144 – 147; 149; 152; 153; 155 – 157; 160 – 163; 173; 191; 193; 194; 196; 198 – 201; 203

Stürtz AG, Würzburg: *(Zeichnung)* 10; 13; 21; 29.1, 2; 32; 34; 35.2; 58.2, 3; 66.4, 5; 69; 78.2, 3; 92; 114; 122; 123; 124.1, 2; 126; 127.2, 3; 128 – 130; 131.1, 2, 4; 132; 137; 140; 142; 150; 154; 177